쉽게 배우는

전기회로 및 실험

김학성 · 송호범 · 조재승 · 이태우 공저

光文閣
www.kwangmoonkag.co.kr

머리말

로봇 및 자동화 관련 분야를 전공하려는 학생들이 전기, 전자 분야에 대한 지식을 익히기 위해 전기회로의 세계에 발을 들여 놓는 것은 필연적 과정이다. 하지만 시작에서부터 어려운 수식과 특히 아날로그(analog)의 세계에 대한 두려움 때문에 흥미를 느끼지 못하고 포기하는 경우를 종종 볼 수 있다. 이에 본 교재는 전기회로 입문자들을 위하여 미분이나 적분 등 복잡한 수학적 정의보다는 간단한 분수식 계산과 기본 삼각함수 지식만으로 직류와 교류 회로의 기초적인 해석과 이해가 가능하도록 하였다. 이를 위해 가급적 회로 동작을 파형 위주로 설명함으로써 보다 쉽게 전기회로의 기본 지식을 익힐 수 있도록 하였다. 본 교재의 학습 내용을 각 장 순서에 따라 설명하면, 1장과 2장에서는 전기회로의 개요와 전압과 전류, 그리고 저항을 설명하였다. 3장에서는 직류회로 해석인 전기회로의 기본 법칙들을 다뤘다. 4장부터 7장까지는 저항의 직렬과 병렬, 그리고 직·병렬 조합회로의 기본적인 회로 해석 방법 등을 살펴보았다. 8장과 9장에서는 교류회로를 이해하기 위한 기초 지식들을 주로 언급하였으며, 이를 바탕으로 10장과 11장, 그리고 12장에서는 커패시터, 인덕터 그리고 저항과 커패시터 또는 저항과 인덕터의 혼합 회로를 해석하는 기본 지식을 주로 다뤘다. 본 교재가 추구하는 방향이자 특징을 설명하면 다음과 같다.

- 최소한의 수식을 사용한 이론 설명과 예제를 통한 반복적 학습 제공
- 각 장의 회로 이론을 학생 스스로 준비하고 실습할 수 있는 실험실습 내용 제공
- PC를 이용한 이론을 검증할 수 있는 시뮬레이션 내용 제공

위 3가지 특징을 갖는 본 교재를 여건에 맞게 적절히 활용하면 전기회로에 첫 발을 들여 놓는 학생들에게 살아 있는 공부가 되고 산업 현장에서 쓸모 있는 인재가 될 것이다.

부디 학생들은 이 교재를 발판삼아 공학적 문제에 대한 과학적이고 논리적, 창조적 해결 능력을 고양하는 데 게을리하지 말길 바란다. 참고로 위에서 이야기한 본 과목의 내용을 짧은 시간에 마스터하려면 학생들의 각고의 노력이 필요할 것으로 생각한다.

끝으로 본 교재의 아직 미흡한 부분은 지속적인 수정 보완 과정을 통해 완성도를 높여 나갈 것임을 알려드리며, 본 교재의 출간에 많은 도움을 주신 동양미래대학교 교학처 및 출판사 대표님과 관계자 여러분께 감사를 드린다.

2015년 2월 23일

저자 일동

Contents

Contents

Contents

제1장

전기회로 개요

오늘날 우리는 전기가 없이는 한시도 살 수 없을 정도로 전기를 많이 사용하고 있다. 일상생활에서도 당장 휴대폰의 충전량 표시가 떨어지면 충전을 하기 위한 시설을 찾는다. 집에 정전이 되면 너무나도 많은 불편을 느끼며 전기의 소중함과 고마움을 비로소 알게 된다. 전기는 도체로 구성된 전선을 통해서 공급되며, 우리는 콘센트에서 전선을 연결하여 전기를 흘리는 장치들을 사용한다. 이러한 전기가 흐르는 전선 및 장치들을 전기회로라 부른다. 본 장에서는 우리 생활에 광범위하게 사용되고 있는 전기회로에 대하여 소개한다.

1. 생활 속의 전기
2. 전기회로 및 부품
3. 전기의 단위
4. 전기 계측장비

주요 용어

전기회로, 전원, 직류전압, 교류전압, 주기, 전류, 회로도, 저항, 전력, 인덕터, 콘덴서, 계측장비

1. 생활 속의 전기

학습 목표	1. 생활에서 전기가 사용되는 분야와 전기가 전송되어 오는 경로를 알고, 설명할 수 있다. 2. 가정에서 사용하는 전기 중 직류와 교류에 대하여 알아보고 그 차이점을 설명할 수 있다.

전기는 우리 실생활에서 많은 분야에 사용되고 있다. 우리는 전기의 특성을 잘 모르지만, 누구나 익숙하게 전기제품을 사용한다. 우리가 전기의 실체와 특성을 잘 모르더라도 전기가 공급되면 나타나는 현상들에 대하여는 알고 있다. 우선 전기는 전선을 통하여 유선으로 연결되어야 하고, 전기 스위치를 넣어 전기를 공급하면 세탁기가 작동하고, 전등에서 빛이 발생하고, 또 컴퓨터도 작동하게 된다. 전기를 공급받아 작동하게 되는 전기제품 내부에는 여러 가지 기능을 가진 전기회로가 내장되어 있다.

(a) 전등 (b) 세탁기 (c) 전기 히터

【그림 1-1】 전기 제품

전기를 공급받아서 작동하는 몇 가지 전기제품의 예를 들어보자. 전등은 전기를 공급받아 빛을 발생하는 장치이다. 즉 전기 에너지를 빛 에너지로 변환하는 전기회로와 부품으로 구성되어 있다. 세탁기는 전기를 공급받아 세탁기 내부에 있는 모터를 회전시켜 기계적인 일을 하는 장치이다. 모터는 전기 에너지를 기계적 에너지로 변환시키는 회로 및 기계 구조로 구성되어 있다. 전기히터는 전기를 공급받아 열에너지를 발생하는 장치이다. 전기히터 내부에는 전기 에너지를 열에너지로 변환시키는 전열선으로 전기회로가 구성되어 있다.

【표 1-1】 전기의 사용 분야

변환 에너지	사용 분야
조명 (빛 에너지)	실내 조명 (형광등, LED 조명) 광고 조명 (LED 전광판, 네온사인) 가로등
기계 동력 (기계 에너지)	세탁기 믹서 엘리베이터 에스컬레이터 전기자동차 산업용 로봇 컨베이어 벨트 자동화 설비 전철
열에너지	전기히터 에어컨 냉장고 전기 포트 유도가열장치 제철소의 전기용광로
기타	컴퓨터 LED TV 전화기 및 통신기기 프린터

[표 1-1]은 전기 에너지를 이용한 우리 주변의 전기제품들을 변환 에너지별로 정리해 놓은 표이다.

전기 에너지는 이와 같이 다양한 에너지 형태로 변환이 용이하여 우리 생활에 널리 사용되고 있다. 이러한 전기제품들의 동작을 이해하고 이러한 제품들을 제작하기 위해서는 전기회로의 특성을 이해하는 것이 필요하다. 이제 전기제품 사용자 입장이 아닌 전기제품을 제작하는 제조자 입장에서 전기의 기본적인 특성들을 공부해 나가기로 한다.

먼저 전기는 어떻게 만들어져서 우리들에게 공급되는 것인지 알아보자.

【그림 1-2】 전기의 공급 과정

우리가 가정, 사무실, 공장에서 사용하는 전기는 먼 거리에 위치한 발전소에서 만들어진다. 전기를 발생시키는 장치를 발전기라 부른다. 발전기는 기계적인 에너지를 공급받아 이를 전기적 에너지로 변화하는 장치이다. 기계적인 에너지를 어떻게 얻느냐에 따라 수력발전, 화력발전, 원자력발전, 태양광 발전, 풍력발전 등으로 나누어진다. 수력발전은 물의 낙차를 이용하여 물레방아처럼 발전기를 회전시켜 전기를 발생시킨다. 외부에서 발전기에 가해지는 기계 에너지를 물의 낙차를 이용하여 얻는 방식이다. 화력발전은 연료를 태워 발생하는 열에너지로 증기를 만들어 터어빈을 통해 발전기를 회전시켜 전기를 발생시킨다. 이렇게 만들어진 전기는 도체로 만들어진 송전선로를 통하여 먼 거리에 떨어진 전기를 필요로 하는 가정, 사무실, 공장 등으로 전달된다. 이렇게 전선을 통해 건물까지 공급된 전기는 다시 건물 내의 옥내 전기배선을 통해 각 콘센트까지 전달되어, 우리는 건물 내의 각 콘센트에서 전기제품을 연결하여 사용하게 된다.

또 다른 방식으로 전기를 공급하는 방법으로 우리 주변에서 쉽게 볼 수 있는 전지가 있다. 전지는 발전기와 달리 화학반응에 의하여 전기를 발생한다. 전지는 보통 한번 사용하고 나면 충전할 수 없어서 버리게 되는데, 이것을 1차전지라고 부르며 건전지가 이에 해당한다. 이에 반하여 충전하면 되풀이해서 계속 사용할 수 있는 전지를 축전지 또는 2차전지라 한다. 자동차에 사용되는 배터리, 휴대전화에 들어 있는 배터리가 이에 해당한다.

한편, 전기에는 직류와 교류가 있다. 앞에서 설명한 전기를 공급하는 두 가지 방법 중 전지는 직류전압을 공급하는 직류전원이고, 발전소에서 가정으로 배전되어 공급되는 전기는 교류전압의 형태이다. 직류는 시간상으로 크기가 변하지 않고 항상 일정한 값을 갖는 전압이나 전류를 말한다. 교류는 시간에 따라 크기가 변하는 전압, 전류를 말하며, 대표적인 교류로 정현파 형태의 전압, 전류를 들 수 있다. 그림 1-3은 직류와 교류의 차이점을 나타낸 것이다.

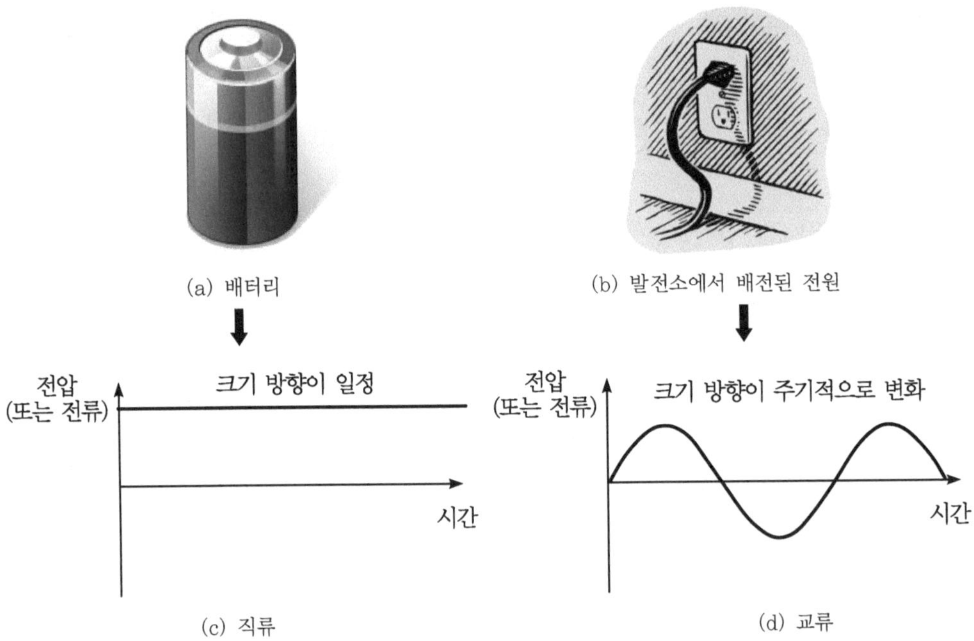

【그림 1-3】 직류와 교류

교류전압의 경우 주기적으로 크기와 방향이 변화하는 정현파 형태인 것을 알 수 있다. 직류전압의 경우 전압의 크기가 시간에 따라 변하지 않기 때문에 전압의 크기만 표시하면 되지만, 교류전압의 경우에는 전압의 최댓값(정현파의 최댓값)의 크기와 주기도 다를 수 있으므로, 크기 뿐만 아니라 주기에 대한 표현도 해 주어야 한다. 주기는 파형이 한번 나타나고부터 다음번 되풀이되기까지의 시간을 의미하는 것이다. 그런데 교류파형에서 주기를 표시해주는 것보다 주파수를 표시해주는 것이 일반적이다. 따라서 주파수에 대한 정의와 주기와의 관계를 살펴보자.

주파수는 1초 동안 몇 번의 파형의 주기가 나타나는가를 표현한 것으로 주기와 역수의 관계를 가진다. 예를 들어 그림 1-4에서 주기가 0.1초인 교류전압 파형이 있다면 이 파형의 주기는 T = 0.1[sec] 이다. 그러면 이 교류전압 파형의 주파수는 얼마인가? 주파수의 의미가 1초 동안 몇 번의 파형의 주기가 나타나는가이므로 주기가 0.1[sec]이니 1초에 10번 나타나므로 10[Hz]이다. (주파수의 단위는 Hz로 표시한다.)

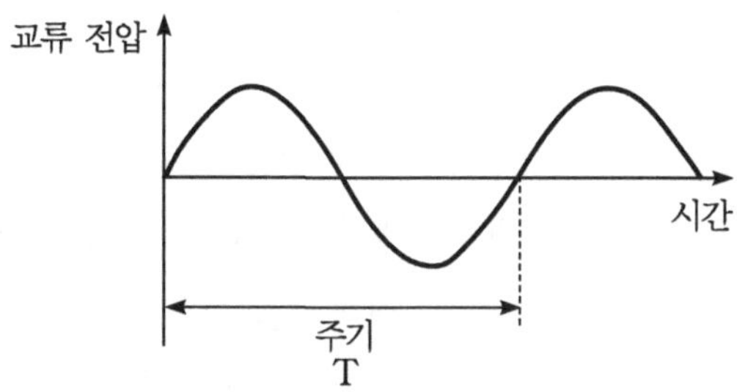

【그림 1-4】 교류신호의 주기

결국, 주기와 주파수의 관계는 다음과 같다.

$$(1[\text{sec}]\text{동안 주기가 반복되는 횟수}) = \frac{1[\text{sec}]}{\text{주기}} \quad \Rightarrow \quad f = \frac{1}{T}$$

예제 1-1	주기가 0.01초인 교류전압 파형이 있다면 이 교류전압 파형의 주파수는 얼마인가?
풀 이	$(1[\text{sec}]\text{동안 주기가 반복되는 횟수}) = \frac{1[\text{sec}]}{\text{주기}}$ 이므로 $f = \frac{1}{T} = \frac{1}{0.01[\text{sec}]} = 100[Hz]$

예제 1-2	우리나라 가정용 220V 전원의 주파수는 60[Hz]이다. 이 교류전원의 주기는 얼마인가?
풀 이	$f = \frac{1}{T}$ 식에서 $T = \frac{1}{f}$ 이므로 $T = \frac{1}{60[Hz]} \cong 0.0167[\mathrm{sec}]$

전압과 전류에 대하여는 2장에서 학습할 것으로 여기서는 통상 일반인이 아는 정도의 상식적인 내용만 다룬다. 1.5V 배터리는 전압이 1.5V인 것을 의미한다. 똑같은 1.5V 전압의 배터리에도 사이즈가 아주 작은 사이즈부터 큰 사이즈까지 크기가 다른 배터리를 볼 수 있는데, 이는 배터리가 흘릴 수 있는 전류의 양이 다르기 때문이다. 즉 아주 작은 배터리는 작은 전류를 흘리는 리모컨에 사용하고, 크기가 큰 배터리는 밝은 빛을 내기 위해 전류를 많이 필요로 하는 랜턴에 사용한다. 결국, 배터리의 사이즈가 클수록 전압은 같더라도 큰 전류를 흘릴 수 있다.

(a) 전류 용량이 작은 배터리
작은 사이즈의 배터리

(b) 전류 용량이 큰 배터리
큰 사이즈의 배터리

【그림 1-5】 배터리의 전류 용량 차이

배터리는 통상 직류전압으로 1.5V부터 24V 정도의 크기를 가진다. 그에 비하여 가정용 콘센트에서 나오는 교류전압의 크기는 220V이다. 전압이 높아지면 동일한 에너지를 전달할 때 전류의 값을 줄일 수 있는 효과가 있다. 전류를 적게 흘리게 하면 전류가 흐르는 전선을 가는 것으로 사용할 수 있어 비용이 적게 든다. 따라서 발전소에서 아주 먼 거리를 전선을 사용하여 전기를 공급할 때 전압을 가급적 높여서 보내는 것이

유리하다. 전압을 높일수록 전류를 적게 흘릴 수 있어 가는 전선을 사용하여 경제적이기 때문이다. 발전소에서 발전된 전압을 변압기를 사용하여 수십만 V로 높여서 먼 거리를 송전하고 다시 수용가 근방에 도달해서는 변압기를 사용하여 전압을 낮추어 사용한다. 전압을 다시 낮추는 이유는 전압이 너무 높으면 사람이 감전되었을 때 위험하기 때문이다. 배터리는 화학작용에 의하여 만들어지기 때문에 전압의 크기를 높이는데 한계가 있다.

직류와 교류 중에서 직류가 이해하기도 쉽고 사용하기도 쉬울 것 같은데, 왜 가정용 전원은 교류를 사용하는 것일까? 이는 먼 거리로 전기를 송전할 때 전압을 높여 전송하면 경제적인데, 전압의 크기를 변환하는 변압기는 교류전압에 대해서만 전압의 크기를 변화시킬 수 있고 직류전압의 크기는 변화시킬 수가 없다. 발전소에서 공급하는 전압이 직류전압이 아니고 교류전압인 것은 이러한 이유 때문이다. 그러나 최근 전력용 반도체 기술이 발전하면서 직류전압을 높은 전압으로 변화시킬 수 있는 장치 및 기술이 마련되어 직류 송전도 가능해졌다. 직류 송전 방식이 교류 송전 방식에 비하여 장점을 가지고 있어서, 향후에는 직류 송전 방식이 점진적으로 늘어날 것으로 전문가들은 예측하고 있다.

2. 전기회로 및 부품

학습 목표	1. 전기회로의 구성 및 회로도 표현에 대해 알아본다. 2. 전기부품의 회로도에 사용하는 기호를 알아본다.

전기회로란 전류가 흐를 수 있도록 전지, 도선, 스위치 등을 연결해 놓은 통로이다. 일단 전기회로에는 전지 또는 콘센트로부터 공급되는 교류 등의 전기를 공급하는 장치가 있는데, 이를 전원이라 한다. 전원으로부터 도체로 구성된 전선을 통해 전류를 흘리게 되는데, 전기가 흐르는 통로와 같은 것이 전선이라 볼 수 있다. 이렇게 흐르는 전류는 전기부품을 통해 흐르게 되어 전기부품이 어떠한 기능을 하게 한다. 그림 1-6은 간단한 전기회로의 예이다. 그림 1-6(a)에서 배터리가 전원이고 전선을 통해 전류가 전구에 공급되어 흐른다. 배터리의 + 단자에 연결된 전선은 전구의 한 부분에 연결

되어, 전구 안의 빛을 발생하는 부품을 거쳐 다시 전선을 통해 배터리의 -단자로 연결되어 있다. 전류의 흐름은 배터리의 +단자로부터 흘러나와 전구를 거쳐 배터리의 -단자로 흘러들어 가게 된다.

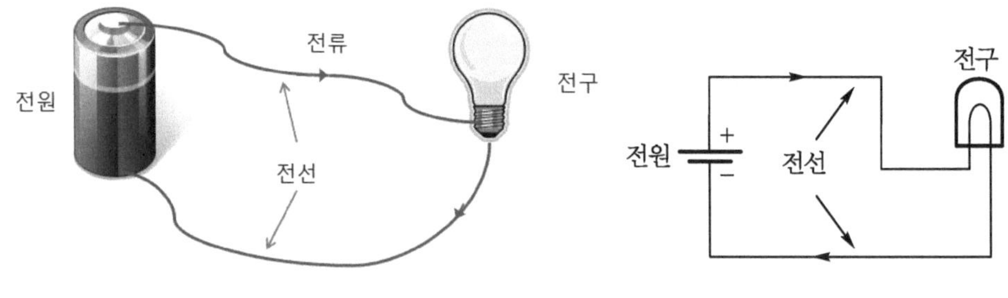

(a) 실제 전기회로 (b) 회로도

【그림 1-6】 전기회로와 회로도

그림 1-6(a)와 같이 회로를 실물 그대로 매번 그리는 것은 불편하므로 그림 1-6(b)와 같이 전기회로는 기호를 사용하여 그리며, 이를 회로도라 부른다. 외형은 다르지만 전기적인 특성이 같으면 동일한 기호로 표시한다. 예를 들어 배터리의 용량이 달라서 실제 사이즈가 다른 배터리라도 전기적인 특성은 직류전압을 공급하는 것이므로 동일한 기호로 표시한다.

배터리와 같은 직류전압을 발생하는 전원은 그림 1-7(a)와 같이 교류전원은 1-7(b)와 같이 기호를 사용하여 표시한다.

(a) 직류전원과 기호 (b) 교류 전원과 기호

【그림 1-7】 전원과 기호

전기부품들은 다양한 종류가 있다. 복잡한 기능을 구현하기 위한 반도체 소자 및 IC(integrated circuit)들도 있으나 전기회로에서 기본적 많이 사용되는 소자로 저항, 인덕터, 콘덴서를 들 수 있다. 저항, 인덕터, 콘덴서 등의 전기적인 특성은 앞으로 학습해 나갈 것이며, 여기서는 회로도를 그리기 위한 각 소자의 기호만 알아보기로 한다.

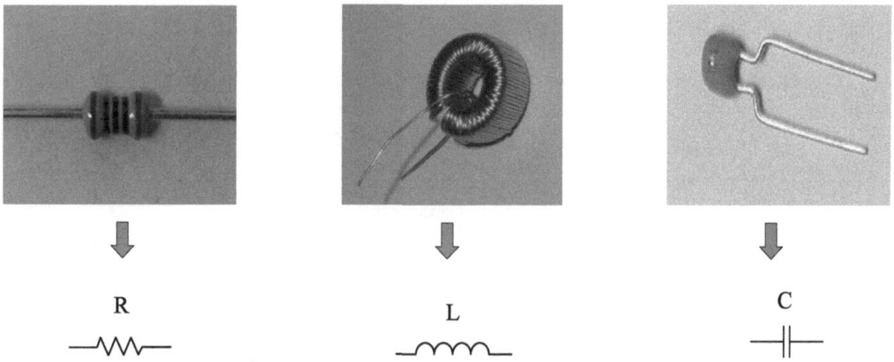

(a) 저항과 기호　(b) 인덕터와 기호　(c) 콘덴서와 기호

【그림 1-8】 전기부품과 기호

부품도 전원과 마찬가지로 부품에 흘릴 수 있는 전류 용량이 정해져 있다. 따라서 부품의 사이즈도 흘릴 수 있는 전류 용량이 커지면 따라서 커지게 된다. 저항값이 동일한 경우에도 흘릴 수 있는 전류용량에 따라 저항의 외형 사이즈와 가격은 달라진다. 전선도 마찬가지이다. 흘릴 수 있는 전류용량이 커지면 전선의 굵기가 굵어진다. 전선이 흘릴 수 있는 전류용량은 전선의 단면적에 비례한다. 따라서 가정에서 1개의 콘센트에 전류를 많이 소비하는 전열기, 에어컨 등 전기제품을 여러 개 연결하면 전선이 흘릴 수 있는 전류용량을 넘어서게 되어 전선이 타게 되는 경우가 발생하므로 주의하여야 한다. 특히 에어컨은 전류를 많이 소비하는 전기제품으로 별도의 전용 콘센트에 에어컨 1개만 연결하여 사용하여야 한다.

3. 전기의 단위

학습 목표	1. 전기의 단위에 대하여 알아본다. 2. 전기의 단위에서 단위변환을 할 수 있다.

전기에서 많이 사용하는 물리량인 전압, 전류, 저항, 인덕턴스(인덕터의 용량), 콘덕턴스(콘덴서의 용량), 주파수, 전력의 단위와 기호는 다음의 표와 같다. 표 1-2에서 인덕턴스, 콘덕턴스, 전력에 대한 상세한 내용은 앞으로 학습할 내용에 담겨 있어, 여기서는 단위만 알아두기로 한다.

【표 1-2】 전기량의 단위 및 기호

물리량	단위	기호
전압	Volt (V)	V
전류	Ampere (A)	I
저항	Ohm (Ω)	R
인덕턴스	Henry (H)	L
콘덕턴스	Farad (F)	C
주파수	Hertz (Hz)	f
전력	Watt (W)	P

한편, 전기량의 표기법은 전기량이 아주 작은 값이나 큰 값을 표기하기 위하여 다음과 같은 10의 거듭제곱 표시 방식을 사용한다.

$345,000 \Rightarrow 3.45 \times 100000 \Rightarrow 3.45 \times 10^5$

$2000 \Rightarrow 2 \times 1000 \Rightarrow 2 \times 10^3$

$$0.03 \Rightarrow 3\times\frac{1}{100} \Rightarrow 3\times10^{-2}$$

$$0.0015 \Rightarrow 1.5\times\frac{1}{1000} \Rightarrow 1.5\times10^{-3}$$

이렇게 표기하는 이유는 전기량이 아주 작은 값부터 큰 값까지 표현을 하여 사용하여야 하는 경우가 많기 때문이다. 앞으로 전기량을 다루는 문제를 다룰 때 오히려 이러한 표현 방식이 익숙해지면 더 편하다는 것을 알게 될 것이다.

그런데 상기와 같이 10의 거듭제곱 표시 방식에서 10의 특정 거듭제곱은 그에 해당하는 접두사를 사용한다. 이를 미터법 접두사라 부르며 다음의 표와 같다.

【표 1-3】 미터법 접두사

10의 거듭제곱	접두사	약자
10^{12}	tera	T
10^{9}	giga	G
10^{6}	mega	M
10^{3}	kilo	k
10^{-3}	milli	m
10^{-6}	micro	μ
10^{-9}	nano	n
10^{-12}	pico	p

그러면 전기의 물리량을 10의 거듭제곱 형태의 표시와 미터식 접두사를 사용하여 실제 어떻게 표시하는지 예를 들어 보자.

저항값의 표현 : $3{,}300\,\Omega \Rightarrow 3.3\times10^{3}\,\Omega \Rightarrow 3.3\,k\Omega$

저항값의 표현 : $1{,}000{,}000\,\Omega \Rightarrow 1\times10^{6}\,\Omega \Rightarrow 1\,M\Omega$

전압값의 표현 : $345{,}000\,V \Rightarrow 345\times10^{3}\,V \Rightarrow 345\,kV$

전압값의 표현 : $0.015\,V \Rightarrow 15 \times 10^{-3}\,V \Rightarrow 15\,mV$

전류값의 표현 : $0.0001A \Rightarrow 100 \times 10^{-6}A \Rightarrow 100\,\mu A$

위의 예에서 알 수 있듯이 전기량의 표시는 10의 거듭제곱 형태는 10^3 단위의 미터식 접두사를 사용하고 나머지는 그냥 일반 숫자로 표기하는 방식을 사용한다.

예제 1-3	10,000,000Ω의 저항을 미터법 접두사를 사용하여 표현하라.
풀 이	$10{,}000{,}000\Omega = 1\times10^{7}\Omega = 10\times10^{6}\Omega = 10M\Omega$

예제 1-4	0.025A의 전류를 미터법 접두사를 사용하여 표현하라.
풀 이	$0.025A = 25\times10^{-3}A = 25mA$

예제 1-5	0.0000047F의 콘덕턴스 값을 미터법 접두사를 사용하여 표현하라.
풀 이	$0.0000047F = 4.7\times10^{-6}F = 4.7\mu F$

예제 1-6	10,000V의 전압을 미터법 접두사를 사용하여 표현하라.
풀 이	$10{,}000V = 10\times10^{3}V = 10kV$

예제 1-7	100V의 전압을 미터법 접두사를 사용하여 표현하라.
풀 이	100V는 10^3V를 넘지 못하므로 그냥 100V로 표시한다. 즉 물리량의 수치가 1과 1000 사이일 경우에는 물리량의 수치를 그대로 사용한다.

4. 전기 계측장비

〈디지털 멀티미터〉

전기회로에서 회로의 전압, 전류, 저항 등을 간편하게 측정할 수 있는 계측기를 디지털 멀티미터(digital multi−meter)라고 한다. 이 계측기는 간편하게 소지하고 다닐 수 있게 포터블 형태로도 제작된 모델도 많이 사용되고 있다. 그림 1-9는 전기회로 실험용으로 많이 사용되는 디지털 멀티미터의 전면부(front panel)를 나타낸다. 디스플레이 되는 하단의 버튼들을 사용하여 전압, 전류, 저항값 등의 측정을 선택할 수 있다.

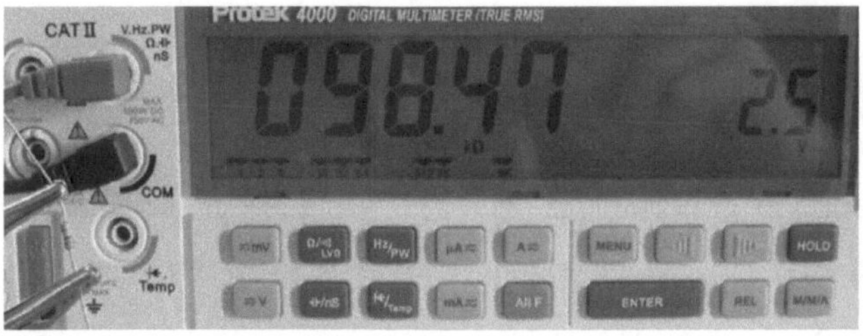

【그림 1-9】 디지털 멀티미터

〈오실로스코프〉

전기회로의 각 부분에서 발생되는 신호는 멀티미터와 같은 단순한 계측장비로 숫자 형태의 데이터를 측정할 수도 있지만, 노이즈와 같은 신호가 포함이 되어 있거나, 전기회로를 구성한 부품 등의 불량으로 신호가 왜곡이 될 수도 있다. 이러한 결과를 시각적으로 관찰할 수 있는 계측장비가 필요해서 개발된 것이 오실로스코프(oscill-oscope)이다. 따라서 오실로스코프를 사용하면 디지털회로 또는 아날로그 전기회로의 전압 및 주파수를 편리하게 측정할 수 있다. 멀티미터를 사용하여 아날로그 회로의 전압을 측정하면 평균값 또는 실효값이 숫자로만 표시되므로, 교류 회로에서 실효값은 같지만, 파형이 다른 경우는 구별할 수가 없다. 반면에 오실로스코프는 시간에 따라서 주기적으로 변화하는 전압 파형, 크기, 주파수 등을 측정할 수 있어 전기회로에서 각 부분의 전압파형을 정확하게 측정할 수 있다. 그림 1-10은 전기회로 실험용으로 많이 사용되는 디지털 오실로스코프의 전면부(front panel)를 나타낸다.

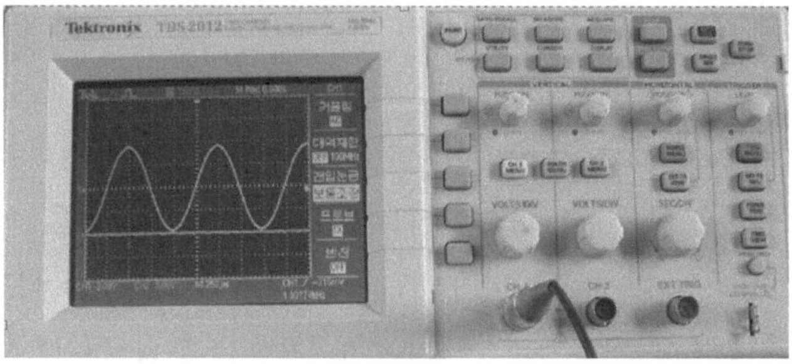

【그림 1-10】 오실로스코프

〈함수발생기〉

함수발생기(function generator)는 계측기는 아니지만, 전기회로를 구성하여 실험을 진행하는 경우에 입력 신호를 발생시킬 수 있는 장비가 필요하다. 이를 위해서 개발된 제품이 함수발생기이다. 이 장치는 디지털회로 또는 아날로그 전자회로에 정현파, 구형파, 삼각파 등의 신호의 크기, 주파수 등을 간단한 조작으로 공급하는 실험 장비로써, 전기회로 실험에 입력되는 신호원으로 사용된다. 그림 1-11은 실험용으로 많이 사용되는 함수발생기의 전면부(front panel)를 나타낸다.

【그림 1-11】 함수발생기

〈브레드보드〉

브레드보드는 실험을 위해 전기회로의 배선을 간편하게 하기 위하여 실습용으로 많이 사용한다. 그림 1-12는 브레드보드를 나타낸 것으로 제일 상단에 붉은색과 파란색으로 표시된 2개의 행은 옆으로 모든 홀들이 내부에서 연결되어 있다. 그 밑으로 5개의 홀씩 나누어져 있는 영역에서는 세로로 1열씩 5개의 홀이 서로 내부에서 연결되어 있다. 전기회로 실습에서 각 부품들과 전원을 연결할 때 브레드보드와 리드선을 사용하면 편리하게 회로를 구성할 수 있다.

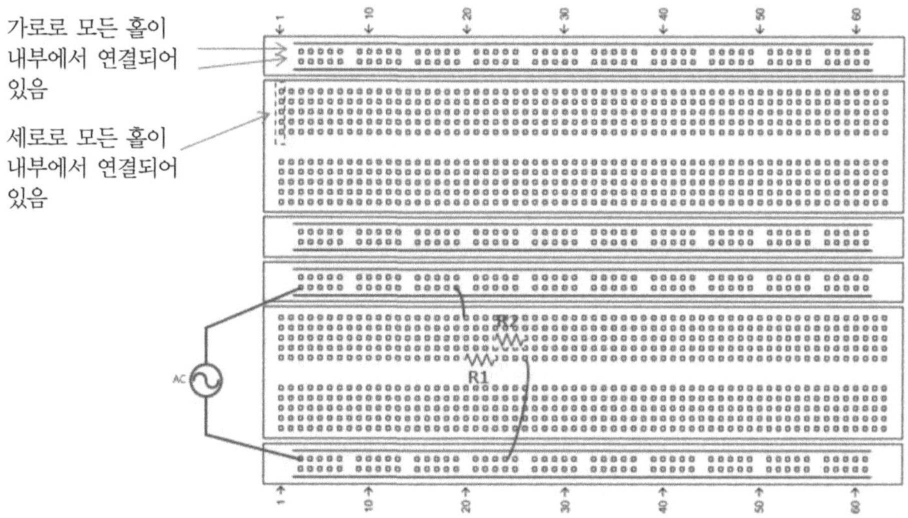

【그림 1-12】 브레드보드와 회로 결선 예

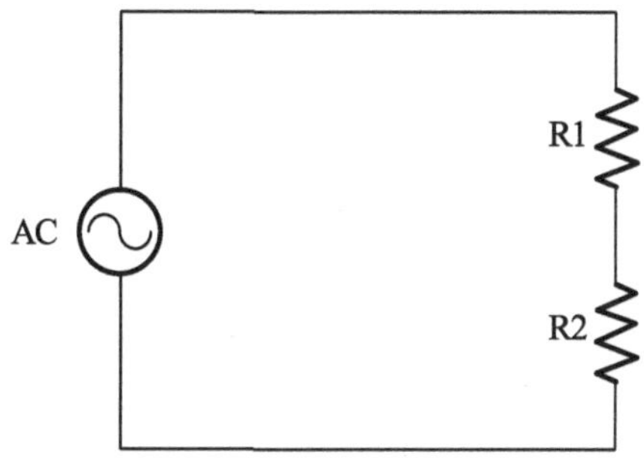

【그림 1-13】 브레드보드에 결선한 회로도

그림 1-12의 하단에 구성한 회로 구성 예는 그림 1-13에 구성한 회로도를 브레드보드 상에 실제로 결선한 예를 보여준다.

1. 전기를 발생시키는 장치를 발전기라 부른다. 발전기는 기계적인 에너지를 공급받아 이를 전기적 에너지로 변화하는 장치이다.
2. 전지는 발전기와 달리 화학반응에 의하여 전기를 발생한다. 전지는 보통 한 번 사용하고 나면 충전할 수 없어서 버리게 되는데, 이것을 1차 전지라고 부르며 건전지가 이에 해당한다.
3. 충전하면 되풀이해서 계속 사용할 수 있는 전지를 축전지 또는 2차 전지라 한다.
4. 전지는 직류전압을 공급하는 직류전원이고, 발전소에서 가정으로 배전되어 공급되는 전기는 교류전압의 형태이다.
5. 직류는 시간적으로 크기가 변하지 않고 항상 일정한 값을 갖는 전압이나 전류를 말한다. 교류는 시간에 따라 크기가 변하는 전압, 전류를 말하며, 대표적인 교류로 정현파 형태의 전압, 전류를 들 수 있다.
6. 직류전압의 경우 전압의 크기가 시간에 따라 변하지 않기 때문에 전압의 크기만 표시하면 되지만, 교류전압의 경우에는 전압의 최댓값(정현파의 최댓값)의 크기와 주기도 다를 수 있으므로, 크기뿐만 아니라 주기에 대한 표현도 해주어야 한다.
7. 주기는 파형이 한 번 나타나고부터 다음번 되풀이되기까지의 시간을 의미하는 것이다.
8. 주파수는 1초 동안 몇 번의 파형의 주기가 나타나는가를 표현한 것으로 주기와 역수의 관계를 가진다.

$$(1[\text{sec}]\text{동안 주기가 반복되는 횟수}) = \frac{1[\text{sec}]}{\text{주기}} \quad \Rightarrow \quad f = \frac{1}{T}$$

9. 전류를 적게 흘리게 하면 전류가 흐르는 전선을 가는 것으로 사용할 수 있어 비용이 적게 든다.
10. 발전소에서 아주 먼 거리를 전선을 사용하여 전기를 공급할 때 전압을 가급적 높여서 보내는 것이 유리하다. 전압을 높일수록 전류를 적게 흘릴 수 있어 가는 전선을 사용하여 경제적이기 때문이다.
11. 전기회로란 전류가 흐를 수 있도록 전지, 도선, 스위치 등을 연결해 놓은 통로이다.
12. 전기회로에는 전지 또는 콘센트로부터 공급되는 교류 등의 전기를 공급하는 장치가 있는데, 이를 전원이라 한다.
13. 전원으로부터 도체로 구성된 전선을 통해 전류를 흘리게 되는데, 전기가 흐르는 통로와 같은 것이 전선이다.

14. 전기회로는 기호를 사용하여 그리며, 이를 회로도라 부른다.

15. 전원의 기호는 다음과 같이 표현한다.

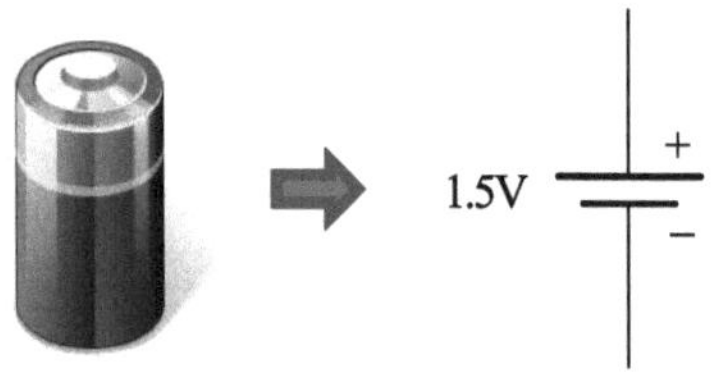

직류전원 기호

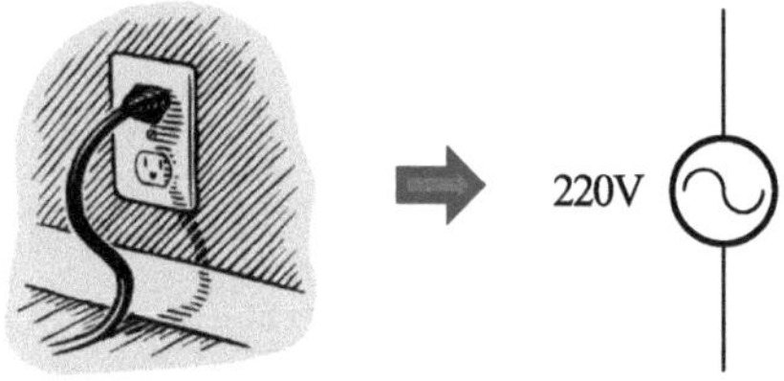

교류전원 기호

16. 부품으로 많이 사용하는 저항, 인덕터, 콘덴서의 기호는 다음과 같다.

저항 기호

인덕터 기호

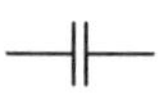

콘덴서 기호

17. 전기에서 물리량을 표시할 때 10의 거듭제곱 표시 방식에서 10의 특정 거듭제곱은 그에 해당하는 접두사를 사용한다.

10의 거듭제곱	접두사	약자
10^{12}	tera	T
10^{9}	giga	G
10^{6}	mega	M
10^{3}	kilo	k
10^{-3}	milli	m
10^{-6}	micro	μ
10^{-9}	nano	n
10^{-12}	pico	p

18. 전기회로에서 회로의 전압, 전류, 저항 등을 간편하게 측정할 수 있는 계측기를 디지털 멀티미터(digital multi-meter)라고 한다.

19. 전기회로에서 전압파형을 시각적으로 관찰할 수 있는 계측 장비가 오실로스코프(oscilloscope)이다.

【완성형】

1. 전기를 발생시키는 장치를 발전기라 부른다. 발전기는 기계적인 에너지를 공급받아 이를 (   )로 변화하는 장치이다.

2. 전지는 보통 한 번 사용하고 나면 충전할 수 없어서 버리게 되는데, 이것을 (   )라고 부르며 건전지가 이에 해당한다.

3. 충전하면 되풀이해서 계속 사용할 수 있는 전지를 축전지 또는 (   )라 한다.

4. 전지는 직류전압을 공급하는 (   )전원이고, 발전소에서 가정으로 배전되어 공급되는 전기는 (   )전원이다.

5. 주파수는 1초 동안 몇 번의 파형의 주기가 나타나는가를 표현한 것으로 주기와 (   )의 관계를 가진다.

6. 전류를 적게 흘리게 하면 전류가 흐르는 전선을 가는 것으로 사용할 수 있어 비용이 (   ) 든다.

7. 전기회로에는 전지 또는 콘센트로부터 공급되는 교류 등의 전기를 공급하는 장치가 있는데, 이를 (   )이라 한다.

8. 10^9의 미터법 접두사는 (   )이고, 10^{-6}의 미터법 접두사는 (   )이다.

9. 전기회로에서 전압파형을 시각적으로 관찰할 수 있는 계측 장비가 (   )이다.

【서술형】

1. 주기가 0.02초인 교류전압 파형이 있다면 이 교류전압 파형의 주파수는 얼마인가?

2. 주파수가 10[kHz]인 교류신호의 주기는 얼마인가?

3. 저항값 4700[Ω]을 미터법 접두사를 사용하여 표시하라.

4. 전압값 0.04[V]를 미터법 접두사를 사용하여 표시하라.

5. 전류값 0.00001[A]를 미터법 접두사를 사용하여 표시하라.

6. 콘덴서 용량 0.00000001[F]를 미터법 접두사를 사용하여 표시하라.

7. 인덕터 용량 0.02[H]를 미터법 접두사를 사용하여 표시하라.

제2장

전압, 전류와 저항

이 장에서는 전류, 전압, 저항의 이론적인 개념을 설명한다. 전압은 모든 형태의 전기회로에 필수적인 요소이며, 회로를 동작하게 만드는 데 필요한 전위 에너지이다. 회로의 작동에는 전류도 필요한데, 전압이 전류를 발생하게 한다. 전류는 회로상의 전자의 흐름이다. 저항은 회로상에서 전류의 크기를 제한한다.

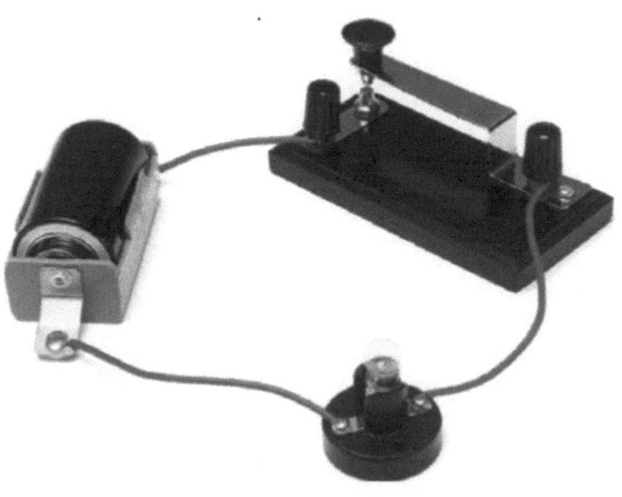

주요 용어

원자, 자유전자, 전하, 전압, 전류, 전기회로, 개방회로, 폐쇄회로, 저항

1. 물질의 구조

학습 목표	1. 원자의 기본 구조를 이해하고 설명할 수 있다. 2. 전하의 기본 개념을 이해하고 설명할 수 있다.

전기회로에서 사용되는 물질이 얼마나 전류를 잘 흘릴 수 있는가는 원자 구조에 따라 달라진다.

가. 분자와 원자

원소는 매우 많은 같은 종류의 원자로 구성된 물질을 말하고, 이러한 원소들의 결합을 화합물(compound)이라고 한다.

화합물의 가장 작은 단위는 분자(molecule)이며, 분자를 구성하고 있는 원소의 가장 작은 단위를 원자(atom)라 할 수 있다. 다른 원소는 다른 형태의 원자를 지니게 된다. 사실상 모든 원소는 각각의 고유한 원자 구조를 가지고 있다. 따라서 세상의 모든 물질은 분자로 구성되고 분자는 원자의 집합이라 할 수 있다.

보어(Bohr)의 이론에 따르면, 원자는 중심의 원자핵(nucleus)과 그것을 도는 전자(electron)들로 이루어진 행성계와 같은 구조를 가지고 있다.

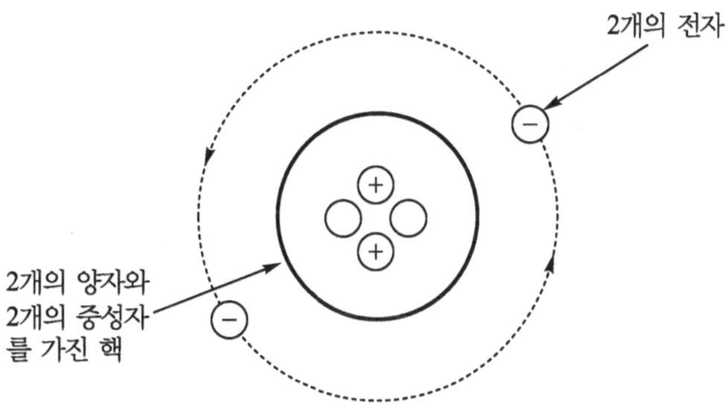

【그림 2-1】 헬륨 원자

원자핵은 양자(proton)라고 불리는 양의 전하를 가진 입자와 중성자(neutron)라고 불리는 전하가 없는 입자로 구성되어 있다. 음의 전하를 가지는 기본적인 입자가 바로 전자(electron)이다.

그림 2-1에서 보이는 헬륨 원자에서는 두 개의 양자와 두 개의 중성자로 핵이 이루어져 있고 두 개의 전자가 일정한 궤도를 돌고 있다.

보통의 물질처럼 헬륨도 원자핵의 양자 개수와 전자 개수가 똑같기 때문에 양전기와 음전기의 양이 서로 상쇄되어 전기의 성질을 외부에 나타내지 않는다. 이를 중성원자 또는 평형원자(balance atom)라 한다.

모든 원소는 원소의 주기율표상의 원자번호에 따라 배열되어 있는데, 이것은 원자핵 내의 양자의 개수와 같다.

원자량은 핵 내의 양자와 중성자의 개수와 거의 동일하다. 예를 들어 헬륨의 원자번호는 2이고 원자량은 4이다.

전기회로의 도체로서 대표적으로 많이 사용하는 금속 물질인 구리의 원자 구조를 살펴보자. 구리원자는 원자핵 주위에 29개의 전자를 가지고 있다. 하지만 전자들은 모두 같은 궤도 상에 있지는 않고 핵으로부터의 거리가 다른 몇 개의 궤도를 따라 움직이고 있다.

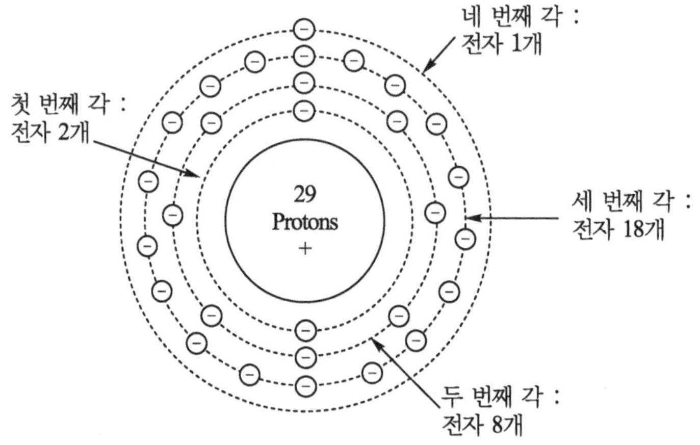

【그림 2-2】 구리 원자

전자가 공전하는 궤도를 각(shell)이라고 부른다. 각 각 내에 있는 전자의 수는 2N2 (여기서 N은 각의 번호)이라는 식에 따라 예측 가능하게 배치되어 있다. 어떤 원자든지 첫 번째 각은 2개까지의 전자를 가질 수 있다. 두 번째 각은 8개까지, 세 번째 각은 18개까지, 네 번째 각은 32개까지 전자를 가질 수 있다.

그림 2-2는 구리 원자 구조를 보여주고 있다. 네 번째, 즉 맨 바깥쪽의 각에는 하나의 전자가 있는데, 이것을 가전자(valence electron)라고 부른다.

그림 2-2에서 구리 원자의 최외각 전자가 주위로부터 충분한 에너지를 받게 되면 원래의 원자로부터 떨어져 나가는데, 이것을 자유전자(free electron)라고 한다.

구리 내의 자유전자는 구리 내에서 다른 곳의 원자로 움직일 수 있으며, 전류는 이 자유전자 때문에 흐를 수 있는 것이다.

전기회로에서 사용되는 물질은 도체, 반도체, 부도체라는 세 가지의 유형으로 나눌 수 있다.

도체는 전류가 가장 흐르기 쉬운 물질로써 자유전자를 많이 가지고 있다. 원자 구조로는 하나에서 세 개까지의 가전자를 가지고 있는 것이 특징이다.

거의 모든 금속은 양호한 도체이다. 은이 가장 좋은 도체이고 구리는 두 번째로 좋은 도체이다. 구리는 은보다 아주 값이 싸기 때문에 도전 물질로써 가장 많이 사용되고 있다. 전기회로의 도체로써 구리전선이 일반적으로 사용되는 이유이다.

반도체는 도체에 비해 상대적으로 자유전자가 적어서 전류를 흘리는 능력 면에서 등급이 떨어진다. 반도체는 원자 내에 4개의 가전자를 가지고 있는데, 그 자체의 특성 때문에 어떤 반도체 물질들은 다이오드, 트랜지스터, 집적회로 등과 같은 전자회로의 기본 소자가 된다.

예제 2-1	다음 물음에 답 하여라. (a) 음의 전하를 가지는 기본적인 입자는 무엇인가? (b) 원자량과 원자번호를 정의하라. (c) 자유전자란 무엇인가?
풀 이	(a) 전자 (b) 원자량은 양자와 중성자 수, 원자번호는 양자의 수 (c) 원자 구조로부터 바깥쪽으로 표류하는 바깥 궤도 전자

부도체는 전류를 잘 흘릴 수 있는 측면에서 보면 별로 좋지 않은 물질이다. 실제로

부도체는 원하지 않는 곳에 전류의 흐름을 막기 위해 사용되고 있다. 도체와 비교하여 부도체는 아주 작은 수의 자유전자를 가지고 있으며, 원자 내에 4개 이상의 가전자를 가지고 있다.

나. 전하

전하는 두 가지 형태 즉, 양의 전하와 음의 전하로 나눌 수 있다. 원자의 구조에서 전자는 음의 전하를 보이는 가장 작은 입자이다. 만일 물질 내에 전자가 더 많다면 전체적으로 음의 전하를 띠게 되고, 전자가 부족하다면 양의 전하를 띠게 된다.

전자의 전하와 양자의 전하는 크기 면에서 같다. 전하는 Q로 표시된다.

그림 2-3(a)에서와 같이 반대 극성의 전하를 가진 물질들은 서로 끌어당기고, (b), (c)와 같이 같은 극성을 가진 물질들은 서로 밀쳐낸다.

이렇듯 힘은 전하 사이에서 발생하고 흡인(attraction)력과 반발(repulsion)력으로 구분된다.

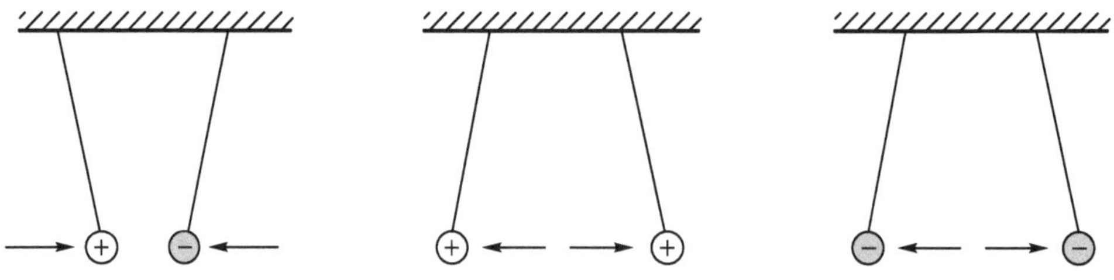

【그림 2-3】 전하들 사이의 흡인력과 반발력

전하 Q는 쿨롱으로 측정되고 이것의 약자는 [C]이다.

1 쿨롱은 6.25×10^{18}개의 전자를 가진 전하량이다.

하나의 전자는 1.6×10^{-19}[C]의 전하를 가진다. 전하의 단위는 프랑스의 과학자 찰스 쿨롱(Charles Coulomb, 1736~1806)의 이름을 따서 명명되었다. 주어진 개수의 전자가 가진 전체 전하량은 다음의 식으로 구할 수 있다.

$$Q = \frac{\text{전자의 개수}}{6.25 \times 10^{18}\ \text{전자/C}} \quad \text{(식 2-1)}$$

전기적으로 중성인 원자는 같은 개수의 전자와 양자를 가지고 있어서 정량적으로 전하가 없는 원자이다.

만일 에너지를 가하여 이 원자로부터 가전자를 끄집어낸다면, 이 원자는 전자보다 양자가 많아지므로 정량적으로 양의 전하를 가지게 되고, 양의 이온이 된다.

반대로 이 원자가 바깥쪽 각에 여분의 전자를 얻게 된다면, 양자보다 전자가 많아지므로 정량적으로 음의 전하를 가지게 되고 음의 이온이 된다.

원자는 가전자를 여덟 개까지 가질 수 있다. 바깥쪽의 각이 완전하게 결합되면 될수록, 원자는 더욱 안정되어 진다. 따라서 전자를 방출하려면 더 큰 에너지가 필요하다.

그림 2-4는 염화나트륨이 용해될 때 나트륨 원자가 단 하나의 가전자를 염소 원자에게 줌으로써, 양과 음의 이온이 형성되는 것을 보여주고 있다.

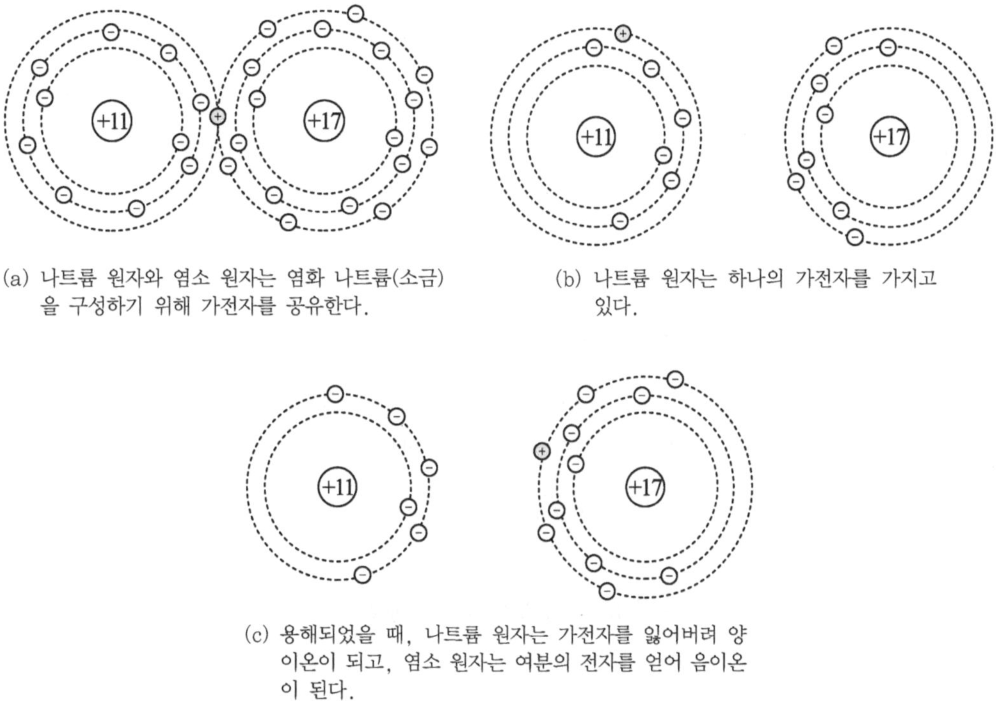

(a) 나트륨 원자와 염소 원자는 염화 나트륨(소금)을 구성하기 위해 가전자를 공유한다.

(b) 나트륨 원자는 하나의 가전자를 가지고 있다.

(c) 용해되었을 때, 나트륨 원자는 가전자를 잃어버려 양이온이 되고, 염소 원자는 여분의 전자를 얻어 음이온이 된다.

【그림 2-4】 양이온과 음이온의 형성 예

예제 2-2	93.75×10^{16} 개의 전자를 가지고 있는 전하는 몇 쿨롱인가?
풀 이	$$Q=\frac{\text{전자의 개수}}{6.25\times10^{18}\text{개의 전자 / [C]}}$$ $$=\frac{93.75\times10^{16}\text{개의 전자}}{6.25\times10^{18}\text{개의 전자 / [C]}}=0.15\ [\text{C}]$$

2. 전압과 전류

학습 목표	1. 전압의 개념과 공식 및 단위를 이해하고 설명할 수 있다. 2. 전류의 개념과 공식 및 단위를 이해하고 설명할 수 있다.

양전하와 음전하 사이에서는 흡인력이 발생한다. 힘을 받으면서 전하를 주어진 거리만큼 떨어뜨리려면 일의 형태인 에너지가 필요하다. 따라서 반대 극성의 전하들은 모두 그들 사이의 거리에 따른 전위 에너지를 가지게 된다. 전하의 전위 에너지의 차이가 바로 전위차 또는 전압이다. 전압은 전기회로에서 구동력이며 전류를 흐르게 한다.

가. 전압

땅 위에서 몇 미터 위에 지지되어 있는 물탱크를 생각해 보자. 탱크를 채우기 위해 물을 펌프로 밀어 올리려면 일의 형태로 어떤 양만큼의 에너지가 필요하다. 탱크에 물이 채워져 있다면 이것은 위치 에너지를 가지게 되며, 물구멍을 열어 일을 하기 위해 이 에너지를 사용할 수 있다. 예를 들면 물을 수로로 내려보내 수차를 돌리는 일을 할 수 있다.

전위 에너지 차는 전기 용어로 전압(V)이라고 불린다. 그리고 단위 전하(Q)당의 에너지 또는 일(W)로 표현한다.

$$V=\frac{W}{Q} \qquad \text{(식 2-2)}$$

여기서, W는 주울[J]로 표시되고 Q는 쿨롱[C]으로 표시된다.

(1) 전압의 단위

전압의 단위는 볼트(volt)이고 기호는 [V]이다.

1 쿨롱의 전하를 한 곳에서 다른 곳으로 옮기는 데 1주울의 에너지가 소모되었다면, 두 지점의 전위차(전압)는 1 [V]이다.

예제 2-3	10 C의 전하에 50 J의 사용 가능한 에너지가 있다면 전압은 얼마인가?
풀 이	$V = \frac{W}{Q} = \frac{50[\mathrm{J}]}{10[\mathrm{C}]} = 5[\mathrm{V}]$

(2) 전압원

전압원이란 기전력(electromotive force; emf)이라 불리는 전위 에너지이다.

대표적인 예로, 축전지(battery)는 화학 에너지를 전기 에너지로 바꾸어 주는 전압원의 하나이다. 그림 2-5에서와 같이 축전지의 두 전극(터미널) 사이에는 전압이 존재한다. 전해액에 용해될 때, 화학작용에 의해 발생하는 전하 분리의 결과로써 두 개의 서로 다른 도체 중 하나의 전극은 양이 되고 다른 하나는 음이 된다.

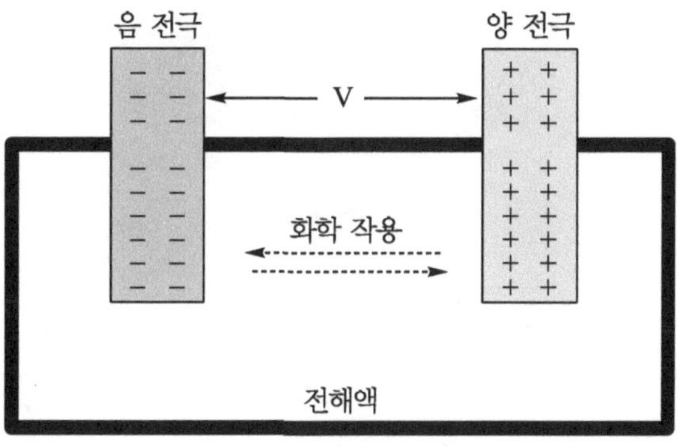

【그림 2-5】 화학 에너지를 전기 에너지로 바꾸어 주는 전지

축전지는 보통 충전이 불가능한 건전지라 부르는 1차 전지와, 화학작용을 반대로 하여 충전을 할 수 있는 2차 전지로 구분된다. 축전지가 제공하는 전압은 다양하다. 예를 들어 스마트폰에 사용하는 축전지는 약 3.8 [V]이고 자동차용 축전지는 12 [V] 이다. 다양한 형태의 축전지가 그림 2-6에 보인다. 그림 2-7은 직류전압원을 만들어낼 수 있는 직류전원 공급장치를 보여주고 있다.

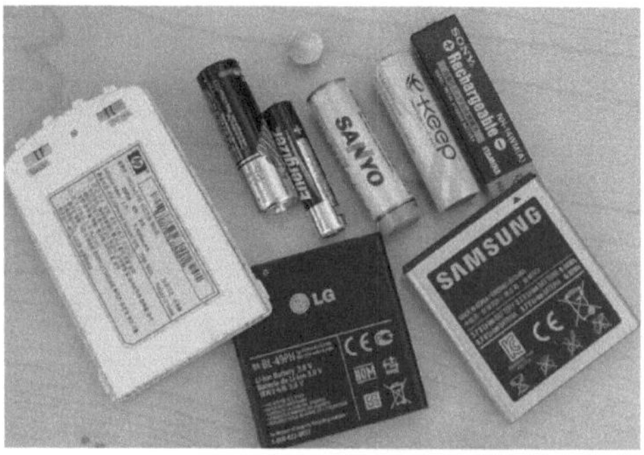

【그림 2-6】 다양한 형태의 배터리

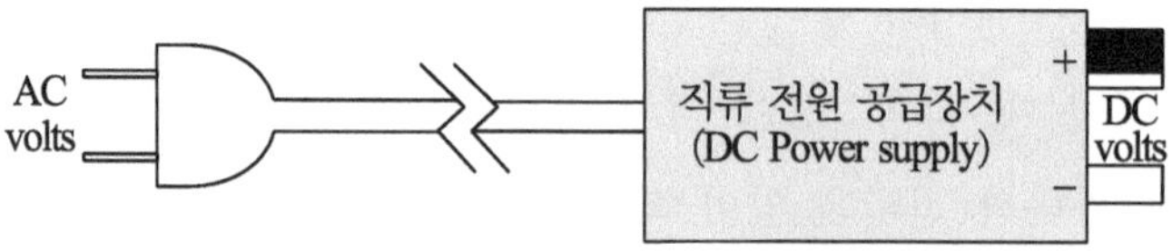

(a)

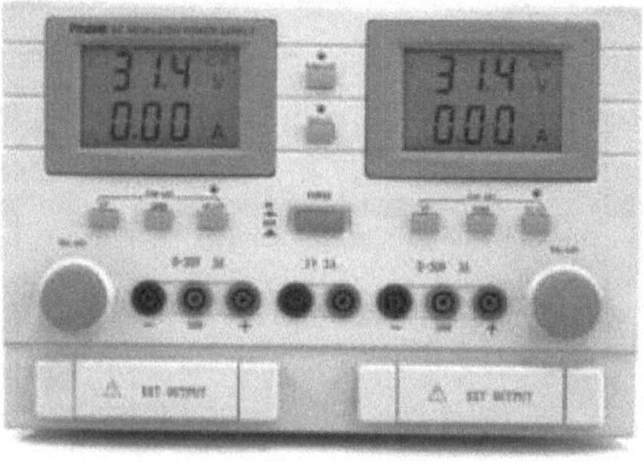

(b)

【그림 2-7】 직류전원 공급장치

나. 전류

두 점간의 전위차인 전압은 폐회로에서 전자들을 움직이게 만드는데, 이러한 전자의 이동이 전류이다. 전류는 회로 상에서 일을 하게 된다.

모든 도체와 반도체에서는 자유전자가 존재한다. 이 자유전자는 물질의 구조 내에서 한 원자로부터 다른 원자로 또는 모든 방향에 임의적으로 움직인다. 만일, 도체나 반도체에 전압을 가하면 그림 2-8에 보이는 바와 같이 오른쪽 끝단에 인가한 음의 전압과 전자와의 반발력은 자유전자(음의 전하)를 왼쪽으로 움직이게 한다. 또한 왼쪽끝단에 가한 양의 전압과 전자와의 흡인력은 전자를 왼쪽으로 끌어당긴다. 결과적으로 그림 2-8에서 보이는 바와 같이, 음의 전압이 가해진 끝단으로부터 양의 전압이 가해진 끝단으로 자유전자가 움직이게 된다. 물질 내에서 음의 전압 단으로부터 양의 전압 단으로의 자유전자 흐름이 전류이고, 기호는 (I)를 사용한다. 따라서 전자가 움직이는 방향과 반대 방향으로 전류가 흐른다고 할 수 있다.

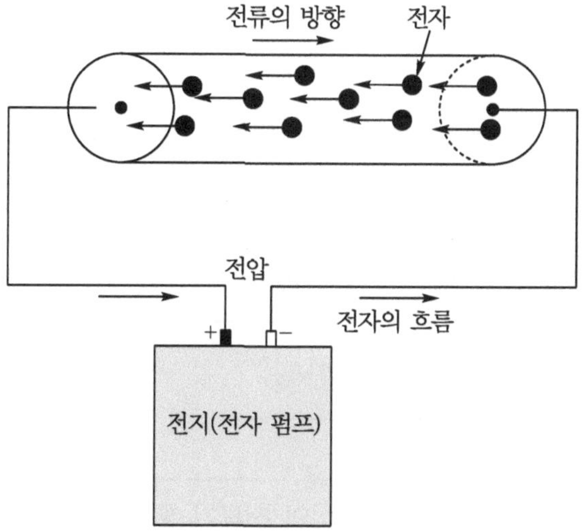

【그림 2-8】 도체나 반도체에 전압을 가하였을 때의 전자의 흐름

일반적인 전기회로 교재에는 “전류의 방향은 전자의 이동방향과 반대이다”라고 기술되어 있다. 그러나 전기회로를 공부하는 입장에서 보면 매우 어려운 문제겠지만 “전자의 흐름 방향이 전류의 방향이다”라는 것이 사실은 맞는 말이라 볼 수 있다. 그러나

모든 책이나 전기회로를 공부한 모든 사람들이 그렇게 인식하고 있으므로 일단은 본 교재에서도 "전자와 전류의 방향은 반대이다"라고 생각하자.

전류는 도체나 반도체내에서 전자가 이동하는 양으로 정의된다.

전류는 단위 시간 동안에 어떤 점을 통과하는 전자의 개수(전하량 : Q)로 측정된다.

$$I = \frac{Q}{t} \tag{식 2-3}$$

여기서 I는 전류이고, Q는 전자의 전하량이고, t는 시간이다.

(1) 전류의 단위

전류는 암페어라고 불리며 [A]라는 기호로 표시되는 단위로 측정된다. 이것은 전류와 그 영향에 대해 공적을 남긴 프랑스의 물리학자인 앙드레 앙뻬르(Andre Ampere, 1775~1836)의 이름을 따서 명명되었다.

1암페어[A]는 1쿨롱[C]의 전하를 가지는 전자들이 주어진 지점을 1초 내에 흘러갈 때의 전류량이다.

1쿨롱은 6.25×1018개의 전자가 가지는 전하량이다.

예제 2-4	10 쿨롱의 전하가 2초 내에 전선의 한 지점을 통과하고 있다. 몇 암페어의 전류가 흐르고 있는가?
풀 이	$I = \frac{Q}{t} = \frac{10\,[\text{C}]}{2\,[s]} = 5\,[\text{A}]$

예제 2-5	한 지점에서 1.5초에 8[A]의 전류가 흘렀다. 그 지점을 흘러간 전하는 몇 쿨롱인가?
풀 이	$Q = I \times t = 8\,[\text{A}] \times 1.5\,[s] = 12\,[\text{C}]$

다. 펌프와 전기 시스템의 비교

그림 2-9(a)는 모터의 펌프 작용으로 생성되는 수압에 의해 물이 순환되는 펌프 시스템이고 (b)는 도체인 전등 양단간에 인가한 전압에 의해 도체에 전류가 흘러 램프가 켜지는 전기시스템이라 할 수 있다.

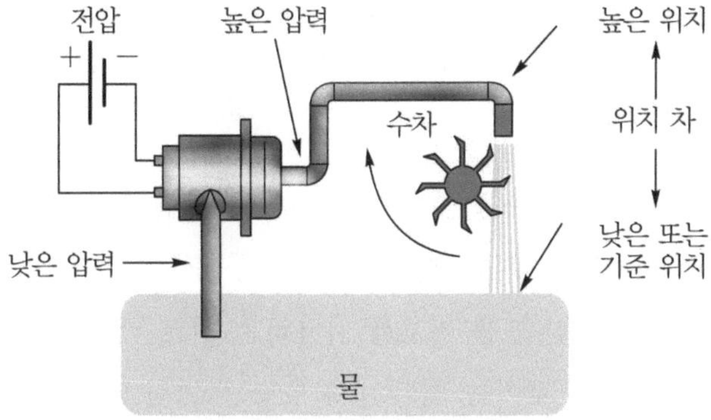

(a) 펌프시스템

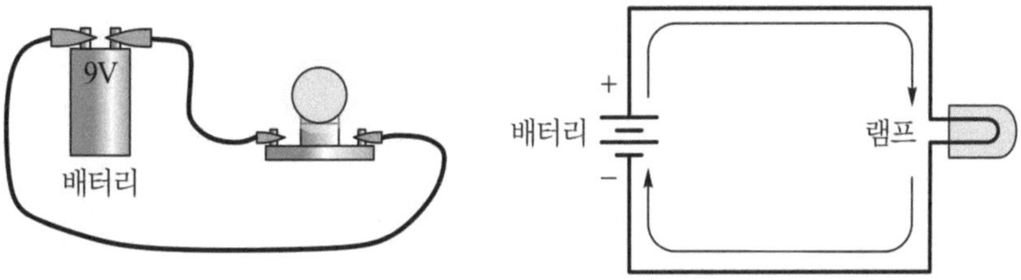

(b) 전기시스템

【그림 2-9】 펌프 시스템과 전기 시스템의 비교

그림 2-9에서 나타낸 것과 같이 펌프 시스템의 펌프는 전기 시스템에서 배터리라 할 수 있고 펌프에 의해서 만들어 지는 물의 압력은 전기 시스템에서 부하에 인가되는 전위차인 전압이라 볼 수 있다. 또한 펌프 시스템에서 물의 흐름은 전기 시스템에서는 전류의 흐름이라 할 수 있다.

펌프 시스템에서 물의 흐름은 압력에 비례하게 되므로 펌핑 작용에 의해 높은 압력을 만들어 내면 물의 흐름은 증가하게 되고 수차의 회전 속도도 빨라지게 된다. 이와 동일하게 전기 시스템을 생각해 보면 램프에 인가되는 전압이 커질수록 더 많은 전자의 이동에 의해 전류가 증가하게 되어 램프의 밝기가 더 증가한다고 생각할 수 있다.

3. 전기회로

학습 목표	1. 기본적인 전기회로의 개념을 이해하고 설명할 수 있다. 2. 전기회로 기본 요소인 전선과 접지에 대해서 이해하고 설명할 수 있다.

기본적인 전기회로란 어떤 유용한 기능을 수행하기 위해서 이루어진 전압, 전류를 사용하는 부품들과 저항들의 배열이다.

전기회로는 각 요소에 대한 표준 기호를 사용하는 회로 배선도(줄여서 회로도)로 표시될 수 있다. 그림 2-10에 보이는 회로의 회로도는 그림 2-11처럼 나타낼 수 있다.

회로도의 목적은 계통 방식으로 주어진 회로의 부품들이 어떻게 연결되어 있는가를 보여주게 되어 회로의 작동을 결정할 수 있도록 한다.

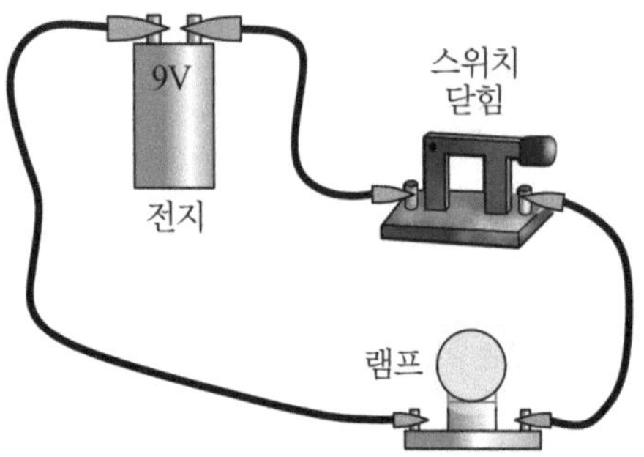

【그림 2-10】 전기회로

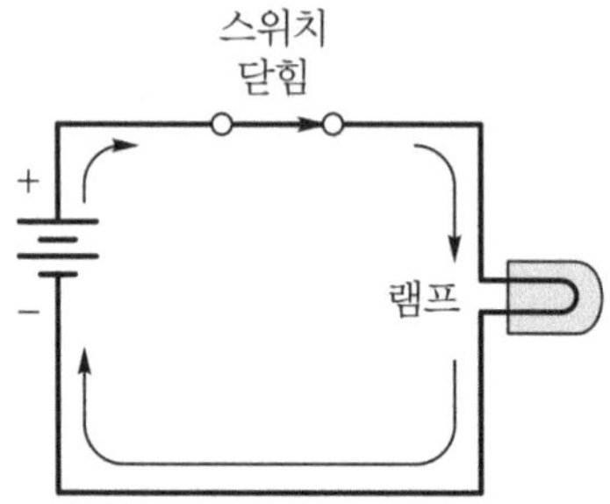

【그림 2-11】 2-10 회로에 대한 회로도

가. 폐회로, 개방회로 및 단락회로

보통 스위치(switch)는 기계적이거나 전기적인 방법으로 회로의 열림과 닫힘을 조정하는 데 사용된다. 예를 들어 그림 2-10에 보이는 바와 같이 전구를 켜거나 끄는 데 있어 스위치가 사용된다. 각 부품들은 회로도로서 표시되어 있다. 그림 2-11의 회로는 폐회로인데, 이것은 전류가 흘러가는 완전한 길을 가지고 있는 회로이다.

그림 2-12에서와 같이 스위치가 열려 회로 내 전류가 흐르지 못하도록 통로를 끊어 버리는 회로로 개방회로라고 한다. 개방회로에서는 부하에 전류가 흐르지 않지만 전압 원인 전지 양단간의 전압은 유지하게 된다. 이때의 전압을 개방전압이라 부른다.

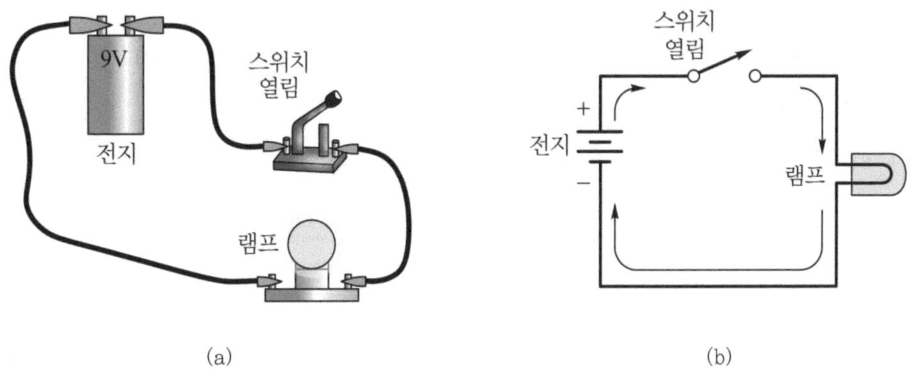

【그림 2-12】 개방회로

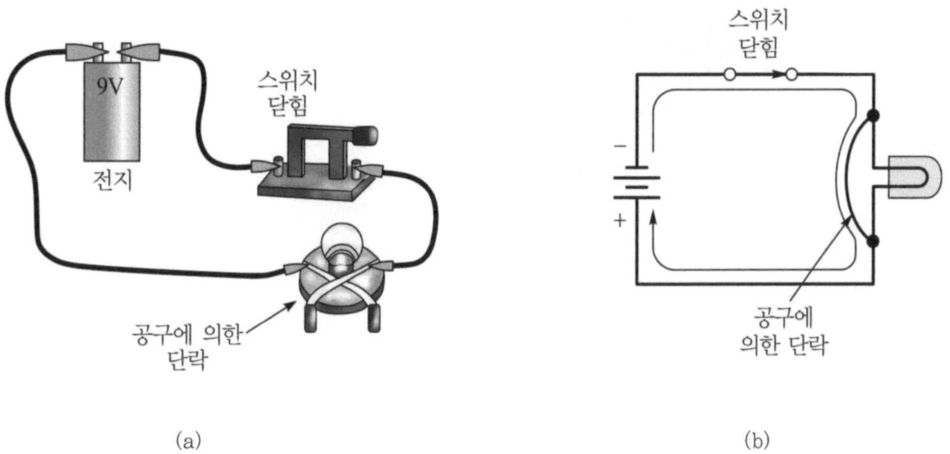

【그림 2-13】 단락회로

그림 2-13에서는 스위치가 닫힘으로서 전류는 흐릴 수 있으나 램프 양단간이 낮은

저항으로 연결되어 있는 회로로서 이 회로를 단락회로(short circuit)라 부른다. 이렇게 회로 내 단락이 발생하면 매우 큰 전류가 흐를 수 있는 원인이 되고 이때 흐르는 매우 큰 전류를 단락 전류라 부른다.

나. 전선

전선은 전기회로에 사용되는 도전체 중 가장 일반적인 형태이다. 또한, 전선의 직경은 다양하고 여러 형태가 있다. 전선의 굵기는 단면적으로 표시되기도 하는데, 이것은 그림 2-14에 나타내었다. 전선 단면적의 단위는 서큘라 밀(circular mil)이고 줄여서 CM 이라고 한다. 1 CM 은 직경 0.001인치(1 밀)의 전선의 면적이다. 이 면적은 직경을 천분의 1인치로 표시하고 그것을 제곱하여 얻는다.

$$A = d^2 \qquad \text{(식 2-4)}$$

여기서 A는 서큘라 밀로 표시되는 단면적이고, d 는 밀로 표시되는 직경이다.

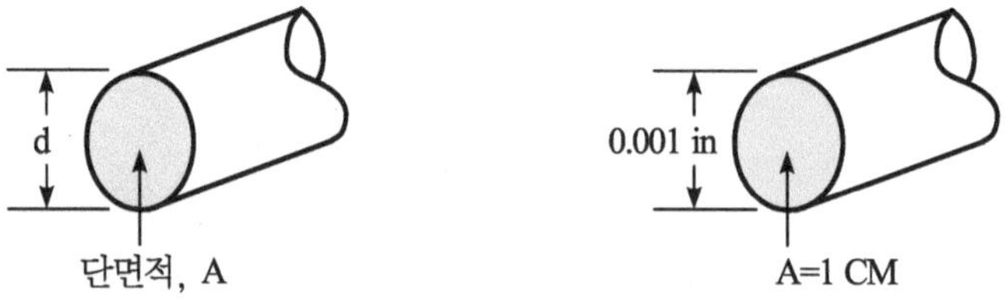

【그림 2-14】 전선의 단면적

(1) 전선 저항

도체 중 구리는 매우 양호한 도체이지만 다른 도체와 마찬가지로 저항을 가지고 있다. 전선의 저항은 다음과 같이 네 가지 요인의 영향을 받는다.

① 재료의 형태

② 전선의 길이

③ 단면적

④ 온도

구리와 같은 모든 도체는 저항률 ρ라 불리는 고유저항 특성을 가지고 있다. 모든 물질에서 ρ는 주어진 온도에서 상수가 된다. 길이가 l 이고 단면적이 A 인 전선의 저항은 다음의 공식으로 표현된다.

$$R= \frac{\rho l}{A} \qquad \text{(식 2-5)}$$

여기서 저항은 저항률과 길이에 비례하고 단면적에 반비례한다는 것을 알 수 있다. 저항을 오옴으로 계산하려면, 길이는 ft 이어야 하고 단면적은 CM 이어야 하며, 저항률은 CM - Ω / ft 이어야 한다.

주어진 길이에 대하여 가는 전선의 저항이 더 크다. 따라서 주어진 전압에 대하여 굵은 전선은 가는 전선보다 많은 전류를 흘릴 수 있다.

예제 2-5	단면적이 810.1 CM 이고 길이가 100 ft 인 구리 전선의 저항을 구하라. 단, 구리의 저항률은 10.4 CM – Ω/ft 이다.
풀 이	$R = \frac{\rho l}{A} = \frac{(10.4\,\text{CM} - \Omega / \text{ft})(100\,\text{ft})}{810.1\text{CM}} = 1.284\,[\Omega]$

나. 접 지

접지는 본래 교류 전력계통에서 사용하는 방법으로 전력계통의 한 라인을 접지시키기 위해 수도관이나 혹은 금속막대에 접속하여 중성화(접지화)시키는 데서 유래되었다. 이러한 방법을 대지 접지라고 한다. 대부분의 전기나 전자장비에 있어서 프린트된 회로판상의 조립품이나 도체로 된 금속 샤시를 전기적인 기준점으로 사용하는데, 이를 샤시접지 또는 회로접지라 부른다.

회로접지는 대지 접지를 꼭 필요로 하지는 않는다.

예를 들어 대부분 자동차에서 축전지의 음극과 모든 전기회로의 한쪽 극은 금속 샤시와 연결되어 있다. 접지는 전기회로에서 기준점이고 회로의 다른 점에 대하여 0[V]의 전위를 갖는다. 회로에서 모든 접지점은 전기적으로 동일한 공통점이 되는 것이다.

두 개의 접지 심벌을 그림 2-15에 나타내었다. (a)의 심벌은 기준 접지를 나타내는 도식에서 흔히 사용되고, (b)는 샤시 접지를 나타낸 것이다. 본 교재의 접지방식은 2-16의 (a)로 통일한다. 그림 2-16은 간단한 접지방식을 나타낸다. 전류는 12V의 전원 양극측으로부터 램프를 통과한 후, 접지 연결을 통하여 전원의 음극측까지 되돌아간다. 접지는 모든 접지점이 전기적으로 동일한 전위점이기 때문에 전류가 전원으로 되돌아가도록 귀환 경로를 제공한다. 회로상단의 전압은 접지에 대하여 + 12[V]이다.

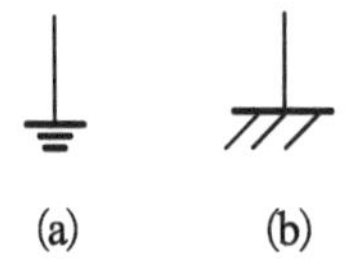

【그림 2-15】 접지의 기호

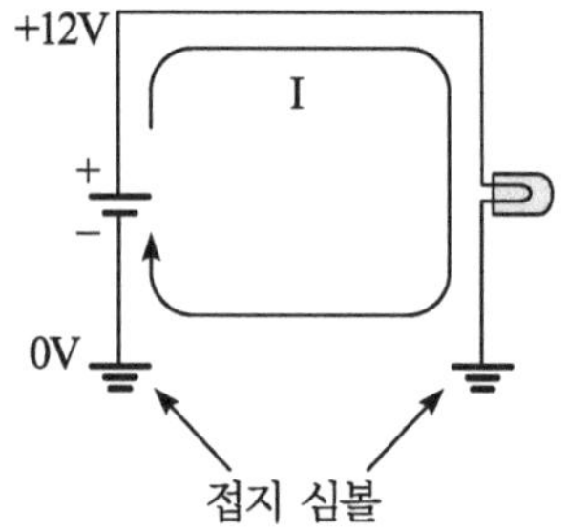

【그림 2-16】 간단한 회로의 접지방식

4. 저항

학습 목표	1. 저항의 정의와 단위를 이해하고 설명할 수 있다. 2. 저항의 종류와 색상에 의한 저항 값을 계산하고 설명할 수 있다.

가. 저항

도체 내에 전류가 흐를 때, 전자는 도체 내에서 움직이고 때때로 원자와 충돌한다. 이 충돌로 인해 전자의 에너지는 감소되며, 운동에 제약이 따르게 된다. 충돌이 많아질수록 더욱더 제약이 커진다. 이렇게 전자의 흐름에 제약을 가하는 물질의 특성이 바로 저항이다.

저항은 전류의 흐름을 방해 한다. 저항의 기호는 그림 2-17에 나타낸다.

【그림 2-17】 저항 기호

저항을 가지는 물질내로 전류가 흐를 때에는 전자와 원자의 충돌로 인해 열이 발생한다. 따라서 작은 저항값을 가지는 도체는 전류가 흐를 때 뜨거워지게 된다.

(1) 저항의 단위

저항은 대문자 R 또는, 소문자 r로 표시한다. 저항의 단위는 오옴(Georg Simon Ohm, 1787-1854)의 이름을 따서 명명되었고, 그 기호는 그리스 문자 오메가[Ω]이다.

1오옴(1[Ω])은 물질에 1[V]의 전압을 가할 경우 1[A]의 전류가 흐를 때의 저항이라 할 수 있다.

■ 도전율(컨덕턴스, Conductance)

저항의 역수로서 회로 또는 경로에 전류가 얼마나 잘 흐를 수 있는가를 나타내는 정도를 도전율(컨덕턴스)이라 한다. 컨덕턴스는 G라는 기호로 표시한다.

컨덕턴스의 단위는 지멘스(siemens)이고 줄여서 [S]라고 한다.

공식은 다음과 같다.

$$G=\frac{1}{R} \qquad \text{(식 2-6)}$$

컨덕턴스는 저항의 역수이므로 양호한 도체는 전류의 흐름을 방해하는 힘이 약하며 저항은 작고 컨덕턴스는 크다. 반대로 전선의 저항이 높고 컨덕턴스가 낮으면 불량한 도체라 할 수 있다.

(2) 저항의 주요 특성 및 규격

1) 저항값

저항기의 저항값은 오차 범위 안에서의 대푯값을 말하므로 공칭 저항값이라고 부른다. 저항값은 저항기 표면에 컬러코드로 표시되어 있거나 숫자로 표시되어 있기도 하다. 저항값을 표시할 때는 [kΩ](1,000[Ω]), [MΩ](1,000,000[Ω])과 같은 단위를 함께 사용하기도 한다.

2) 사용 온도

저항에서 소비하는 전력은 열에너지로 바뀌므로 많은 전류를 흐르는 저항의 경우에는 상당한 온도 상승이 있다. 외부환경에 의하여 허용치 이상으로 온도가 상승하면 저항이 파괴되는 경우가 있다. 그러므로 저항을 사용할 때는 회로의 주변 온도에 따라 저항의 허용 온도를 중요하게 고려하여야만 한다. 대표적으로 탄소피막 저항기의 최고 허용온도는 155[℃]이고 권선형 저항기의 최고 허용온도는 270[℃] 또는 350[℃]이다.

3) 정격전력

사용 온도 범위에서 연속동작 상태로 사용 할 수 있는 최대전력을 나타낸다. 그러나 실제 사용에서 정격전력은 실제회로 설계값 보다 충분한 여유를 두는 것이 일반적이다. 그 이유는 정격전력이상에서 저항이 지속적으로 사용되면 과도한 열이 발생하여 저항을 파괴 할 뿐만 아니라 회로 주변을 태우고 나아가서는 화재를 일으킬 위험성까지 있다. 정격전력의 여유는 설계상의 전력에서 2배 정도로 잡는 것이 일반적이지만 회로의 사용 환경이나 부품의 배치등 여러 가지 요소에 의하여 결정된다. 가장 많이 사용되는 탄소피막의 경우 정격전력 1/8, 1/6, 1/4, 1/2 등의 다양한 제품이 사용되며 저항의 종류에 따라 정격전력의 범위도 다르다. 회로에 사용할 저항의 종류를 결정할 때 저항의 소비전력은 매우 중용한 요소이다. 예를 들어 발열이 많은 부분에는 내열성이 강한 시멘트 저항이나 메탈 저항을 사용하여야 하며 각 저항의 종류에도 정격전력의 한도가 정해져 있다.

4) 허용오차

모든 저항기는 공칭 저항값에 대한 오차가 있으며 제조사에서는 이에 대한 허용 오차 범위를 명시하고 있다. 이 허용오차는 색상으로 저항값을 표시하는 경우에는 색상

코드에 함께 표시하고, 문자로 표시할 때는 표 2-1과 같이 알파벳 기호로 나타낸다.

【표 2-1】 저항의 허용오차

기호	A	B	C	D	F	G	J	K	M	N
허용오차	±0.05%	±0.1%	±0.25%	±0.5%	±1%	±2%	±5%	±10%	±20%	±30%

나. 저항의 종류

특정 저항값을 가지게 설계된 부품을 저항기(줄여서 저항)라고 한다. 저항이 기본적으로 적용되는 경우는 전류의 흐름을 제한할 때 또는 열을 발생시킬 경우라 할 수 있다. 형태와 크기가 다른 여러 가지의 저항이 있지만, 모든 저항은 크게 고정저항 또는 가변저항으로 구분된다.

(1) 고정저항

고정저항이란 저항값이 제조공정에서 설정되어 쉽게 바꿀 수 없는 저항이고 저항값이 다양하다.

고정저항은 다양한 방법과 재료로서 만들어진다. 대표적인 고정저항의 종류는 다음과 같다.

1) 탄소 피막 저항

보통 카본 피막 저항이라고 하며 일반적으로 가장 많이 사용되는 저항이다. 세라믹 또는 유리에 탄소입자의 피막을 붙인 것이다. 저항의 정격으로는 1/8W, 1/4W, 1/2W 등이 많이 사용된다. 고주파 특성은 뛰어나지만, 오차가 크다는 결점이 있어 신호에 민감한 회로에는 금속계의 저항기를 사용한다.

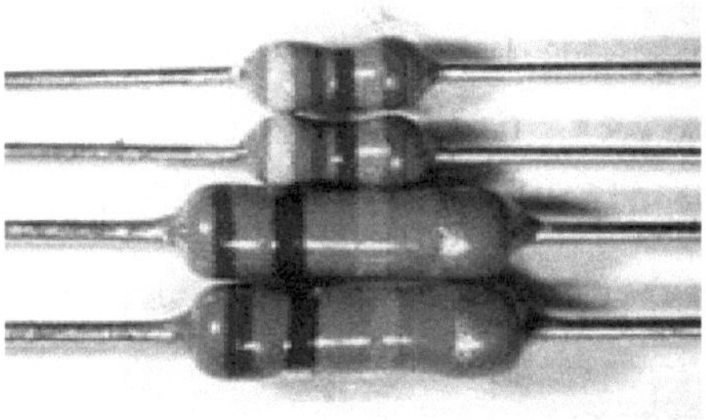

【그림 2-18】 탄소 피막 저항 외형

2) 금속 피막 저항

세라믹, 유리 몸체에 금속 또는 금속 합금을 나사선 모양으로 붙인 것으로 정밀도가 뛰어나고 잡음, 내구성 등의 물리적 특성이 좋다. 금속 피막 재료에는 Ni-Cr(니크롬) 등이 사용되고 온도에 대한 특성이 좋은 장점이 있다.

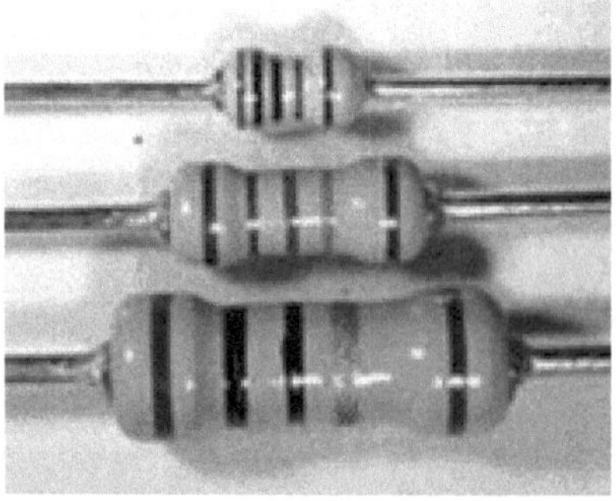

【그림 2-19】 금속 피막 저항 외형

3) 권선형 저항

구리나 니켈의 저항선을 세라믹 몸체에 코일 모양으로 감은 것으로 선의 길이를 조정함으로써 정밀한 저항값을 얻을 수 있다. 전력용과 정밀용이 있는데 주로 굵은 선을 사용하여 대 전력용의 저항으로 사용되며 내구성 및 신뢰도가 뛰어나다. 그러나 높은 저항값을 만들기는 어렵고 선을 절연체에 코일 형태로 감아 붙이기 때문에 유도성분이 있어 주파수가 높은 회로에는 사용이 어렵다. 일반적으로 저항을 법랑으로 덮은 법랑 저항과 특수한 시멘트로 굳힌 시멘트 저항 등이 있다. 그림 2-21(a)는 법랑저항, (b)는 시멘트 저항의 외형을 보여 준다.

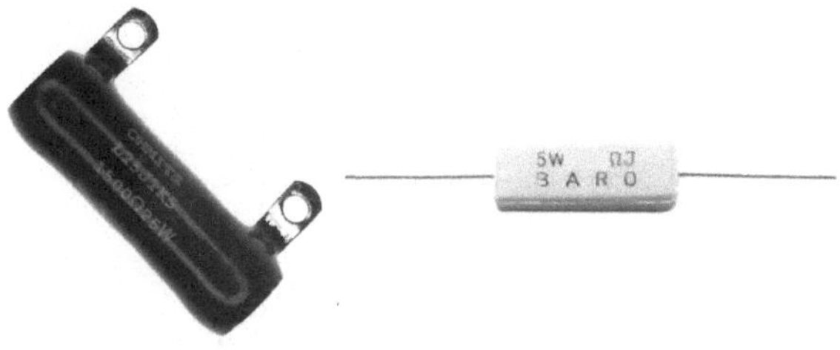

(a) (b)

【그림 2-20】 권선형 저항 외형

4) 어레이 저항

어레이 저항은 같은 저항값을 가진 여러 개의 저항을 묶어 일체형으로 만든 것이다. 디지털회로에서 동일한 회로에 많은 저항기가 필요한 경우 주로 사용되며 실장공간을 줄일 수 있다는 장점이 있다.

【그림 2-21】 어레이 저항의 외형

5) 칩 저항

저항에 다리가 달려있지 않고 기판 위에 납땜할 수 있는 구조로 되어 있고 수 mm의 소형이다. 회로 기판의 크기를 줄일 수 있는 장점이 있다. 주로 스마트 폰 등에 많이 사용되고 정격전력이 작아서 신호를 전달하는 디지털회로에서만 사용되어 진다.

【그림 2-22】 칩 저항

(2) 가변 저항

(a) 볼륨형 (b) 반고정형

【그림 2-23】 가변 저항기의 외형

가변 저항은 저항값을 바꿀 수 있는 형태의 저항을 총칭한다. 흔히 볼륨(volume)이라고 부르는 단어는 신호의 양을 조절한다는 의미지만 일반적으로 손잡이를 돌려서 저항값을 가감하는 가변저항기를 가리킨다. 그림 2-23은 가변저항기의 외형을 보여주고 있다.

가변 저항 사용을 사용하는 기본적인 두 가지 형태는 전압을 제어하는 전위차계(potentiometer)와 전류를 제어하는 가감저항기(rheostat)이다. 이 형태의 기호가 그림 2-24에 표시되어 있다. 전위차계는 그림 (a)에 표시된 것처럼

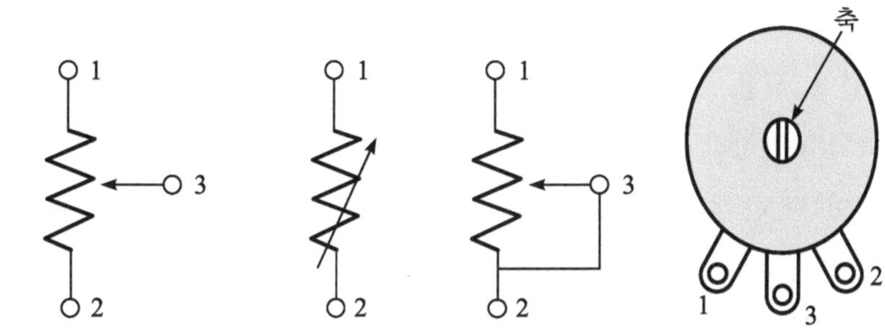

(a) 전위차계　　(b) 가감저항기　　(c) 기본 구조

【그림 2-24】 전위차계와 가감저항기 기호 및 전위차계의 구조

3개의 터미널을 가지고 있는 장치이다. 터미널 1과 2 사이의 저항은 고정되어 있고 이것이 전체 저항이다. 터미널 3은 움직일 수 있는 단자에 연결되어 있다. 접지를 위 아래로 움직여서 3과 1 사이의 저항 또는 3과 2 사이의 저항을 변화시킬 수 있다.

그림 2-24 (b)는 두 개의 터미널을 가진 가변저항 가감저항기와 전위차계에서 터미널 3을 1 또는 2에 연결하여 가감저항기처럼 사용하는 방법을 보여주고 있다. (c)는 전위차계의 구조를 간략히 보여주고 있다(이것은 가감 저항기처럼 사용할 수도 있다).

다. 저항의 색상 코드

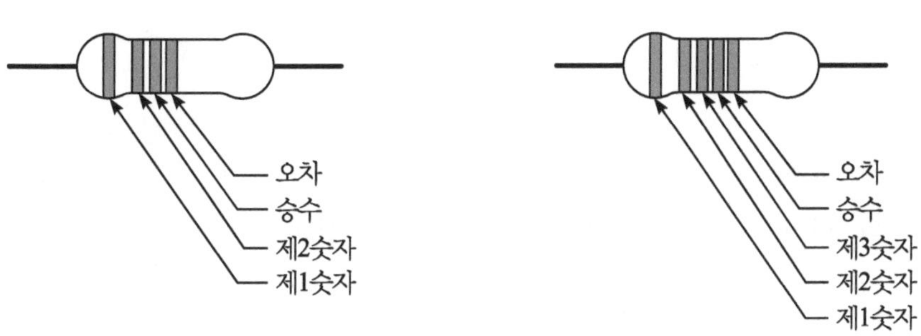

(a) 4색 띠 저항　　(b) 5색 띠 저항

【그림 2-25】 저항의 색상코드

일반적인 고정저항은 대부분 2개의 다리(lead)가 있는 원통형 형태 이다.이러한 형

태의 저항은 크기가 작아 숫자로 용량을 표시하기 곤란하므로 색상 코드라는 색띠로 용량을 표시한다. 허용 오차가 5 %, 10 %, 20 %인 고정저항은 그림 2-25(a)와 같이 네 개의 색상 코드로 저항값과 허용오차를 표시하고 오차가 1% 이하인 정밀 저항은 그림 2-25(b)와 같이 다섯 개의 색상 코드로 표시한다. 그 값은 표 2-2에 나와 있다.

(1) 저항의 색상 코드 읽는 법

1) 4색 띠 저항

① 저항의 끝에 가장 가까운 색상부터 시작한다. 첫 번째 색상은 저항의 첫 숫자이다. 만일, 어느 것이 끝인지 확실하지 않으면, 금이나 은색이 아닌 쪽부터 시작한다.

② 두 번째 색상은 저항값의 두 번째 숫자이다.

③ 세 번째 색상은 0의 개수 또는 곱의 수이다.

④ 네 번째 색상은 허용오차인데, 보통 금색이나 은색이다.

2) 5색 띠 저항

① 첫 번째 색상은 저항의 첫 숫자이다.

② 두 번째 색상은 저항값의 두 번째 숫자이다.

③ 세 번째 색상은 저항값의 세 번째 숫자이다.

④ 네 번째 색상은 0의 개수 또는 곱의 수이다.

⑤ 다섯 번째 색상은 허용오차인데 갈색이다.

예를 들어, 허용오차 5 %는 실제 저항값이 색상 코드값에서 ±5 % 이내에 있다는 것을 의미한다. 따라서 허용오차 5 %의 100 Ω짜리 저항은 낮게는 95 Ω에서 높게는 105 Ω 내에 있다.

10Ω보다 작은 저항값에서는 세 번째 색상이 금색이나 은색이다. 금색은 곱하기 0.1, 은색은 곱하기 0.01의 의미이다. 예를 들면, 색상이 빨강, 보라, 금, 은색이면 저항값은 2.7Ω이고 허용오차는 ±10 % 이다.

【표 2-2】 저항의 색상 코드

수 치	승 수	색 상
0	1	검정(Black)
1	10^1	갈색(Brown)
2	10^2	빨강(Red)
3	10^3	오렌지(Orange)
4	10^4	노랑(Yellow)
5	10^5	초록(Green)
6	10^6	파랑(Blue)
7	10^7	보라(Violet)
8	10^8	회색(Gray)
9	10^9	백색(White)
1%		갈
5%	10^{-1}	금
10%	10^{-2}	은
20%		없음

예제 2-6 그림 2-26에 나와 있는 색상 코드에 따른 저항값과 허용오차를 구하라.

(a) (노.보.빨.금)　　(b) (갈.검.갈.금)

【그림 2-26】

풀 이 (a) 첫째 코드 노랑=4, 두 번째 코드 보라= 7, 세 번째 코드 빨강색 2개의 0(10^2), 네 번째 코드
금색=5% 허용오차. $R= 4,700(4.7[k\Omega])\pm 10\%$

(b) 첫째 코드 갈색=1, 두 번째 코드 검정=0, 세 번째 코드 갈색 1개의 0(10^1), 네 번째 코드
금색=5% 허용오차. $R= 100[\Omega]\pm 10\%$

예제 2-6	그림 2-27에 나와 있는 색상 코드에 따른 저항값과 허용오차를 구하라.

(빨,오,보,빨,갈)

【그림 2-27】

풀 이

첫째 코드 빨강=2, 두 번째 코드 오렌지=3, 세 번째 코드 보라=7, 네 번째 코드 빨강 2개의 0(10^2), 네 번째 코드 갈색=1% 허용오차.

$R = 23,700(23.7[k\Omega]) \pm 1\%$

5. 실험 및 실습

【실험 2-1 저항 측정】

【실험 목표】

1. 저항의 색띠를 보고 저항값을 읽을 수 있다.
2. 디지털 또는 아날로그 멀티메터를 사용하여 저항값을 측정할 수 있다.
3. 색띠로 표시된 저항값과 측정값 사이의 백분율 오차를 구할 수 있다.
4. 전위차계의 저항값을 측정하고 동작 내용을 설명할 수 있다.

【사용재료】

부품	규격	수량	비고
저항	값이 다른 4색때 저항	10개	
	값이 다른 5색띠 저항	5개	
가변저항	3단자 10[kΩ](1/2[W])	1개	

【계측기 및 장비】

계측기 및 장비	용도	수량	비고
브레드보드	실험회로 구성용	1대	
멀티미터	전압 및 전류 크기 측정(디지털 및 아날로그)	각1대	

【실험 순서】

1. 값이 다른 4색띠 저항 10개를 보고 표 2-3에 각 저항의 색깔을 적는다. 이 색깔로부터 각 저항의 표시값을 읽는다.
2. 각 저항의 값을 디지털이나 아날로그 멀티미터로 측정하여 표 2-3에 기입한다.
3. 다음 식을 이용하여 각 저항의 측정값과 표시값 사이의 백분율 오차를 계산하여 표 2-3에 기입한다.

$$\%\ \text{백분율오차} = \frac{R_{\text{측정값}} - R_{\text{표시값}}}{R_{\text{표시값}}} \times 100 \qquad \text{(식 2-7)}$$

【표 2-3】

저항	띠 색상				색상코드 값	측정값	% 오차
	1번	2번	3번	4번			
0	갈	녹	빨	은	1.5 kΩ±5%	1.46kΩ	-2.7%
1							
2							
3							
4							
5							
6							
7							
8							
9							
10							

4. 그림 2-28(a)와(b) 같이 볼륨 가변저항을 전위차계로 사용하기 위하여 세 단자에 번호를 붙인다.

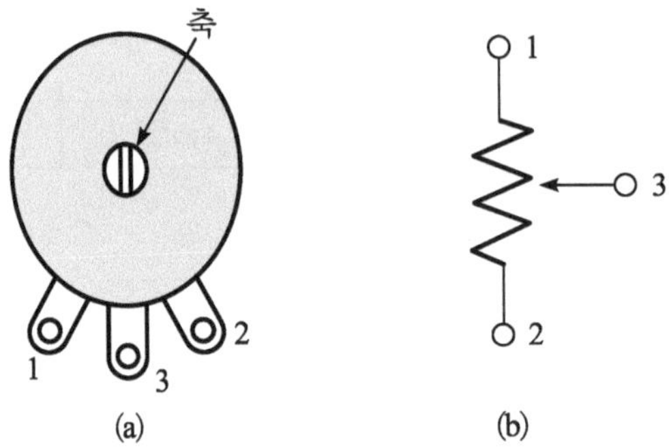

【그림 2-28】

5. 1번 단자와 2번 단자 사이에 디지털 멀티메터의 리드막대를 갖다대고 전위차계의 축을 돌리면서 저항값의 변화를 관찰한다.
6. 1번 단자와 2번 단자 사이의 저항값은 축을 돌려도 변화지 않아야 한다. 1번과 2번 단자 사이의 값을 표 2-4에 기록한다.
7. 전위차계의 손잡이를 반 시계 방향으로 끝까지 돌린 다음 1번과 3번 단자사이의 저항을 측정한다, 그 다음 3번과 2번 단자 사이의 저항을 측정한다. 측정한 결과값을 표 2-4에 기록 한다. 또 두 측정값을 더하여 표 2-4에 기록한다.
8. 축을 1/3 바퀴 정도 시계 방향으로 회전시킨 뒤 위 순서 5의 내용을 되풀이한다.
9. 축을 다시 처음 위치로 놓고 여기에서 2/3 바퀴 시계 방향으로 회전시킨 다음 위 순서 4의 내용을 되풀이한다.

【표 2-4】

<table>
<tr><td colspan="5">1번 단자와 2번 단자 사이의 총 저항값 = (　　　　　　)</td></tr>
<tr><td rowspan="2">순 서</td><td rowspan="2">축 위치</td><td colspan="2">단자 사이의 측정 저항값</td><td rowspan="2">합한 저항값</td></tr>
<tr><td>1-3 단자</td><td>3-2 단자</td></tr>
<tr><td>7</td><td></td><td></td><td></td><td></td></tr>
<tr><td>8</td><td></td><td></td><td></td><td></td></tr>
<tr><td>9</td><td></td><td></td><td></td><td></td></tr>
</table>

【평가】

1. 회로에 사용되는 저항의 종류와 특성을 조사해보고 각 저항들의 사용 용도에 대해 알아보자.
2. 전위차계와 가감 저항기를 이용한 회로를 알아보고 그 차이점을 생각해 보자.

【심화 실험】

1. 1% 허용 오차를 갖는 각기 저항값이 다른 5색 띠 저항 5개를 가지고 <표 2-3>와 같은 형식으로 저항값을 측정해 보자.

1. 원자는 그 물질의 특성을 유지하고 있는 가장 작은 입자이다.
2. 원자의 바깥 궤도의 전자가 떨어져 나갈 때 자유전자로 된다.
3. 자유전자의 이동이 전류이다.
4. 같은 극성의 전하는 서로 반발하고, 반대 극성의 전하는 서로 끌어당긴다.
5. 전압은 전류가 흐를 수 있도록 회로에 공급되어야 한다.
6. 저항은 전류의 흐름을 방해한다.
7. 기본적으로 전기회로는 전원, 부하, 전류의 경로로 구성되어 있다.
8. 개방 회로는 전류가 흐를 수 있는 길이 없는 회로를 말한다.
9. 단락 회로는 전류가 흐를 수 있는 완전한 길이 있는 회로를 말한다.
10. 전류계는 전류가 흐를 수 있는 경로에 접속되어야 한다.
11. 전압계는 측정하고자 하는 소자 양단에 접속되어야 한다.
12. 저항계는 저항 양단에 접속되어야 한다.(저항은 회로로부터 떼어내야 한다.)
13. 1쿨롱은 6.25×10^{18}의 전자를 갖는 전하이다.
14. 1볼트는 한 점으로부터 다른 점으로 한 개의 전하를 이동시킬 때 1주울의 에너지가 소비되었다면, 그 두 점 사이의 전위차가 된다.
15. 1암페어는 1쿨롱의 전하가 1초 동안에 한 점을 지나갈 때 흐르는 전류의 양이다.
16. 1오옴은 어떤 금속 양단에 1볼트의 전압을 인가하여 1 암페어의 전류를 흘렸을 때의 저항값이다.
17. 고정저항은 크기가 작아 숫자로 용량을 표시하기 곤란하므로 색상 코드라는 색띠로 용량을 표시한다.

【완성형】

1. 원자핵은 (　　　　)과 (　　　　　)으로 구성되어 있다.

2. 전자궤도는 (　　　　)이라 부른다.

3. 전류의 흐름을 방해하는 물질은 도체가 아니라(　　　　　)이다.

4. 양전하와 음전하를 함께 접근시킬 때 (　　　　　)력이 발생한다.

5. 한 개의 전자가 갖는 전하(　　　　　)[C] 이다.

7. 전위차의 단위는 (　　　　　)이다.

9. 개방회로에서 전압원에 거리는 전압 (　　　　　)전압이다.

10. 전류의 단위는(　　　　)이다.

11. 전기회로에서 사용되는 물질은 (　　), (　　), (　　)라는 세 가지의 유형으로 나눌 수 있다.

12. 반도체는 원자 내에 (　　　)개의 가전자를 가지고 있다.

13. 전하의 두 가지 형태는 (　　　)의 전하와 (　　　)의 전하이다.

14. 1 쿨롱의 전하를 한 곳에서 다른 곳으로 옮기는 데 (　　) 주울의 에너지가 소모되었다면, 두 지점의 전위차(전압)는 (　　) 볼트이다.

15. (　　　　)이란 기전력(electromotive force; emf)이라 불리는 (　　　　) 에너지의 원천이다.

16. 모든 도체와 반도체에서는 (　　　　　)가 존재한다. 이 (　　　　　)는 물질의 구조 내에서 한 원자로부터 다른 원자로 또 모든 방향에 임의적으로 움직인다.

17. 1암페어[A]는 (　　)쿨롱[C]의 전하를 가지는 전자들이 주어진 지점을 1초 내에 흘러갈 때의 (　　　　)이다.

18. 전기나 전자장비에 있어서 프린트된 회로판상의 조립품이나 도체로 된 금속샤시를 전기적인 기준절점으로 사용하는데, 이를 (　　　　　)접지 또는 (　　　　　　)접지라 부른다.

19. 전선의 저항은 네 가지 요인의 영향을 받는다.

(1) 재료의 형태 (2) (　　　　　　) (3) 단면적 (4) (　　　　　)

20. 저항의 역수로서 회로 또는 경로에 전류가 얼마나 잘 흐를 수 있는가를 나타내는 정도를 (　　　　　　　)이라 한다.

21. 보통 카본 피막 저항이라고 하며 일반적으로 가장 많이 사용되는 저항으로 세라믹 또는 유리에 ( )의 피막을 붙인 것이다.

22. ( )는 저항값을 바꿀 수 있는 형태의 저항을 총칭한다.

【서술형】

1. 음의 전하를 가지는 기본적인 입자는 무엇인가?

2. 원자량과 원자번호를 정의하라.

3. 자유전자란 무엇인가?

4. 원자 구조에서 각(shell) 이란 무엇인가?

5. 전압을 정의하라.

6. 전압의 단위는 무엇인가?

7. 10쿨롱의 전하에 24주울의 에너지가 있다면 전압은 얼마인가?

8. 4개의 전압원을 열거하라.

9. 전류를 정의하고 그것의 단위를 말하라.

10. 1쿨롱의 전하가 되려면 몇 개의 전자가 필요한가?

11. 전선의 한 지점에서 4초에 20C의 전하가 이동한다면 전류는 몇 암페어인가?

12. 저항을 정의하고 단위를 말하라.

13. 저항의 주요한 두 가지 범주는 무엇인가? 그것들의 차이를 간략히 설명하라.

14. 저항 색상코드에서 각 코드는 무엇을 의미하는가?

15. 다음 그림 2-29(a)에서 (f)까지의 색상코드에 대한 저항과 허용오차를 결정하라.(임의로 색상을 지정)

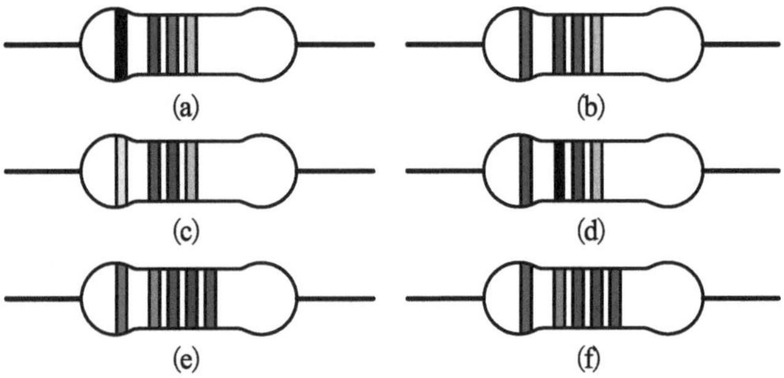

【그림 2-29】

제3장

전기회로 기본 법칙

2장에서는 전기회로를 구성하는 저항, 전압, 전류 등에 대해 살펴보았다. 이 단원에서는 전기회로를 해석하기 위한 기본 법칙인 오옴의 법칙, 키르히호프의 전압 및 전류 법칙, 회로에서 발생하는 전력 및 에너지 등에 대하여 살펴보고, 이러한 법칙을 사용하여 전기회로를 해석하는 방법에 대해 학습한다.

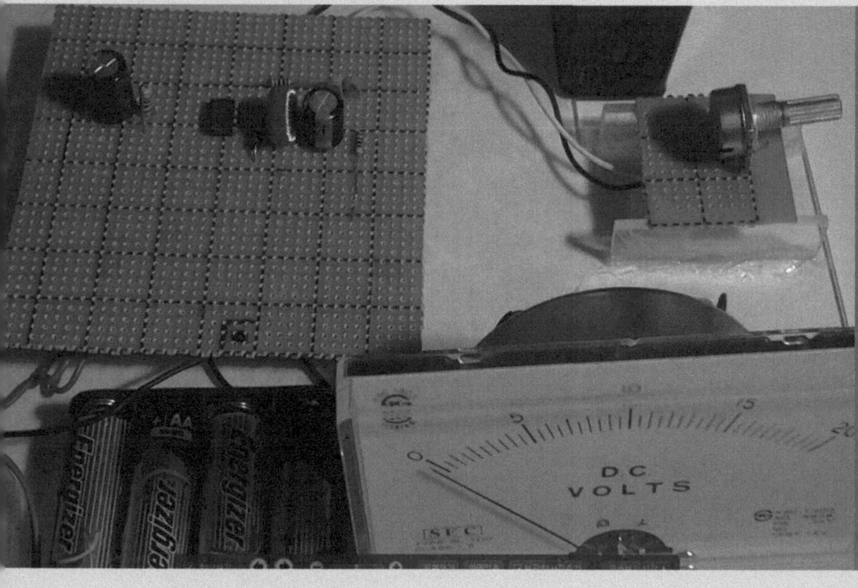

주요 용어

오옴의 법칙, 키르히호프 전압 법칙, 키르히호프 전류 법칙, 전력, 에너지, 주울의 법칙

1. 오옴의 법칙

학습 목표	1. 오옴의 법칙을 설명할 수 있다. 2. 오옴의 법칙을 이용하여 전기회로를 해석할 수 있다.

가. 오옴의 법칙

오옴의 법칙(Ohm's law)은 1827년 독일의 물리학자인 'Georg Ohm'에 의하여 만들어진 법칙이다.

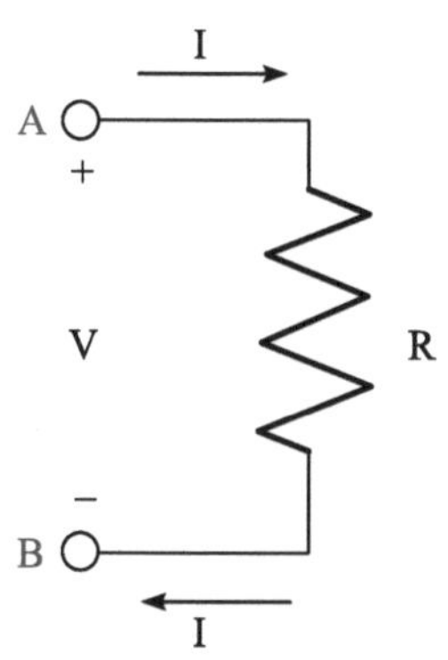

(a) 전기회로

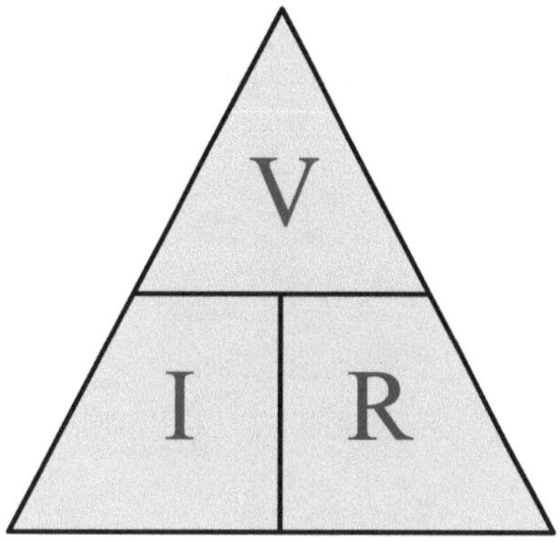

(b) 오옴의 법칙 삼각형

【그림 3-1】 오옴의 법칙

이 법칙은 그림 3-1(a)와 같이 "임의의 두 단자 A(+)에서 B(-)로 흐르는 전류 I는 두 단자에 인가된 전압 V에 비례한다"는 것을 나타내는 법칙이다. 수식으로 표현하면 식 3-1과 같다.

$$I=\frac{V}{R}, \quad V=I\times R, \quad R=\frac{V}{I} \qquad \text{(식 3-1)}$$

그림 3-1(b)는 오옴의 법칙을 삼각형 모델로 표현한 것으로서 전압, 전류, 저항의 관

계를 도식적으로 나타낸다.

식 3-1로 나타낸 오옴의 법칙을 정리하면 다음과 같다.

- 전기회로에 흐르는 전류 I는 인가된 전압 V에 비례하고, 저항 R에 반비례한다.
- 저항 R에 인가된 전압 V는 전기회로에 흐르는 전류 I 및 저항 R에 비례한다.
- 전기회로에 접속된 저항 R은 인가된 전압 V를 회로에 흐르는 전류 I로 나누면 구할 수 있다.

그림 3-2는 색저항 R=1.4[kΩ]에 DC 전원 V=10[V]를 인가한 경우에 회로에 흐르는 DC 전류를 전류계로 측정하는 기본적인 전기회로의 구성을 나타낸 것이다. 이 전기회로에 흐르는 전류 I를 오옴의 법칙을 사용하여 구하면 식 3-2와 같다.

$$I = \frac{V}{R} = \frac{10}{1400} = 7.1 \times 10^{-3} \text{ [A]} \quad \text{(식 3-2)}$$

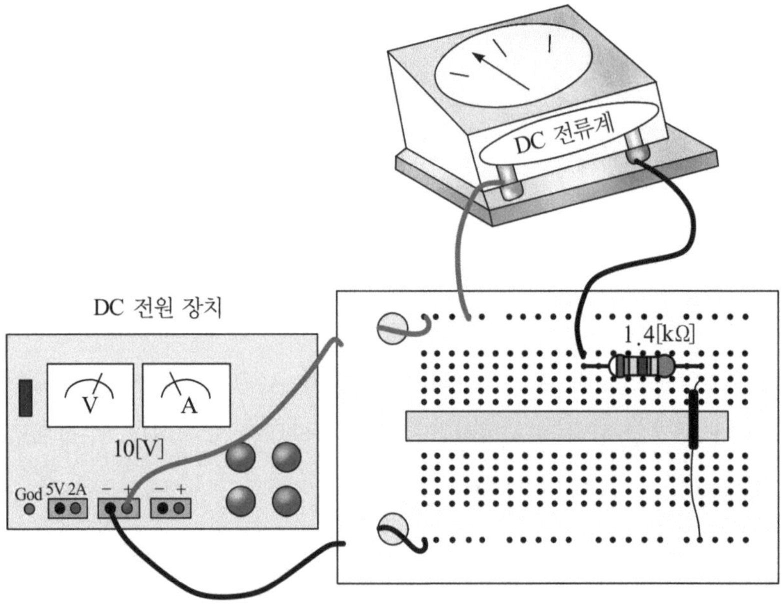

【그림 3-2】 전기회로-오옴의 법칙

예제 3-1 그림 3-3 전기회로에서 저항 R에 흐르는 전류 I를 구하여라.

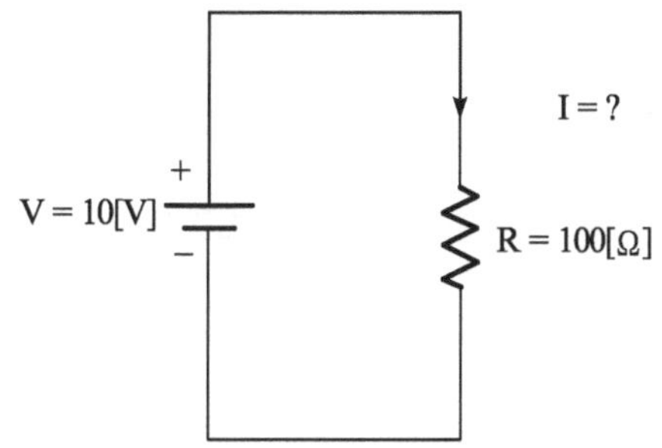

【그림 3-3】 오옴의 법칙 응용회로-1

풀 이 식 3-1의 오옴의 법칙에 의하여 전류 I를 구하면 다음과 같다.

$$I=\frac{V}{R}=\frac{10}{100}=0.1\ \text{[A]}$$

예제 3-2 그림 3-4 전기회로에서 저항 R_2 흐르는 전류 I를 구하여라.

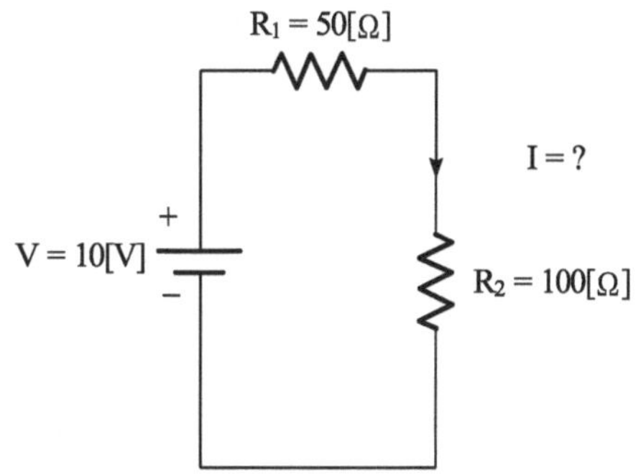

【그림 3-4】 오옴의 법칙 응용회로-2

풀 이 식 3-1의 오옴의 법칙에 의하여 전류 I를 구하면 다음과 같다.

$$I=\frac{V}{R}=\frac{10}{50+100}=\frac{10}{150}=6.67\times10^{-2}\ \text{[A]}$$

예제 3-3 그림 3-5 전기회로에서 저항 R을 구하여라.

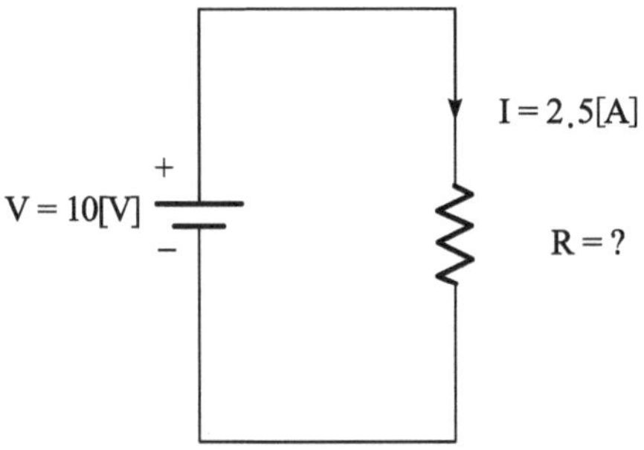

【그림 3-5】 오옴의 법칙 응용회로-3

풀 이 식 3-1의 오옴의 법칙에 의하여 저항 R을 구하면 다음과 같다.

$$R = \frac{V}{I} = \frac{10}{2.5} = 4 \ [\Omega]$$

예제 3-4 그림 3-6 전기회로에서 전압 V를 구하여라.

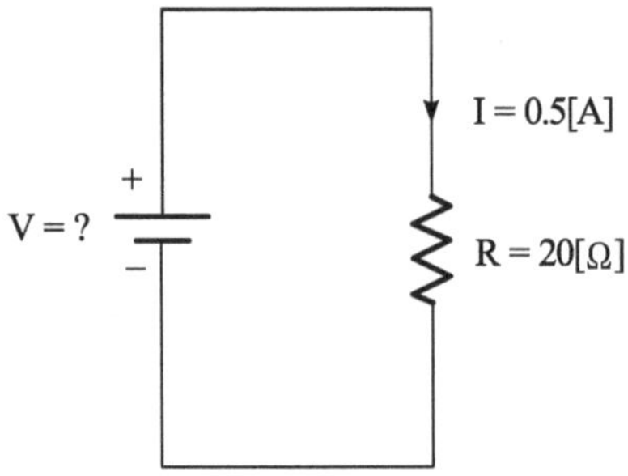

【그림 3-6】 오옴의 법칙 응용회로-4

풀 이 식 3-1의 오옴의 법칙에 의하여 전압 V를 구하면 다음과 같다.

$$V = I \times R = 0.5 \times 20 = 10 \ [V]$$

2. 키르히호프의 전압 및 전류 법칙

학습 목표	1. 키르히호프의 전류 법칙을 설명할 수 있다. 2. 키르히호프의 전압 법칙을 설명할 수 있다. 3. 키르히호프의 전압 및 전류 법칙을 이용하여 전기회로를 해석할 수 있다.

키르히호프의 법칙(Kirchhoff's law)은 1854년 독일의 물리학자인 “Gustav Kirchhoff”에 의하여 만들어진 법칙이다. 이 법칙은 제1법칙인 전류 법칙(KCL : Kirchhoff′s current law)과 제2법칙인 전압 법칙(KVL : Kirchhoff′s voltage law)으로 구성되어 있다.

가. 키르히호프의 전류 법칙

키르히호프의 전류 법칙은 그림 3-7에 나타낸 것과 같이 “전기회로에서 임의의 접합 점(Node) 유입되는 전류의 양은 유출되는 전류의 양과 동일하다.”라는 것을 나타내는 법칙이다. 즉 전기회로의 임의의 접합 점에서 전류의 대수합은 “0”이 된다는 것을 의미한다.

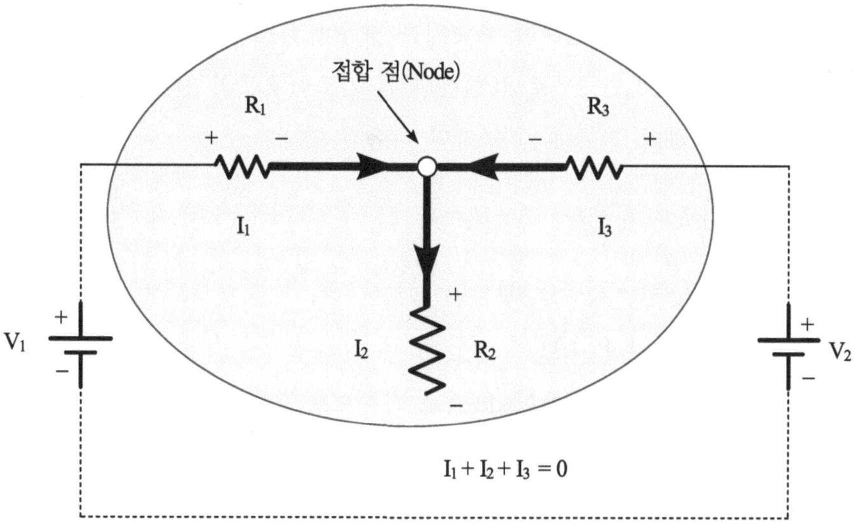

【그림 3-7】 키르히호프의 전류 법칙 응용회로 (n=3인 경우)

이 법칙을 수식으로 표현하면 식 3-3과 같다.

$$\sum_{k=1}^{n} I_k = I_1 + I_2 + \cdot\cdot\cdot + I_n = 0 \qquad \text{(식 3-3)}$$

일반적으로 전기회로에 흐르는 전류의 방향은 접합 점에 유입되는 경우에는 "+"로 표시하고 유출되는 경우에는 "-"로 나타낸다. 따라서 그림 3-7에 나타낸 전류 I2는 Node에서 유출되는 전류이므로 "-" 값으로 표현한다.

예제 3-5 그림 3-7 전기회로에서 Node A에 유입되는 전류 I4를 구하여라.

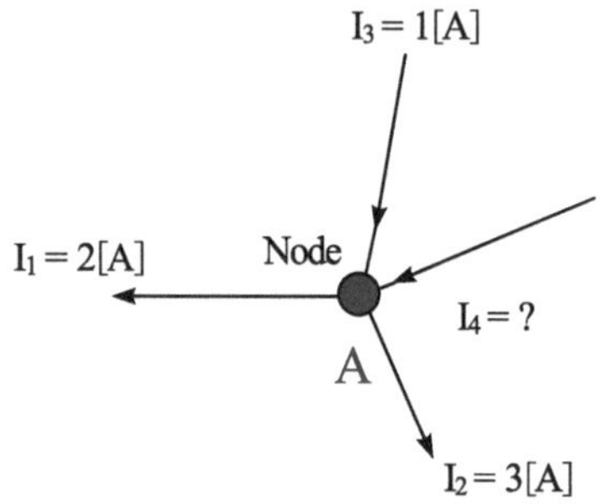

【그림 3-7】 전류 법칙 응용회로

풀 이 Node A를 기준으로 유출되는 전류 I_1 I_2는 "-"로 표현하고, 유입되는 전류 I_3 I_4는 "+"로 표현한 후에 키르히호프의 전류 법칙인 식 3-3을 적용하여 전류 I_4를 구하면 다음과 같다.

$$\sum_{k=1}^{4} I_k = I_1 + I_2 + I_3 + I_4 = (-2) + (-3) + (+1) + I_4 = 0$$

$$-I_4 = (-2) + (-3) + (+1) = -4$$

$$I_4 = +4 \quad [A]$$

따라서 전류 I_4는 Node A를 기준으로 유입되는 전류이고, 전체 유입되는 전류의 총합은 5[A]이고 유출되는 전류의 총합은 5[A]임을 알 수 있다.

예제 3-6 그림 3-8 전기회로에서 Node A 및 Node B에 대하여 키르히호프의 전류 법칙을 적용하여 전류 관계식을 나타내어라.

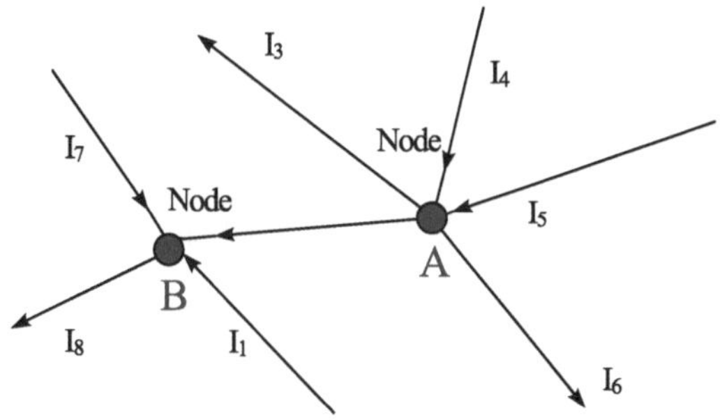

【그림 3-8】 전류 법칙 응용회로

풀 이 Node A : $I_2 + I_3 + I_6 = I_4 + I_5$

Node B : $I_8 = I_1 + I_2 + I_7$

나. 키르히호프의 전압 법칙

키르히호프의 전압 법칙은 그림 3-9에 나타낸 것과 같이 "전기회로에서 임의의 폐회로에 인가되는 전압의 대수합은 0이 된다"는 것을 나타내는 법칙이다.

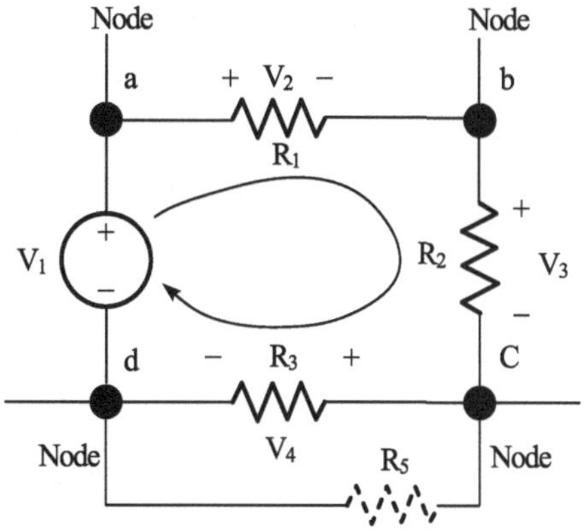

$V_1 + V_2 + V_3 + V_4 = 0$

【그림 3-9】 키르히호프의 전압 법칙 응용회로(n=4인 경우)

이 관계를 일반적인 수식으로 표현하면 식 3-4와 같다.

$$\sum_{k=1}^{n} V_k = V_1 + V_2 + \cdot \cdot \cdot \cdot + V_n = 0 \quad \text{(식 3-4)}$$

일반적으로 전기회로에 흐르는 전류의 방향은 전원 전압의 "+" 극성에서 시작해서 "-" 극성으로 끝나는 방식으로 표시한다. 이때 전기회로에 접속된 저항 등과 같은 수동 소자는 전류가 유입되는 단자를 "+"로 나타내고 전류가 유출되는 단자를 "-"로 나타내므로 전원 전압과는 반대로 표시된다. 따라서 그림 3-9에 나타낸 것과 같이 전류가 유출되는 방향은 전원 전압 V1은 "+"로 표시하고, 저항 R1 단자에 인가된 전압 V2는 반대 극성으로 "-" 로 표시한다.

예제 3-7 그림 3-10 전기회로에서 키르히호프의 전압 법칙을 적용하여 전원 전압 V_1을 구하여라.

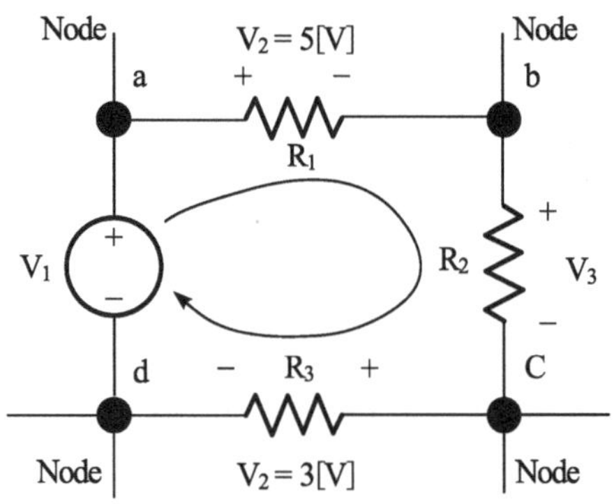

【그림 3-10】 전압 법칙 응용회로

풀 이

$$\sum_{k=1}^{n} V_k = V_1 + V_2 + V_3 + V_4 = 0$$

$$V_1 = -5 - 2 - 3 = -10 \ [V]$$

여기서 전원 전압 V_1이 "-"로 표현된 것은 저항에 인가된 전압과 반대 극성임을 나타낸다.

예제 3-8 그림 3-10 전기회로에서 키르히호프의 전류 및 전압 법칙을 적용하여 전류 I_1 및 전압 V_2를 구하여라. 또한 이 전기회로의 전체 저항 RT는 얼마인가?

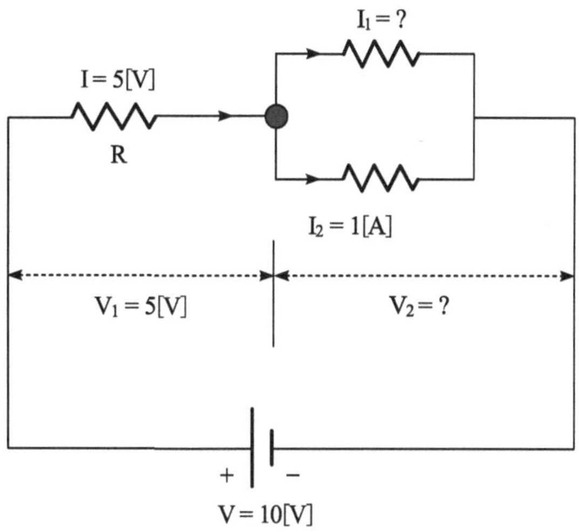

【그림 3-10】 전류 및 전압 법칙 응용회로

풀 이

전류 법칙에 의하여 $I = I_1 + I_2$ 이므로

전류 $I_1 = I - I_2 = 5 - 1 = 4$ [A]이고

전압 법칙에 의하여 $V = V_1 + V_2$ 이므로

전압 $V_2 = V - V_1 = 10 - 5 = 5$ [V]이다.

이 전기회로의 전체 저항 R_T는 오옴의 법칙에 의하여

전체 저항 $R_T = \frac{V}{I} = \frac{10}{5} = 2$ [Ω]이고

V_1 전압이 인가된 저항 R은 오옴의 법칙에 의하여

$R = \frac{V_1}{I} = \frac{5}{5} = 1$ [Ω]이 된다. 또한 2개의 병렬로

연결된 합성 저항 R_2는 오옴의 법칙에 의하여

합성 저항 $R_2 = \frac{V_2}{I_1 + I_2} = \frac{5}{4+1} = 1$ [Ω]이 된다.

3. 전력 및 주울의 법칙

학습 목표	1. 전기회로에서 발생하는 전력 및 에너지에 대하여 설명할 수 있다. 2. 주울의 법칙에 대하여 설명할 수 있다. 3. 전기회로에서 발생하는 전력 및 에너지와 전압, 전류, 저항과의 관계를 설명할 수 있다.

가. 전력

전력(electric power)이란 초, 분, 시간 등의 단위시간 동안에 전기회로에 공급되는 에너지를 의미한다. 발전기 등과 같은 전원 장치에서 발생되는 이 에너지는 부하가 전등인 경우에는 열에너지와 빛 에너지로 변환되고, 모터인 경우에는 운동 에너지로 변환된다. 전력을 표시하는 단위로는 와트(W : watts)를 사용하며 식 3-5와 같이 전류와 전압의 곱으로 나타낸다.

$$P = V \times I \quad [\mathrm{W}] \tag{식 3-5}$$

오옴의 법칙을 사용하여 식 3-6 및 7과 같이 변형할 수 있다.

$$P = V \times I = (I \times R) \times I = I^2 \times R \quad [\mathrm{W}] \tag{식 3-6}$$

$$P = V \times I = V \times \left(\frac{V}{R}\right) = \frac{V^2}{R} \quad [\mathrm{W}] \tag{식 3-7}$$

식 3-5, 식 3-6, 식 3-7을 기준으로 전기회로에서 전력과 전압, 전류, 저항 관계를 정리하면 다음과 같다.

- 전력은 전압이 일정하면 전류에 비례한다.
- 전력은 전류가 일정하면 전압에 비례한다.
- 전력은 전류가 일정할 때 저항에 비례한다.
- 전력은 전압이 일정할 때 저항에 반비례한다.

그림 3-11은 오옴의 법칙을 표현한 삼각형을 확장하여 전력과 전압, 전류, 저항 관계되는 수식을 도식적으로 표현한 것이다.

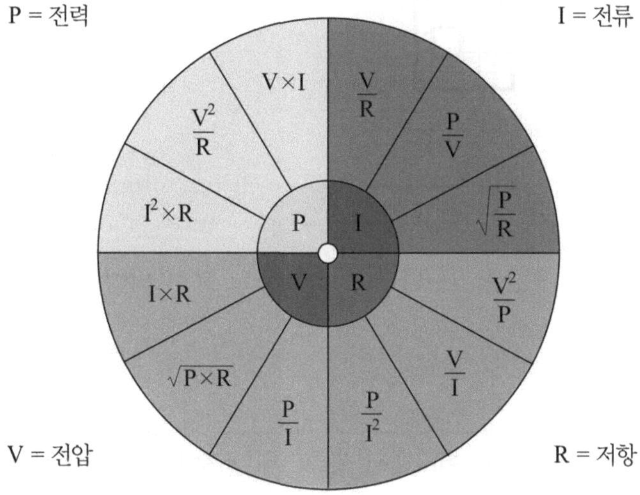

【그림 3-10】 전력과 전압/전류/저항의 관계 수식

그림 3-11에 나타낸 것과 같이 일반 가정에서 조명용으로 용량이 60[W]인 전등을 하루에 6시간씩 30일을 사용하는 경우에 소비되는 전력량은 식 3-8과 같이 구할 수 있다.

$$60[W] \times 6[\text{시간}] \times 30[\text{일}] = 10.8\ [kWh] \qquad \text{(식 3-8)}$$

이때 전기를 공급하는 회사는 소비되는 전력량을 기준으로 사용자에게 전기 에너지 사용료를 요청한다.

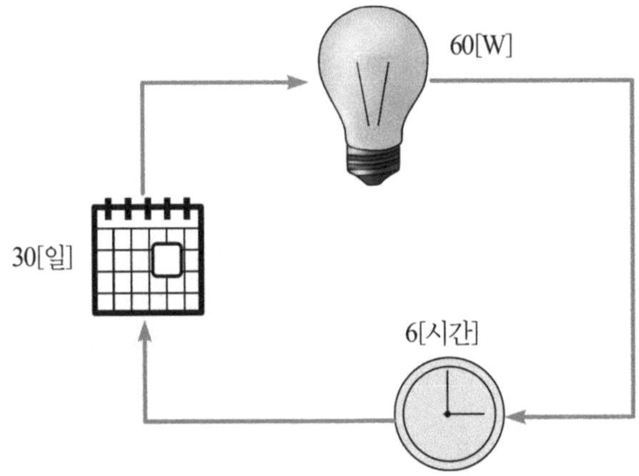

【그림 3-11】 소비 전력량의 표현 방법

예제 3-9	그림 3-12 전기회로에서 전류 I 및 저항 R에서 소비되는 전력 P를 구하여라.

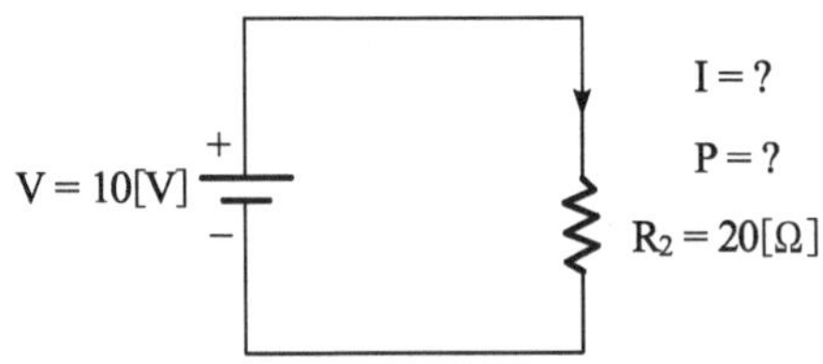

【그림 3-12】 소비 전력량

풀 이

식 3-1의 오옴의 법칙에 의하여 전류 I를 구하면 다음과 같다.

$$I = \frac{V}{R} = \frac{10}{20} = 0.5 \quad [A]$$

식 3-5에 의하여 저항 R에서 소비되는 전력 P를 구하면 다음과 같다.

$$P = V \times I = 10 \times 0.5 = 5 \quad [W]$$

예제3-10 그림 3-13 전기회로에서 모터의 내부 저항 r 및 소비 전력 P를 구하여라.

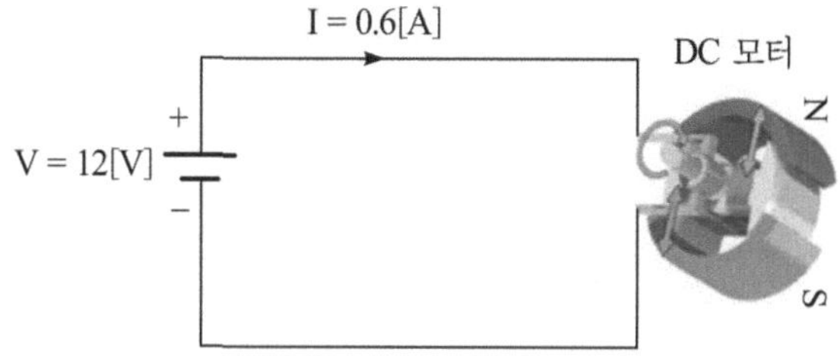

【그림 3-13】 모터 구동 회로

풀 이 식 3-1의 오옴의 법칙에 의하여 내부 저항 r을 구하면 다음과 같다.

$$r = \frac{V}{I} = \frac{12}{0.6} = 20 \quad [\Omega]$$

식 3-5에 의하여 DC 모터에서 소비되는 전력 P를 구하면 다음과 같다.

$$P = \frac{V^2}{r} = \frac{12^2}{20} = 7.2 \quad [W]$$

예제3-11 그림 3-14는 2개의 저항이 병렬로 접속된 전기회로이다. 회로에 흐르는 전류 I2 및 소비 전력 P를 구하여라.

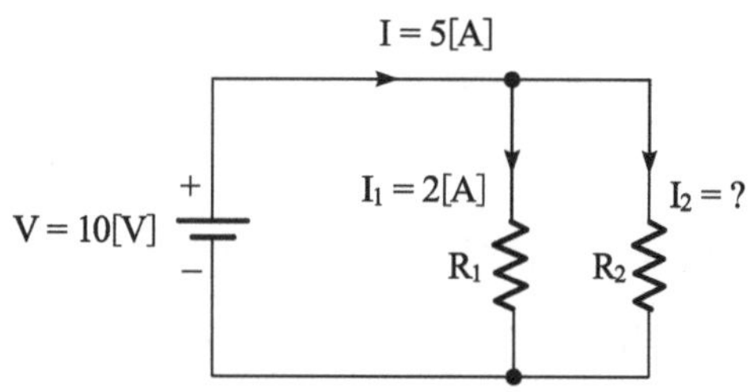

【그림 3-14】 병렬 회로

풀 이 저항 R_2에 흐르는 전류 I_2는 전류 법칙에 의하여

$I_2 = I - I_1 = 5 - 2 = 3$ [A]이므로

전체 소비 전력 P는

$P = P_1 + P_2 = 10 \times 2 + 10 \times 3 = 50$ [W]이다

예제 3-12 그림 3-15는 2개의 저항이 직렬로 접속된 전기회로이다. 회로에 인가 전압 V_2 및 소비 전력 P를 구하여라.

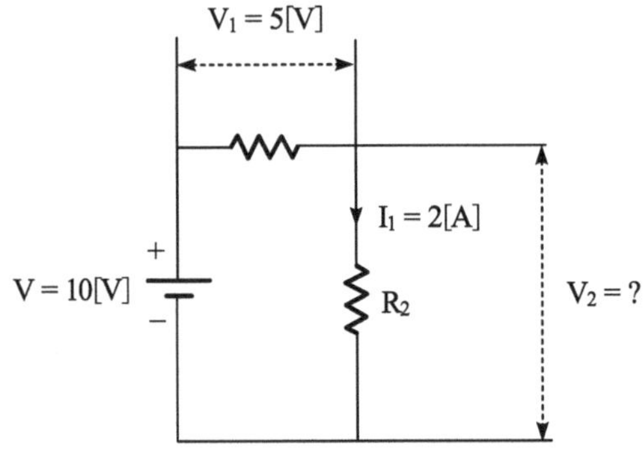

【그림 3-15】 직렬 회로

풀 이 저항 R_2에 인가되는 전압 V_2는 전압 법칙에 의하여

$V_2 = V - V_1 = 10 - 5 = 5$ [V]이므로

전체 소비 전력 P는

$P = P_1 + P_2 = 5 \times 2 + 5 \times 2 = 20$ [W]이다

나. 주울의 법칙

금속 도체에 전압을 인가하면 자유전자의 이동에 의하여 전류가 흐르게 되는데, 이때 자유전자는 도체를 구성하고 있는 원자와 충돌로 운동 에너지 일부를 원자에 전달한다. 이 충돌 에너지로 인하여 도체에는 열이 발생하게 된다. 이와 같은 현상을 전기회로에서 주울의 법칙(Joule's first laws) 또는 주울 효과(Joule effect)라고 하며, 1840년대에 "James Prescott Joule"에 의하여 발견되었다. 주울의 법칙에 의하여 발생되는 열에너지는 식 3-9와 같이 표현한다.

$$Q = I^2 \times R \times t \quad [J] \qquad (식\ 3\text{-}9)$$

그림 3-16에 나타낸 것과 같이, 용기에 담긴 액체의 온도를 높이기 위해 DC 전원장치를 통해서 10분 동안 전기 에너지를 공급하였을 때, 발생된 열에너지 Q는 측정한

전압 및 전류로부터 오옴의 법칙을 적용하여 도체 전열선 저항 R을 구한 후에, 식 3-9에 대입하면 식 3-10과 같이 구할 수 있다.

$$Q = I^2 \times R \times t = 5^2 \times 2 \times (10 \times 60) = 3 \times 10^4 \quad [J] \qquad (식\ 3\text{-}10)$$

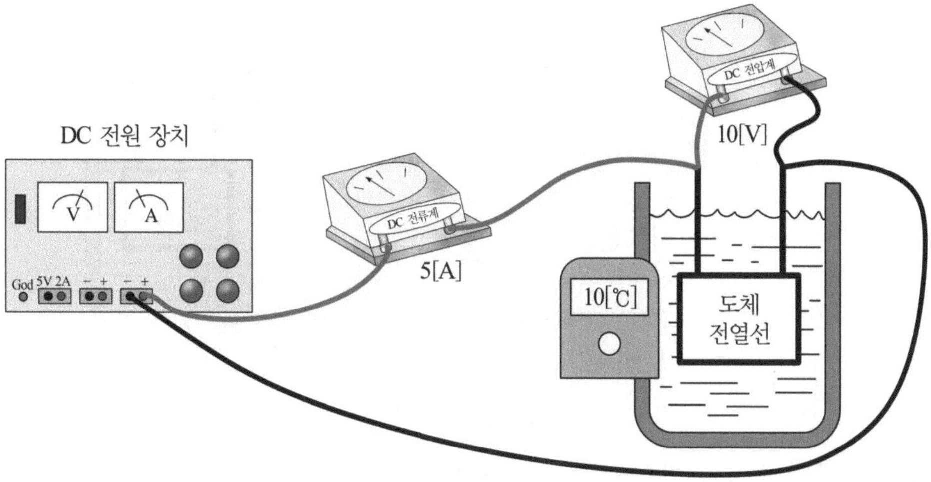

【그림 3-16】 열에너지 발생 과정

전력을 표시하는 단위는 [W]이고, 주울의 법칙에서 발생한 열에너지를 표시하는 단위는 [J]이므로 상호간의 관계를 오옴의 법칙을 적용하여 정리하면, 식 3-11과 같이 나타낼 수 있다.

$$Q = I^2 \times R \times t = \frac{V^2}{R} \times t = V \times I \times t = P \times t \quad [J] \qquad (식\ 3\text{-}11)$$

따라서 전기회로에서 발생되는 열에너지는 회로에서 소비되는 전력과 전력을 인가한 시간의 곱으로 나타낸다. 열에너지의 단위를 MKS 단위로 표현하면 [J] = [W]×[sec]가 된다.

예제 3-13 그림 3-17은 용기에 담긴 액체의 온도를 높이기 위해서는 외부에서 10,000[J]에 해당하는 전기 에너지 공급이 필요한 상황을 나타내고 있다. 도체 전열선의 내부 저항이 1,000[Ω]이고, 도체 전열선에 인가되는 전압이 24[V]인 경우에, 액체의 온도를 높이기 위해서 전원이 인가되는 시간을 구하여라.

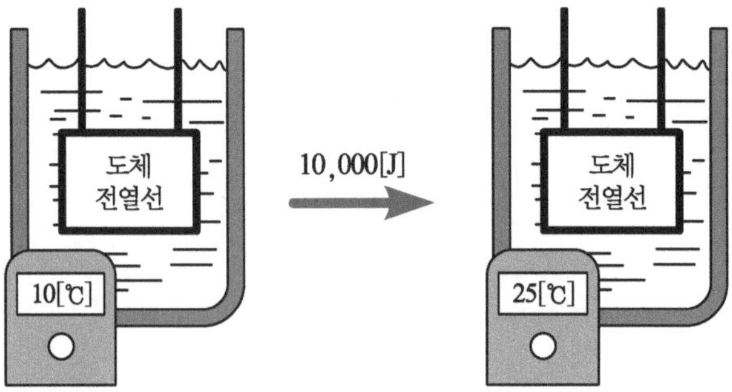

【그림 3-17】 열에너지 발생

풀 이 주울의 법칙에 의하여 발생되는 열에너지는

식 3-11에 의하여 $Q=\dfrac{V^2}{R}\times t$ 이므로

$t = Q\times\dfrac{R}{V^2} = 10,000\times\dfrac{1,000}{24^2} = 17,361$ [sec]이 된다.

단위를 시간으로 환산하면

$t = 17,361\times\dfrac{1}{60\times 60} = 4.82$[시간]이다.

4. 시뮬레이션

가. 오옴의 법칙

【시뮬레이션 목표】

1. 오옴의 법칙이 사용되는 전기회로를 구성할 수 있다.

2. 오옴의 법칙을 사용하여 전기회로의 동작을 설명할 수 있다.

【회로도】

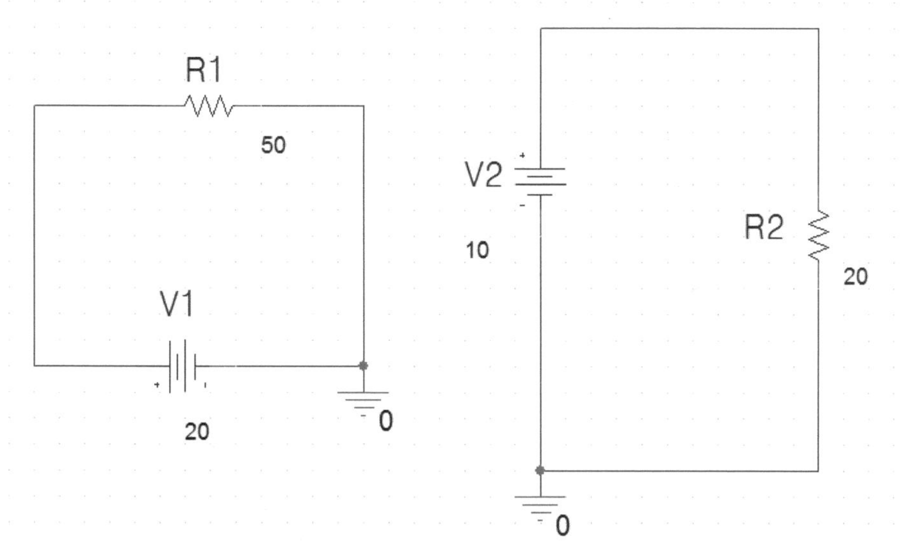

【시뮬레이션 순서】

1. 회로도를 완성한다.
2. 전원 V1 및 V2는 VDC로 설정하고 크기는 20[V], 10[V]로 설정한다.
3. 시뮬레이션 실행 시간은 3[ms]로 설정한다.

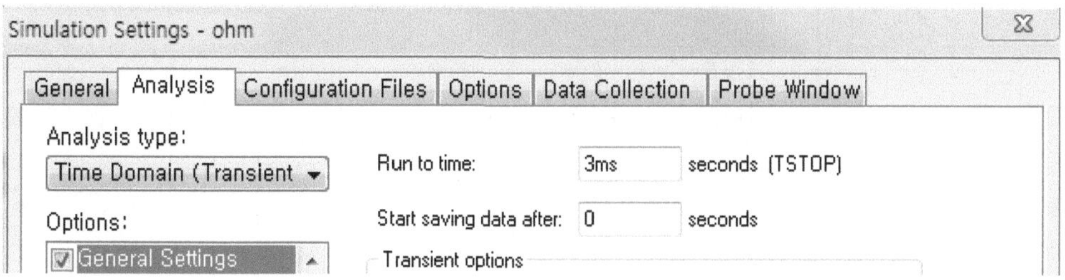

4. 프로그램을 실행하여 결과를 확인한다.

【시뮬레이션 결과】

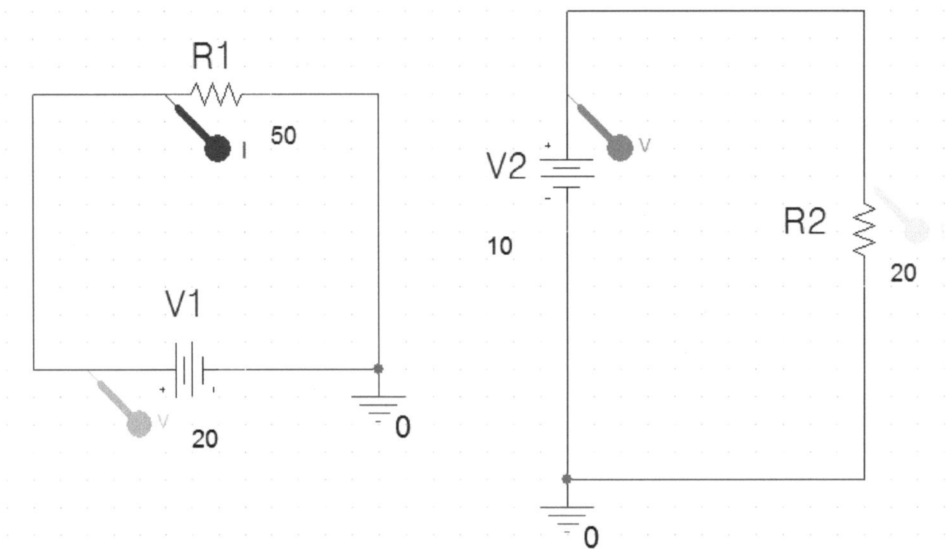
R1
50
I
V1
20
0
V2
10
V
R2
20
0

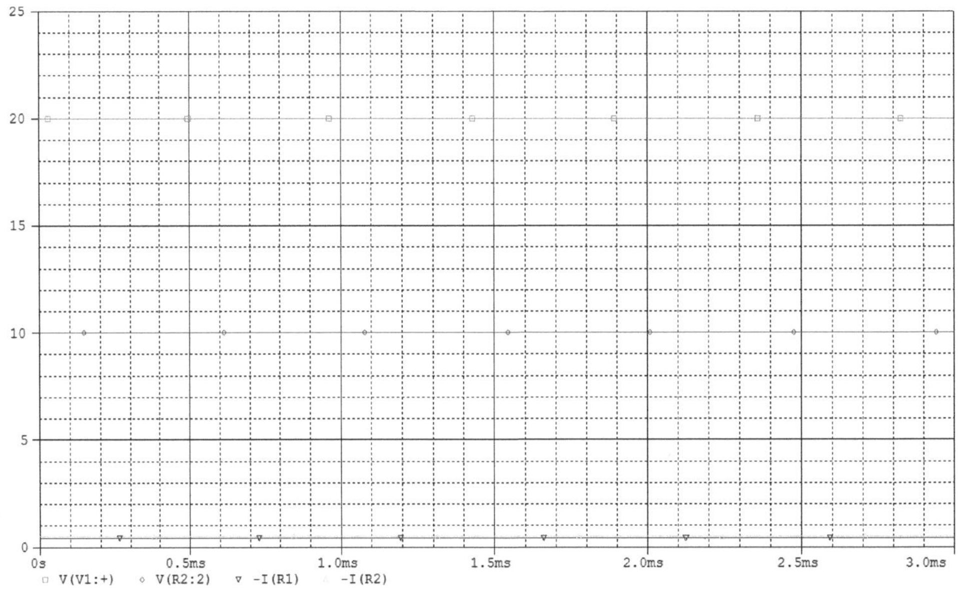
25
20
15
10
5
0
0s
0.5ms
1.0ms
1.5ms
2.0ms
2.5ms
3.0ms
V(V1:+)
V(R2:2)
-I(R1)
-I(R2)

나. 키르히호프의 전류 법칙

【시뮬레이션 목표】

1. 전류가 분기되는 Node를 지닌 전기회로를 구성할 수 있다.
2. 키르히호프 전류 법칙을 사용하여 전기회로의 동작을 설명할 수 있다.

【회로도】

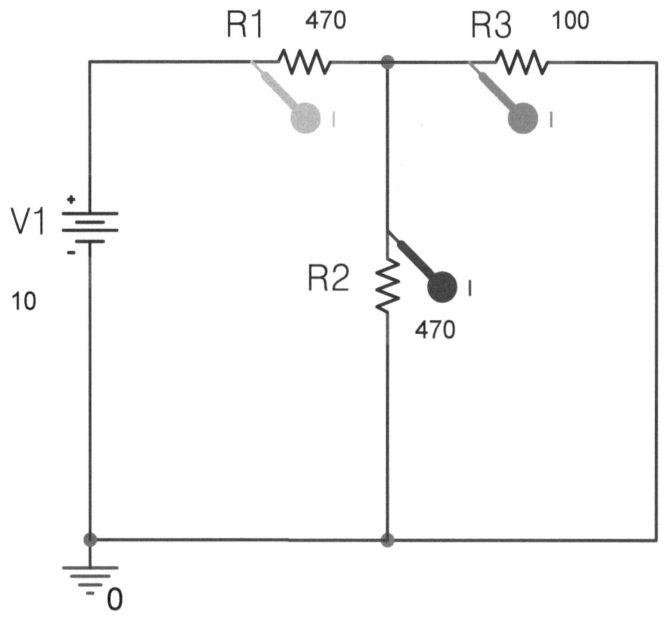

【시뮬레이션 순서】

1. 회로도를 완성한다.
2. 전원 V1은 VDC로 설정하고 크기는 10[V]로 설정한다.
3. 시뮬레이션 실행 시간은 3[ms]로 설정한다.

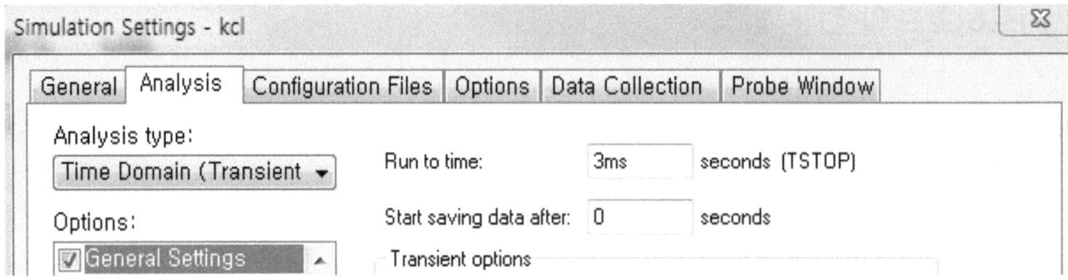

4. 프로그램을 실행하여 결과를 확인한다.

【시뮬레이션 결과】

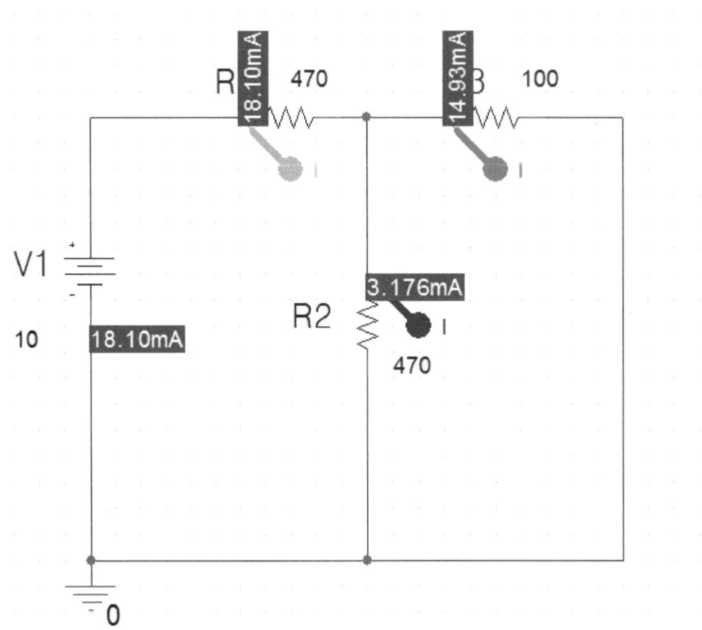

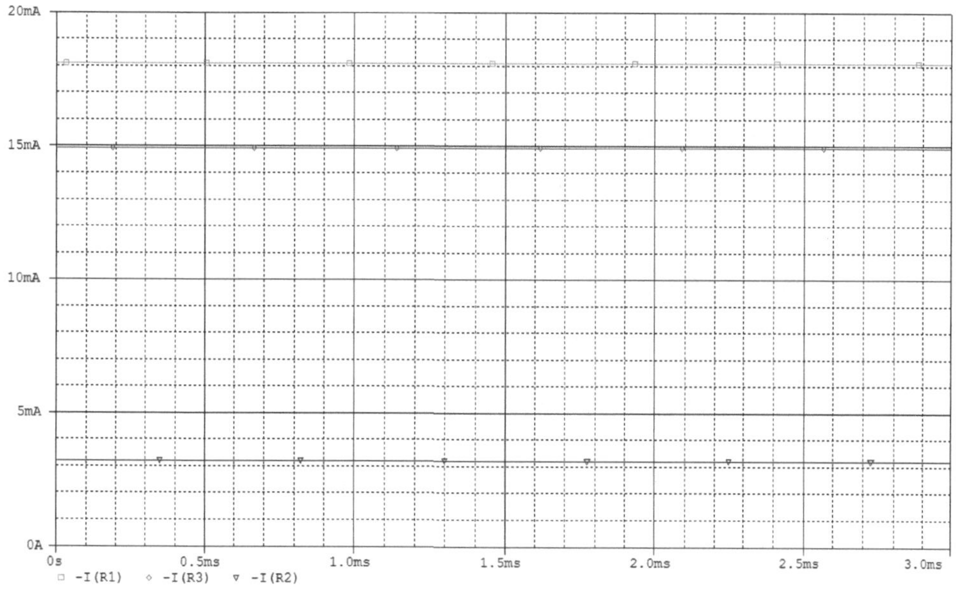

다. 키르히호프의 전압 법칙

【시뮬레이션 목표】

1. 전압이 분배되는 폐회로를 구성할 수 있다.
2. 키르히호프 전압 법칙을 사용하여 전기회로의 동작을 설명할 수 있다.

【회로도】

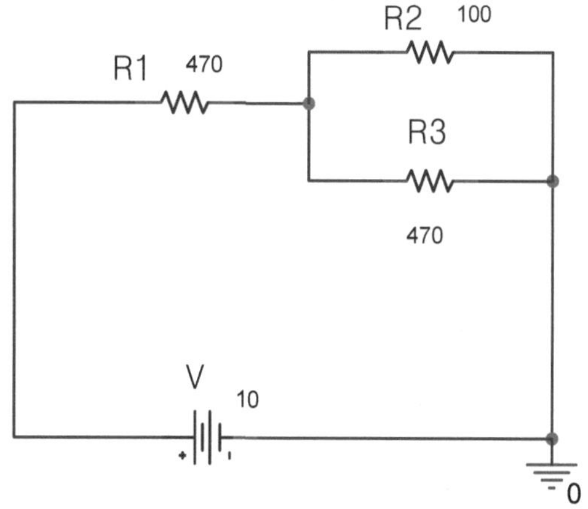

【시뮬레이션 순서】

1. 회로도를 완성한다.
2. 전원 V은 VDC로 설정하고 크기는 10[V]로 설정한다.
3. 시뮬레이션 실행 시간은 3[ms]로 설정한다.

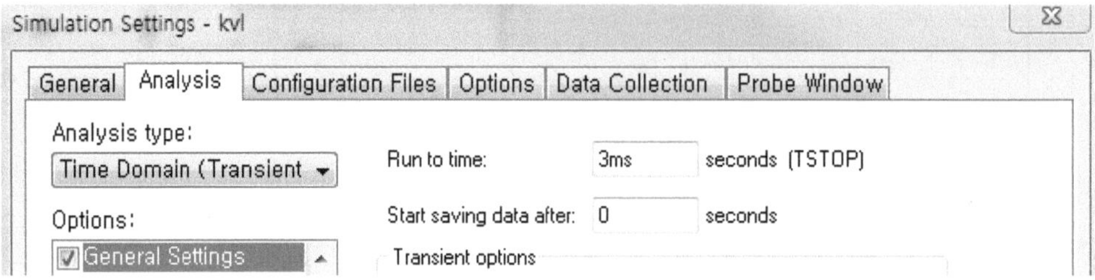

4. 프로그램을 실행하여 결과를 확인한다.

【시뮬레이션 결과】

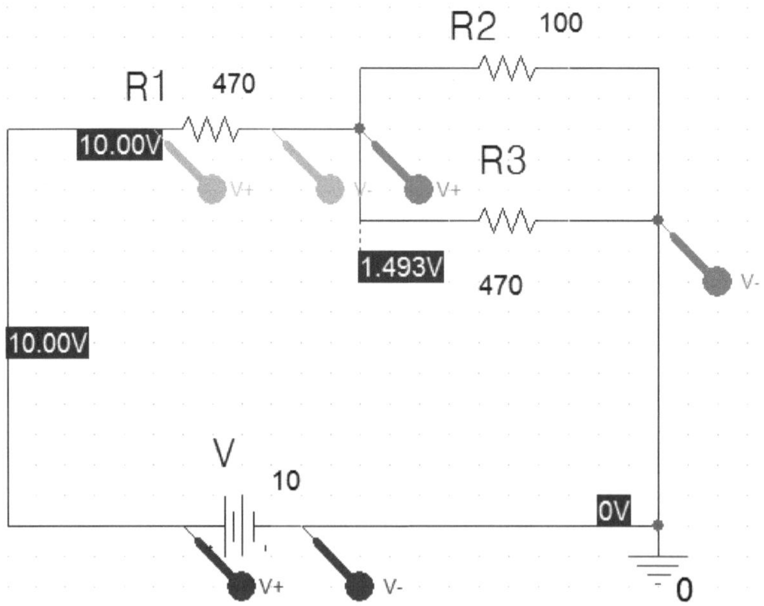

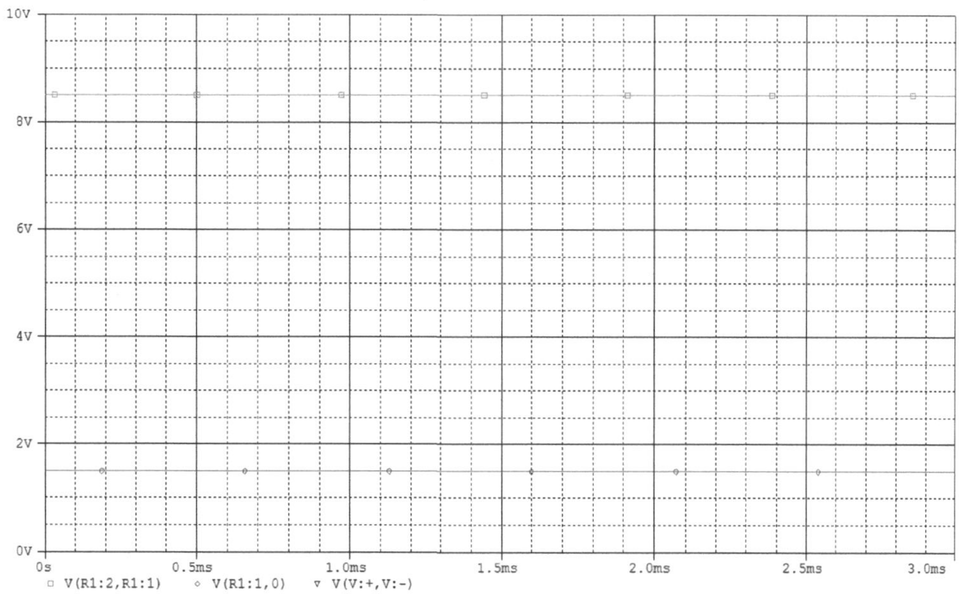

5. 실험 및 실습

【실험 3-1】 키르히호프 전류 법칙

【실험 목표】

1. 전류가 분기되는 Node를 지닌 전기회로를 구성할 수 있다.
2. 키르히호프 전류 법칙을 사용하여 전기회로의 동작을 설명할 수 있다.

【사용재료】

부품	규격	수량	비고
리드선	브레드보드용	1[m] 정도	
저항	100[Ω] (1/4[W], 470[Ω], (1/4[W])	각 2개	색저항

【계측기 및 장비】

부품	용도	수량	비고
브레드보드	실험회로 구성용	1장	
오실로스코프	전압 및 전류 파형 측정	1대	
멀티 미터	전압 및 전류 크기 측정	1대	
전원 공급 장치	실험 회로 전원 공급	1대	

【회로도】

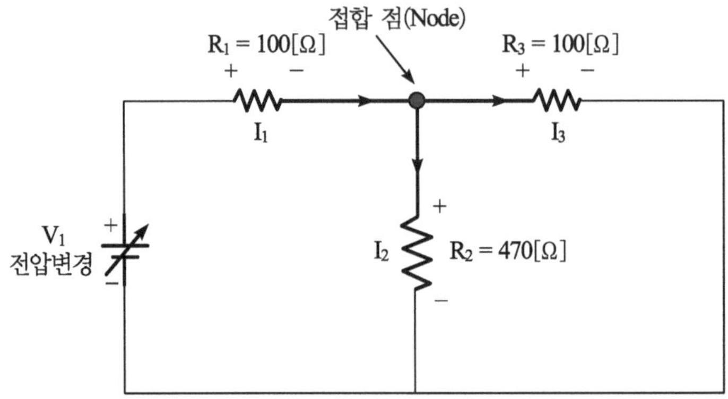

【그림 3-18】 키르히호프 전류 법칙 실험 회로-1

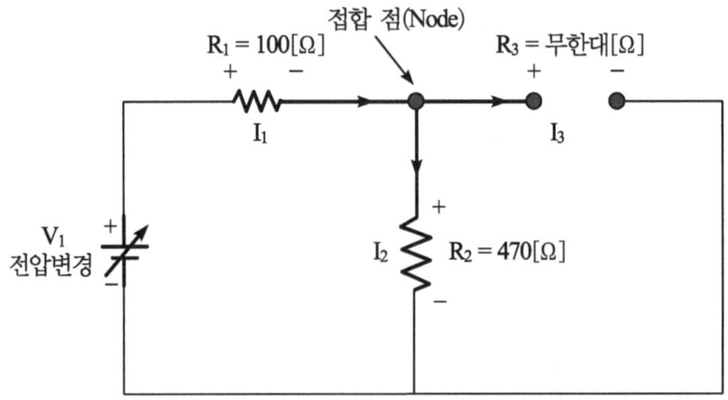

【그림 3-19】 키르히호프 전류 법칙 실험 회로-2

【실험 순서】

1. 그림 3-18과 같은 실험 회로를 구성한다.
2. 전원 전압 V1을 표 3-1과 같이 단계적으로 변화시키면서, 전류 I1, I2 , I3를 측정하여 표 I3-1에 기록한다.

【표 3-1】 전류 측정

V_1[V]	1.0	2.0	3.0	4.0	5.0	6.0	7.0	8.0	9.0	10.0
I1[mA]										
I2[mA]										
I3[mA]										

3. 표 3-1에 측정된 전압 및 전류 데이터를 사용하여, 그림 3-20에 그래프를 작성하여라.

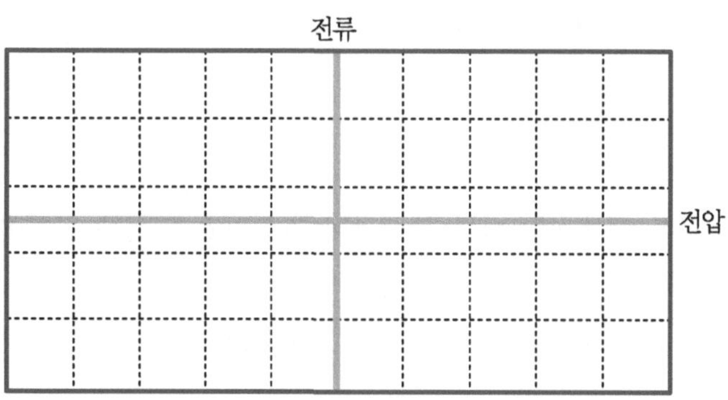

【그림 3-20】 전압 전류 특성 곡선

4. 그림 3-19와 같은 실험 회로를 구성한다.
5. 전원 전압 V1을 표 3-2와 같이 단계적으로 변화시키면서 전류 I1, I2 , I3를 측정하여 표 I3-2에 기록한다.

【표 3-2】 전류 측정

V_1[V]	1.0	2.0	3.0	4.0	5.0	6.0	7.0	8.0	9.0	10.0
I_1[mA]										
I_2[mA]										
I_3[mA]										

6. 표 3-2에 측정된 전압 및 전류 데이터를 사용하여 그림 3-21에 그래프를 작성하여라.

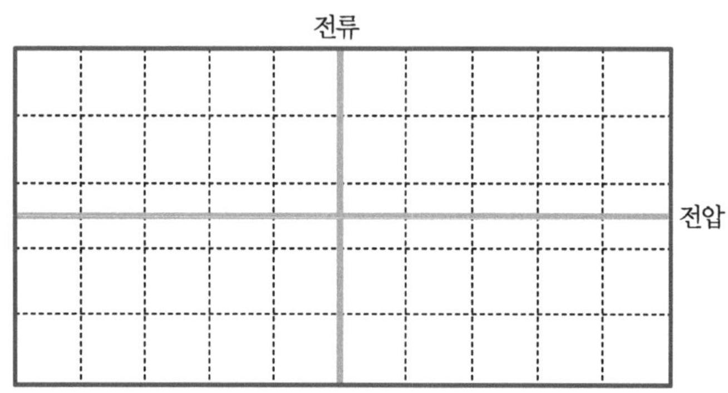

【그림 3-21】 전압 전류 특성 곡선

【평가】

1. 표 3-1의 측정한 전류 데이터를 분석하여 키르히호프 전류 법칙이 적용되는지 확인해 본다.
2. 표 3-2의 측정한 전류 데이터를 분석하여 키르히호프 전류 법칙이 적용되는지 확인해 본다.
3. 그림 3-19의 키르히호프 전류 법칙 실험 회로에서 R3를 개방하여 무한대의 저항값으로 설정한 경우에는, R3 단자에 흐르는 전류가 "0"이 되는 이유를 키르히호프 전류 법칙으로 설명하여라.
4. 회로에 인가된 전원 전압의 방향을 변경하여도 접합 점을 기준으로 키르히호프 전류 법칙이 적용되는지 확인해 본다.

【심화 실험】

1. 그림 3-22와 같은 실험 회로를 구성한 후에, 전류 I1, I2, I3를 측정하여 키르히호프의 전류 법칙이 성립함을 증명하여 본다. 이 경우에는 I3는 단락된 저항 R3에 흐르는 전류이다.

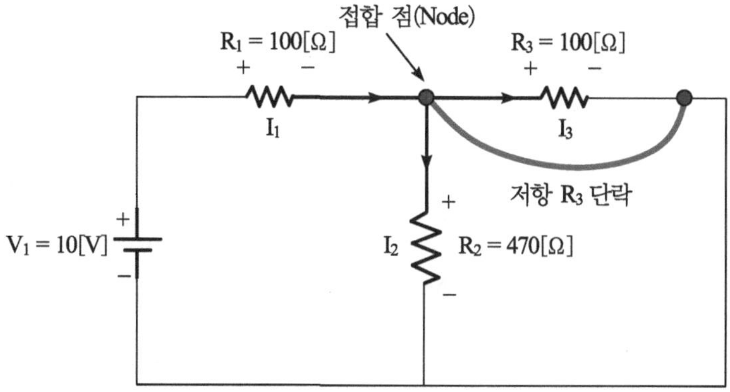

【그림 3-22】 키르히호프 전류 법칙 실험 회로-3

【실험 3-2】 키르히호프 전압 법칙

【실험 목표】

1. 전압이 분배되는 폐회로를 구성할 수 있다.
2. 키르히호프 전압 법칙을 사용하여 전기회로의 동작을 설명할 수 있다.

【사용재료】

부품	규격	수량	비고
리드선	브레드보드용	1[m] 정도	
저항	100[Ω] (1/4[W]), 150[Ω] (1/4[W]), 330[Ω] (1/4[W])	각1개	색저항

【계측기 및 장비】

부품	용도	수량	비고
브레드보드	실험회로 구성용	1장	
오실로스코프	전압 및 전류 파형 측정	1대	
멀티 미터	전압 및 전류 크기 측정	1대	
전원 공급 장치	실험 회로 전원 공급	1대	

【회로도】

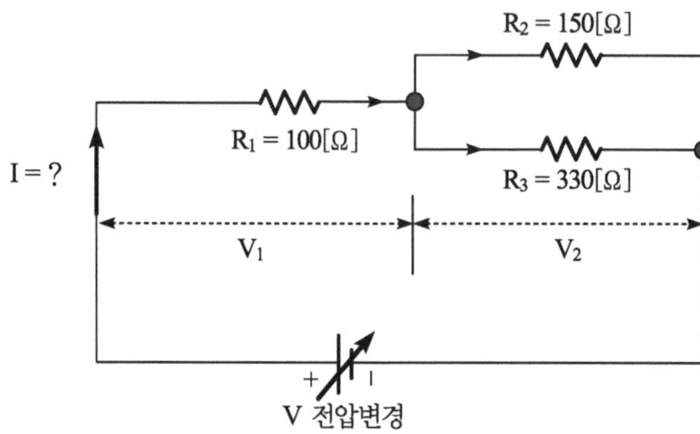

【그림 3-23】 키르히호프 전압 법칙 실험 회로-1

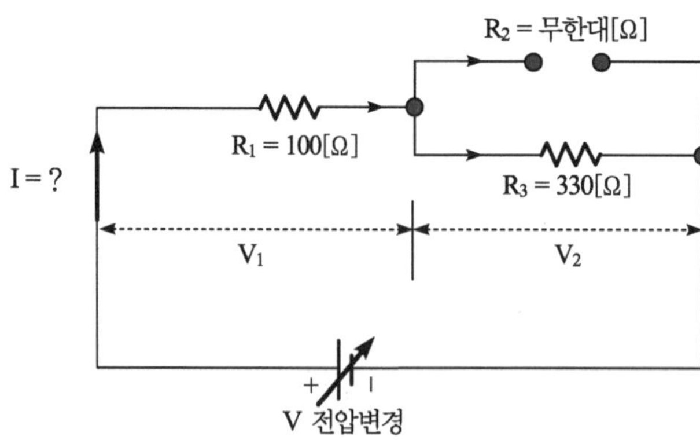

【그림 3-24】 키르히호프 전압 법칙 실험 회로-2

【실험 순서】

1. 그림 3-23과 같은 실험 회로를 구성한다.
2. 전원 전압 V를 표 3-3과 같이 단계적으로 변화시키면서 전압 V_1, V_2 및 전류 I를 측정하여 표 3-3에 기록한다.

【표 3-3】 전압 측정

V_1[V]	1.0	2.0	3.0	4.0	5.0	6.0	7.0	8.0	9.0	10.0
V_1[V]										
V_2[V]										
I[mA]										

3. 표 3-3에 측정된 전압 데이터를 사용하여 그림 3-25에 그래프를 작성하여라.

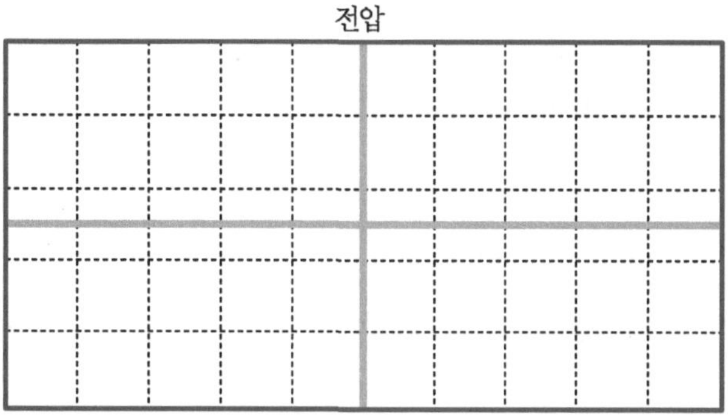

【그림 3-25】 전압 특성 곡선

4. 그림 3-14와 같은 실험 회로를 구성한다.
5. 전원 전압 V를 표 3-4와 같이 단계적으로 변화시키면서 전압 V_1, V_2 및 전류 I를 측정하여 표 3-4에 기록한다.

【표 3-4】 전압 측정

V[V]	1.0	2.0	3.0	4.0	5.0	6.0	7.0	8.0	9.0	10.0
V_1[V]										
V_2[V]										
I[mA]										

6. 표 3-4에 측정된 전압 데이터를 사용하여 그림 3-26에 그래프를 작성하여라.

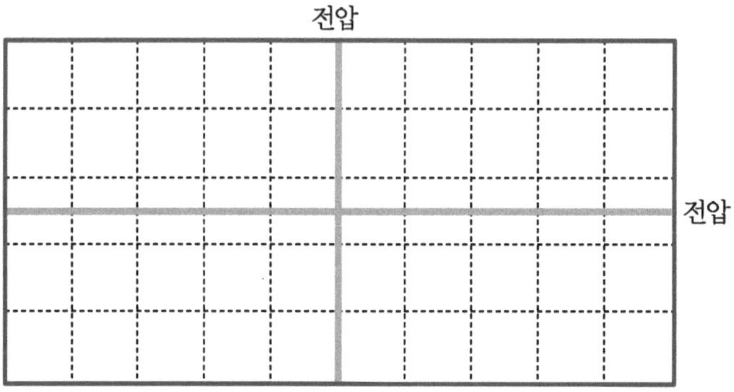

【그림 3-26】 전압 특성 곡선

【평가】

1. 표 3-3의 측정항 전압 데이터를 분석하여 키르히호프 전압 법칙이 적용되는지 확인해 본다.
2. 표 3-4의 측정한 전압 데이터를 분석하여 키르히호프 전압 법칙이 적용되는지 확인해 본다.

【심화 실험】

1. 그림 3-27과 같은 실험 회로를 구성한 후에 전압 V_1, V_2 및 전류 I를 측정하고, 키르히호프의 전압 법칙이 성립함을 증명하여 본다.

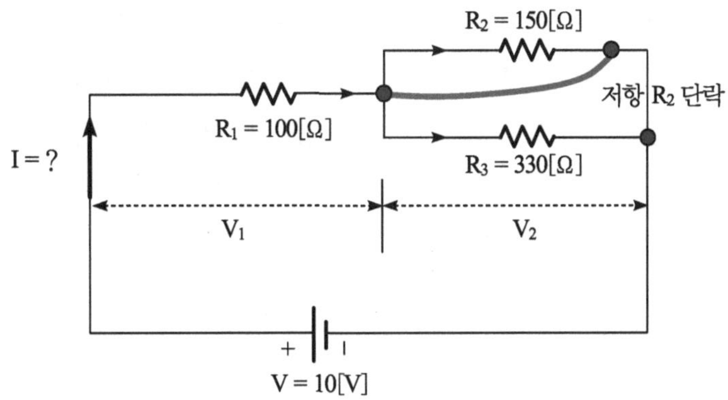

【그림 3-27】 키르히호프 전압 법칙 실험 회로-3

1. 전기회로에 흐르는 전류 I는 인가된 전압 V에 비례하고, 저항 R에 반비례한다.
2. 저항 R에 인가된 전압 V는 전기회로에 흐르는 전류 I 및 저항 R에 비례한다.
3. 전기회로에 접속된 저항 R은 인가된 전압 V를 회로에 흐르는 전류 I로 나누면 구할 수 있다.
4. 키르히호프의 법칙은 제 1법칙인 전류 법칙과 제 2법칙인 전압 법칙으로 구성되어 있다.
5. "전기회로에서 임의의 접합 점(Node) 유입되는 전류의 양은 유출되는 전류의 양과 동일하다."는 것이 키르히호프의 전류 법칙이다.
6. "전기회로에서 임의의 폐회로에 인가되는 전압의 대수합은 0이 된다"는 것이 키르히호프의 전압 법칙이다.
7. 전력을 표시하는 단위로는 와트(W : watts)를 사용하며 전류와 전압의 곱으로 나타낸다.
8. 전력은 전압이 일정하면 전류에 비례한다.
9. 전력은 전류가 일정하면 전압에 비례한다.
10. 전력은 전류가 일정할 때 저항에 비례한다.
11. 전력은 전압이 일정할 때 저항에 반비례한다.
12. 전기회로에서 도체를 이동하는 자유전자는 원자와 충돌로 도체에 열을 발생하게 한다. 이와 같은 현상을 주울의 법칙이라 한다,
13. 전기회로에서 발생되는 열에너지는 회로에서 소비되는 전력과 전력을 인가한 시간의 곱으로 나타낸다.

【완성형】

1. 전기회로에서 저항 R에 인가된 전압 V는 회로에 흐르는 (　　) 및 (　　)에 비례한다.

2. 키르히호프의 법칙은 제1법칙인 (　　　)과 제2법칙인 (　　　)으로 구성되어 있다.

3. (　　　　)는 pn 접합 부분에서 자유 전자와 정공이 결합하여 열과 빛을 내는 작용을 이용한 반도체 소자이다.

4. "전기회로에서 임의의 접합 점(Node) 유입되는 전류의 양은 유출되는 전류의 양과 동일하다."는 것이 (　　　　　)이다.

5. "전기회로에서 임의의 폐회로에 인가되는 전압의 대수합은 0이 된다"는 것이 (　　)이다.

6. 전력을 표시하는 단위로는 (　　　　)를 사용하며 전류와 전압의 (　)으로 나타낸다.

7. 전기회로에서 도체를 이동하는 자유전자는 원자와 충돌로 도체에 열을 발생하게 한다. 이와 같은 현상을 (　　　　)이라 한다,

【서술형】

1. 그림 3-28의 전기회로에서 I_1=2[A], I_2=3[A], I_7=2[A]일 때 I8 전류는 얼마인가?

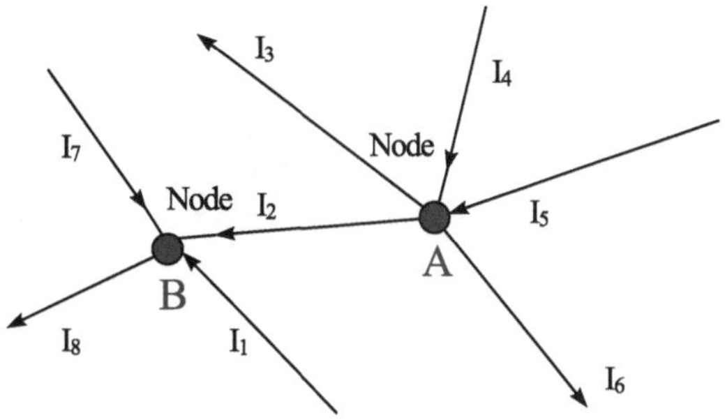

【그림 3-28】 전류 법칙

2. 그림 3-29 전기회로에서 키르히호프의 전류 및 전압 법칙을 적용하여 전류 I_1 및 전압 V_2를 구하여라.

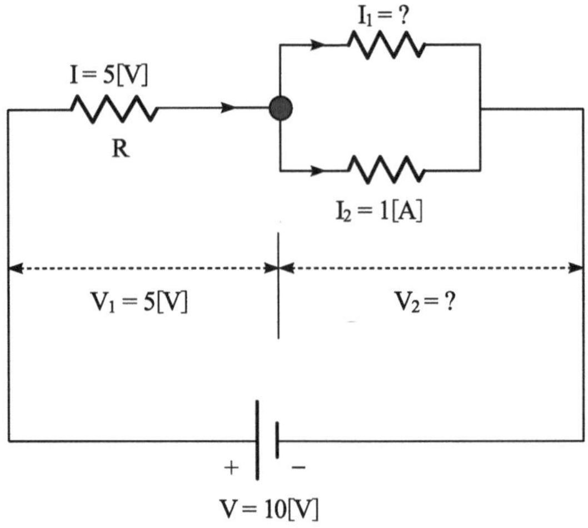

【그림 3-29】 전류 및 전압 법칙 응용회로

3. 그림 3-30의 빈 칸에 적합한 수식을 작성하여라.

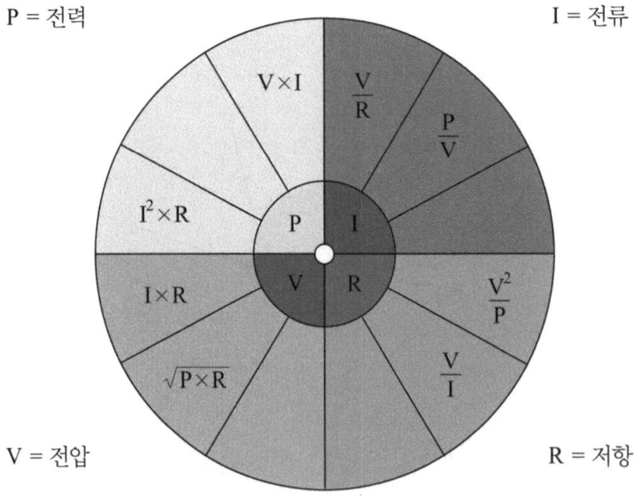

【그림 3-30】 전력과 전압/전류/저항의 관계 수식

4. 그림 3-31에 나타낸 것과 같이, 용기에 담긴 액체의 온도를 높이기 위해 DC 전원 장치를 통해서 1시간 동안 전기 에너지를 공급하였을 때, 발생된 열에너지 Q를 구하여라.

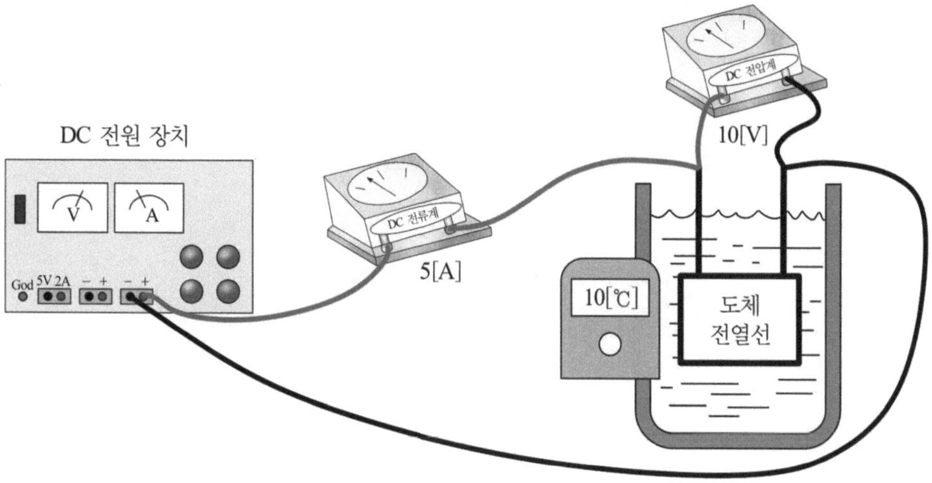

【그림 3-31】 열에너지 발생 장치

5. 그림 3-32와 같은 회로에서 인가된 전압이 10[V]일 때, 3개의 저항에서 소비되는 전체 전력을 구하여라.

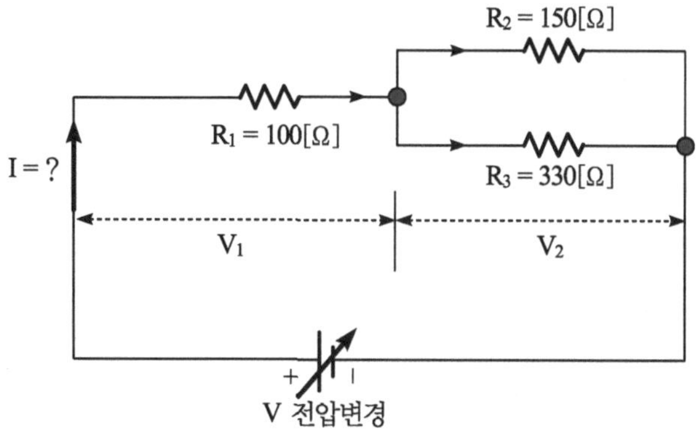

【그림 3-32】 전력 측정

제4장

직렬, 병렬회로 해석

이 단원에서는 직렬 합성 저항 및 병렬 합성저항의 개념과 직렬회로 및 병렬회로의 동작 특성을 이해하고 학습한다. 이 과정을 통하여 분압기, 분류기 회로를 이해하고 학습한다. 또한, 회로에 공급되는 전력과 저항에서 소비되는 전력을 이해함으로써 저항의 정격에 대하여 학습한다.

1. 직렬 합성 저항과 직렬회로 해석
2. 병렬 합성 저항과 병렬회로 해석
3. 분압기회로와 분류기회로
4. 직류전력
5. 시뮬레이션
6. 실험 및 실습

주요 용어

직렬 합성 저항, 병렬 합성 저항, 직렬, 병렬회로 해석, 분압기 회로, 분류기 회로, 전력

1. 직렬 합성 저항과 직렬회로 해석

학습 목표	1. 직렬 저항을 설명할 수 있다. 2. 직렬 저항 회로를 해석할 수 있다.

가. 직렬 합성 저항

저항만 있는 회로는 실제로 많이 사용되지는 않지만 복잡한 회로 해석의 기초가 된다. 저항을 일렬로 늘어놓고 그대로 연결하는 방식을 직렬연결 또는 직렬결선(series connection)이라 한다. 일반적으로 여러 개의 부하를 사용하는 경우 이 같은 직렬결선법을 적용하지 않는다. 그 이유는 한 부하에서 단선 사고 등이 생기면 부하회로 전체에 전원 공급이 끊어지게 되어 심각한 영향을 미치기 때문이다.

나. 직렬회로 해석

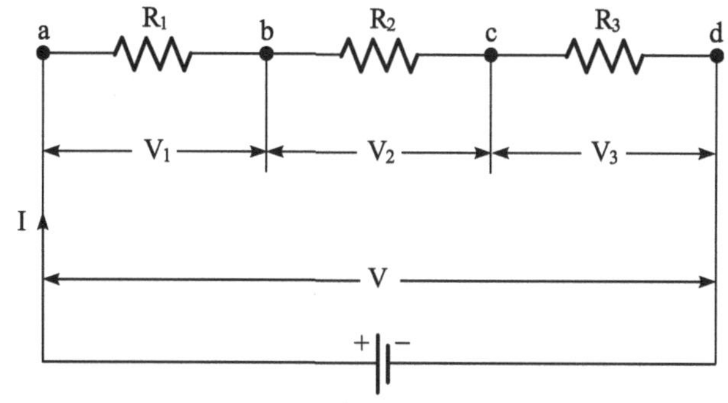

【그림 4-1】 저항의 직렬 접속

그림 4-1과 같이 직렬 결선 된 3개의 저항에 전압전원이 인가된 회로에서 직렬회로를 해석하는데 기본이 되는 가장 중요한 것은 직렬회로를 흐르는 전류는 회로 어느 곳에서나 같다는 것이다.

전압전원이 1개만 있는 회로이므로 그림 4-1처럼 전원의 (+)에서 (-)의 시계 방향으로 전류가 흐른다고 하면 전류의 방향이 정해졌으므로 저항에서 전압의 극성 표시는 그림 4-1과 같이 왼쪽이 (+), 오른쪽이 (-)가 되도록 정해야 한다.

그림 4-1에서 시계 방향으로 일주하는 경우 전압 상승은 V, 전압강하는 V_1, V_2 및 V_3이므로 KVL을 적용하면

$$V = V_1 + V_2 + V_3 \quad \text{(식 4–1)}$$

$$V_1 = IR_1, \quad V_2 = IR_2, \quad V_3 = IR_3$$

각 저항에 옴의 법칙을 적용해서 식 4-1에 대입하면

$$V = R_1 I + R_2 I + R_3 I = (R_1 + R_2 + R_3) I = RI \quad \text{(식 4–2)}$$

단, $R = R_1 + R_2 + R_3$

$$R = \frac{V}{I} = (R_1 + R_2 + R_3) \quad \text{(식 4–3)}$$

식 4-3에서 $I = \frac{V}{R}$ 가 된다.

그림 4-1의 세 저항은 수식을 이용하면 1개의 저항으로 등가 변환되며, 이렇게 등가 변환된 저항 R을 합성저항 또는 등가저항(equivalent resistance)이라 한다. 저항이 직렬 연결되어 있는 경우의 합성저항은 각 저항을 모두 더하면 된다.

예제 4-1 다음 회로에서 저항 10[Ω], 20[Ω], 30[Ω]이 직렬 연결된 경우 합성저항, 회로에 흐르는 전류I, 각 저항의 전압 V_1, V_2, V_3는 얼마가 되는가 ?

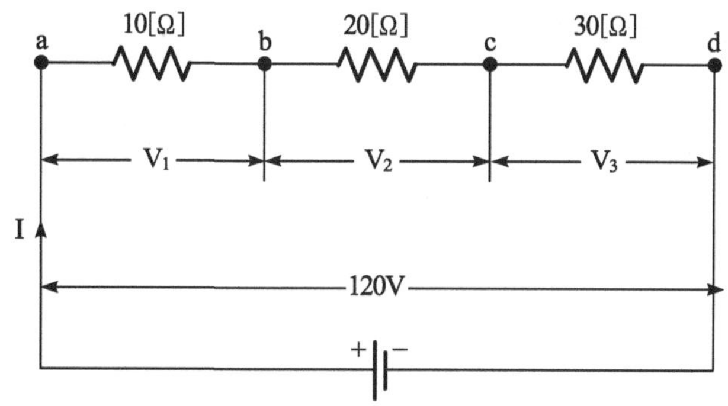

풀 이 합성저항은 식 4-2에 대입하여 구하면 다음과 같다.

$R = R_1 + R_2 + R_3 = 10 + 20 + 30 = 60[\Omega]$

회로의 전류I 는 식 4-3에 대입하여 구하면

$I = \frac{V}{R} = \frac{120}{60} = 2[A]$ 가 된다.

식 4-1에서 각 저항의 전압 V_1, V_2, V_3는

$V_1 = IR_1 = 2 \times 10 = 20[V]$

$V_2 = IR_2 = 2 \times 20 = 40[V]$

$V_3 = IR_3 = 2 \times 30 = 60[V]$가 된다.

그러므로 $V = V_1 + V_2 + V_3 = 20 + 40 + 60 = 120[V]$

2. 병렬 합성 저항과 병렬회로 해석

학습 목표	1. 병렬 합성 저항을 설명할 수 있다. 2. 병렬 저항 회로를 해석할 수 있다.

가. 병렬 합성 저항

저항은 기본적으로 2개의 단자가 있다. 만일 이 단자의 한 쪽을 머리, 다른 한쪽을 꼬리라고 하고 여러 개의 저항을 머리는 머리끼리, 꼬리는 꼬리끼리 접속하는 연결법을 병렬연결 또는 병렬결선(parallel connection)이라 한다. 그리고 병렬회로 해석에 가장 기본이 되는 중요한 병렬회로에서는 모든 소자사이의 전압이 같다는 것이다.

나. 병렬회로 해석

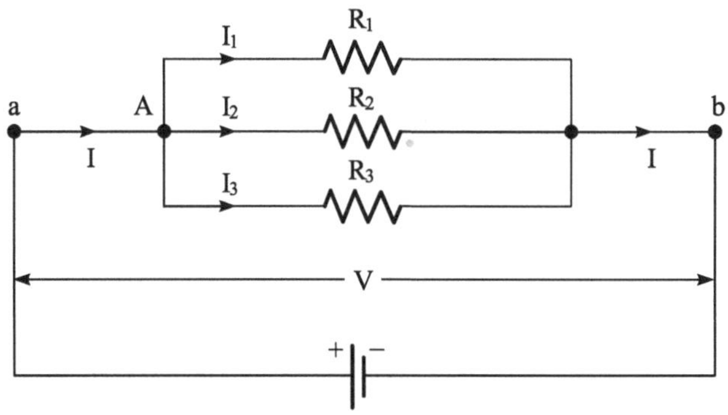

【그림 4-2】 저항의 병렬 접속

그림 4-2의 전압전원 $V[V]$, 저항 R_1를 포함하는 폐회로를 시계 방향으로 일주하는 경우에 전압상승은 V, 전압강하는 V_1이므로 KVL을 적용하면

$$V = V_1 \qquad \text{(식 4–4)}$$

같은 방법으로 R_2를 포함하는 폐회로 및 R_3를 포함하는 폐회로에 KVL을 적용하면

$$V = V_2\,,\ \ V = V_3 \qquad \text{(식 4–5)}$$

이제 이 병렬회로의 합성 저항을 구하기 위하여 그림 4-2의 점 A에 KCL을 적용하면 점A로 들어가는 방향의 전류는 I, 나오는 방향의 전류는 I_1, I_2, I_3 이므로

$$I_1 = \frac{V}{R_1}, \quad I_2 = \frac{V}{R_2}, \quad I_3 = \frac{V}{R_3} \qquad \text{(식 4-6)}$$

$$I = I_1 + I_2 + I_3 = V\left(\frac{1}{R_1} + \frac{1}{R_2} + \frac{1}{R_3}\right)$$

또 각 저항에 옴의 법칙을 적용하여 정리하면 식 4-7과 같다.

$$I = \frac{V_1}{R_1} + \frac{V_2}{R_2} + \frac{V_3}{R_3} \qquad \text{(식 4-7)}$$

$$= \frac{V}{R_1} + \frac{V}{R_2} + \frac{V}{R_3}$$

$$= \left(\frac{1}{R_1} + \frac{1}{R_2} + \frac{1}{R_3}\right)V$$

$$= \frac{V}{R}[\mathrm{A}]$$

따라서 이 병렬회로의 합성저항은 식 4-8과 같다.

$$R = \frac{1}{\frac{1}{R_1} + \frac{1}{R_2} + \frac{1}{R_3}}[\Omega] \qquad \text{(식 4-8)}$$

예제 4-2 다음 회로에서 저항 10[Ω], 10[Ω], 10[Ω]이 병렬 연결된 경우 합성저항, 회로에 흐르는 전류 I, 각 저항에 흐르는 전류 I_1, I_2, I_3는 얼마가 되는가 ?

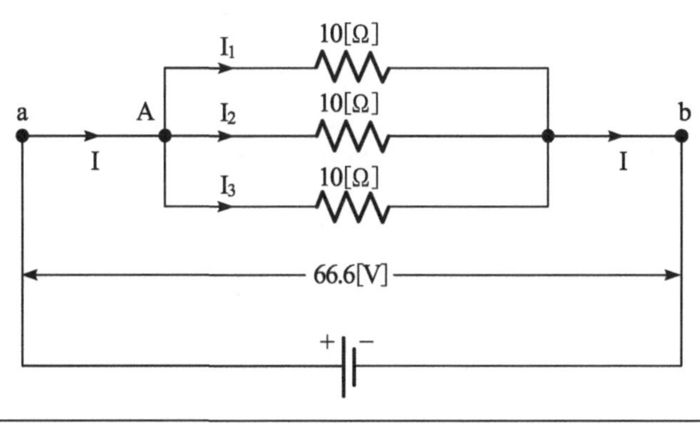

풀 이 합성저항은 식 4-8에 대입하여 구하면 다음과 같다.

$$R = \frac{1}{\frac{1}{R_1}+\frac{1}{R_2}+\frac{1}{R_3}}[\Omega] = \frac{1}{\frac{1}{10}+\frac{1}{10}+\frac{1}{10}} \fallingdotseq 3.33[\Omega]$$

회로 전류 I는 식 4-7에 대입하여 구하면 다음과 같다.

$$I = \frac{V}{R} = \frac{66.6}{3.33} = 20[A]$$

각 저항에 흐르는 전류 I_1, I_2, I_3는 식 4-6에 대입하여 구하면 다음과 같다.

$$I_1 = \frac{V}{R_1} = \frac{66.6}{10} = 6.66[A]$$
$$I_2 = \frac{V}{R_2} = \frac{66.6}{10} = 6.66[A]$$
$$I_3 = \frac{V}{R_3} = \frac{66.6}{10} = 6.66[A]$$

3. 분압기회로와 분류기회로

학습 목표	1. 분압기회로의 동작을 이해하고 설명할 수 있다. 2. 분류기회로의 동작을 이해하고 설명할 수 있다.

가. 분압기회로

정전 저압계를 제외한 모든 아날로그 전압계는 실제로는 전압을 직접적으로 측정하는 진정한 의미의 전압계는 아니다. 이들 전압계는 사실 전압을 표시하는 눈금을 그려 넣은 전류계인 것이다. 그러면, 어떠한 원리에 의해 전류계를 전압계로 사용할 수 있고 실제로 수 백V, 또는 그 이상의 전압을 측정할 수 있을까? 그 해답은 바로 전압 분압기(배율기)에 있다.

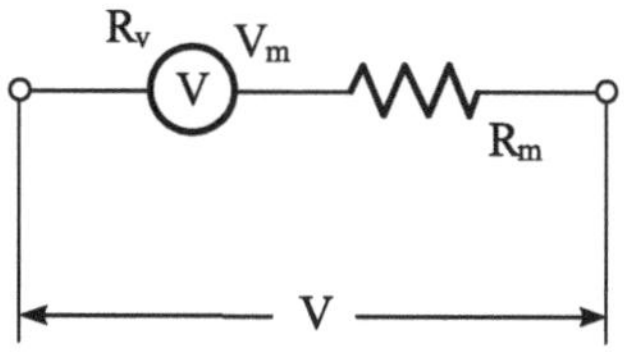

【그림 4-3】 저항을 사용한 분압기(배율기) 회로

V_m은 전압계 지시치, R_v는 전압계 내부저항, R_m은 배율기 저항이라 하면

$$배율\ n = \frac{V}{V_m} \qquad \text{(식 4-9)}$$

그러므로 배율기 저항은

$$\therefore R_m = \frac{V - V_m}{\frac{V_m}{R_v}} = \frac{R_v(nV_m - V_m)}{V_m} = (n-1)R_v \qquad \text{(식 4-10)}$$

분압기(voltage divider)는 저항의 전체에 전압을 가하고, 고정 또는 가변의 탭에 의해 가해진 전압보다도 낮은 임의의 전압을 꺼내는 장치를 말한다.

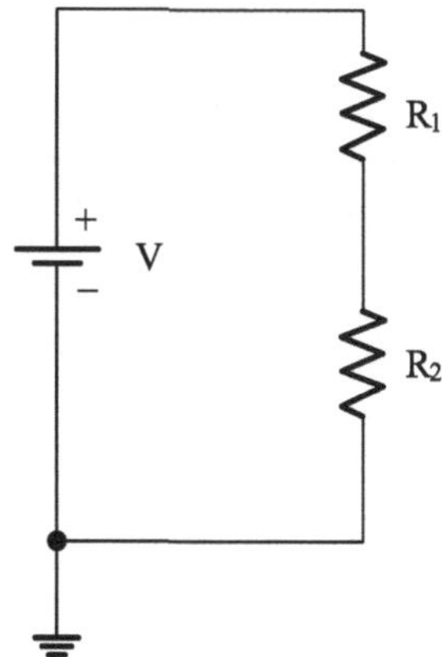

【그림 4-4】 저항 2개를 사용한 분압 회로

사용하는 임피던스에 따라서 저항 분압기, 용량 분압기, 저항 용량 분압기, 리액터 분압기 등이 있다. 감쇠기, 고압의 측정 등에 사용된다.

회로 상에서 전압을 측정하고자 할 때 전압계는 회로와 병렬로 접속해야만 한다. 분압기(voltage divider)는 분류기와 동일한 개념으로 전압계의 측정 범위, 즉 레인지를 확대시키기 위하여 사용하게 된다.

그림 4-4에서 저항 R_1에 걸리는 전압은

$$V_{R1} = V \times \frac{R_1}{R_1 + R_2}$$ 가 된다. (식 4-11)

또한, 저항 R_2에 걸리는 전압은

$$V_{R2} = V \times \frac{R_2}{R_1 + R_2}$$ 가 된다. (식 4-12)

예제 4-3 다음 회로에서 입력전원이 10[V]인 경우 저항 R_1, R_2에 걸리는 전압은 얼마가 되는가 ?

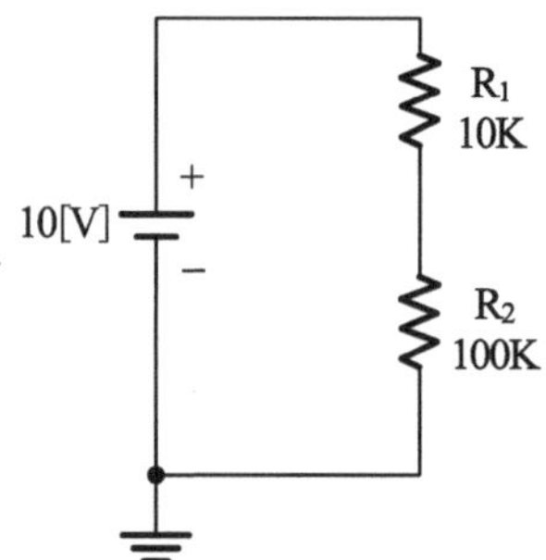

풀 이 식 4-11, 12에 대입하여 구하면 다음과 같다.

$$V_{R1} = V_1 \times \frac{R_1}{R_1 + R_2} = 10 \times \frac{10}{10 + 100} = 0.909[V]$$

$$V_{R2} = V_1 \times \frac{R_2}{R_1 + R_2} = 10 \times \frac{100}{10 + 100} = 9.09[V]$$

가 된다.

(그러므로 회로내의 전압은

$V_1 = V_{R1} + V_{R2} = 0.909 + 9.09 = 10[V]$가 된다.)

나. 분류기회로

어느 전로(電路)의 전류를 측정하려는 경우에 전로의 전류가 전류계의 정격보다 큰 경우에는 전류계와 병렬로 다른 전로를 만들고, 전류를 분류하여 측정한다. 이와 같이 전류를 분류하는 전로(저항기)를 분류기(shunt)라 한다.

전류계의 경우를 생각해보면, 멀티미터에 대하여 우리가 알고 있는 것처럼 다양한 크기의 전류를 측정할 수 있는 전류계는 존재하지 않는다. 실제로는 정해진 하나의 측정범위를 갖는 전류계를 이용하여 다양한 크기의 전류를 측정하는 것이며, 그 해답은 바로 전류 분류기에 있다.

그림 4-5는 분류기를 사용한 전류 측정의 예를 나타낸 것이다.

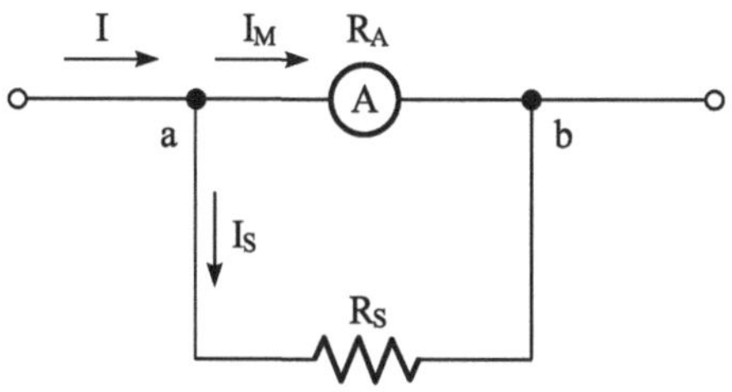

【그림 4-5】 저항을 사용한 분류기회로

I_M은 전류계 지시치, R_A는 전류계 내부저항, R_S는 분류기 저항이라 하면

$$\text{배율 } n = \frac{I}{I_M} \qquad \text{(식 4-13)}$$

그러므로 분류기의 저항은

$$\therefore R_S = \frac{I_M R_A}{I_S} = \frac{I_M R_A}{I - I_M} = \frac{I_M R_A}{nI_M - I_M} = \frac{R_A}{n-1} \qquad \text{(식 4-14)}$$

가 된다.

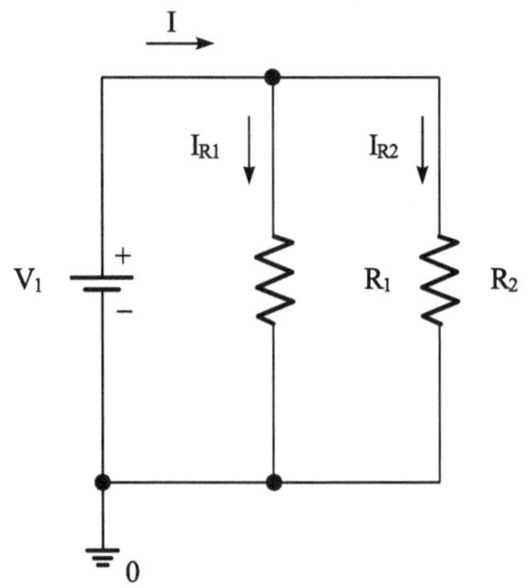

【그림 4-6】 저항 2개를 사용한 분류기회로

그림 4-6에서 저항 R_1에 걸리는 전류는

$$I_{R1} = I \times \frac{R_2}{R_1 + R_2}$$ 가 된다. (식 4-15)

또한, 저항 R_2에 걸리는 전류는

$$I_{R2} = I \times \frac{R_1}{R_1 + R_2}$$ 가 된다. (식 4-16)

회로 내에 전체 전류 I 는

$$I = \frac{V_1}{R_1 \parallel R_2}$$ 가 된다.

예제 4-4 다음 회로에서 입력전원 V_1=10[V]인 경우 저항 R_1, R_2에 걸리는 전류는 얼마가 되는가 ?

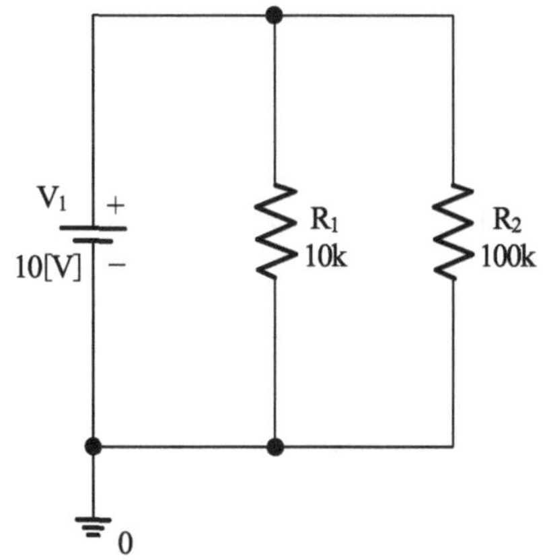

풀 이 식 4-15, 16에 대입하여 구하면 다음과 같다.

$$I_{R1} = I \times \frac{R_2}{R_1 + R_2} = 1.1 \times \frac{100}{10 + 100} = 1[A]$$

$$I_{R2} = I \times \frac{R_1}{R_1 + R_2} = 1.1 \times \frac{10}{10 + 100} = 0.1[A]$$

가 된다.

(∵ 회로내의 전류는

$$I = \frac{V_1}{R_1 \parallel R_2} = \frac{10}{\frac{10 \times 100}{10 + 100}} = 1.10[A]$$ 가 된다.)

4. 직류전력

학습 목표	1. 회로에서 공급전력과 소비전력을 설명할 수 있다. 2. 저항의 정격을 설명할 수 있다.

가. 직류전력

전력이란 전기가 단위시간(1[sec])동안 한 일의 양(P[W])이다.

$$P = \frac{W}{t}[\mathrm{W}] \qquad (식\ 4\text{–}17)$$

전력의 단위는 흔히 와트(W) 또는 킬로와트(kW)를 사용하며, 1 W는 1 A(암페어)의 전류가 1 V(볼트)의 전압이 걸린 곳을 흐를 때 소비되는 전력의 크기다.

일반적으로 power의 첫 글자인 P로 표시하며, 전력(P)과 전압(V), 전류(I)의 관계는 $P = V \cdot I$를 만족한다. 이는 옴의 법칙($V = I \cdot R$)에 따라 $P = I^2 \cdot R$ 또는 $P = V^2/R$로 변형할 수 있다. 따라서 전력은 전류가 일정할 때 저항에 비례하고, 전압이 일정할 때 저항에 반비례한다.

$$P = V \cdot I = (I \cdot R) \cdot I = I^2 \cdot R = \frac{V^2}{R}[\mathrm{W}] \qquad (식\ 4\text{–}18)$$

교류에 의해서 공급되는 전기 에너지는 전류와 전압이 계속 변하므로, 보통 1주기 동안에 공급되는 전력을 주기로 나눈 평균전력으로 표시한다.

전기요금 고지서처럼 실생활에서는 전력에 사용시간을 곱한 전력량을 주로 사용한다. 전기요금은 전력량에 따라 부과된다.

$$W = P \cdot t = (I^2 \cdot R) \cdot t = \frac{V^2}{R} \cdot t = V \cdot I \cdot t\ [\mathrm{J}] \qquad (식\ 4\text{–}19)$$

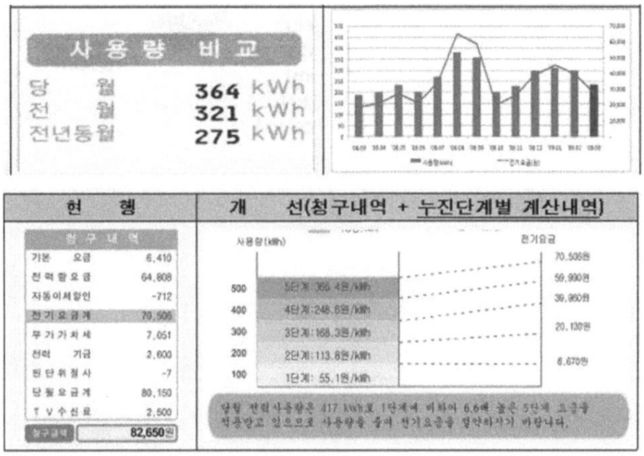

【그림 4–6】 전기요금 고지서

실생활에서는 단위시간에 사용하는 전기 에너지인 전력보다 일정 시간 동안 사용한 전체 전기 에너지의 양이 중요하다. 그림 4-6 전기요금 고지서에서 사용량 비교에서 당월 364.0 kWh가 이번 달 전기 사용량(전력량)을 표시한다.

발전소에서 전기가 생산되어 실험실까지 오는 전력계통은 다음 그림 4-7과 같다. 한국전력공사(www.kepco.co.kr)는 전국을 거미줄처럼 연결하는 다중 환상망(Multi loop) 송전계통을 토대로 전력을 안정적으로 공급하고 있다. 송전계통 전압은 기간송전망인 765kV 및 345kV와 지역송전망인 154kV 및 66kV로 구성되어 있으며, 66kV 선로는 점차 폐지하고 있는 추세이다. 섬 지역인 제주도는 전남 해남과 해저케이블을 통하여 고압 직류(HVDC) 180kV로 계통을 연계하고 있다.

현재 우리나라에서는 전력계통을 765kV→345kV→154kV →22.9 kV →380/220V 전압으로 통일해 가고 있으며, 전력 계통의 고압화, 단순화로 계통신뢰도 향상 및 손실 감소를 꾀하고 있다.

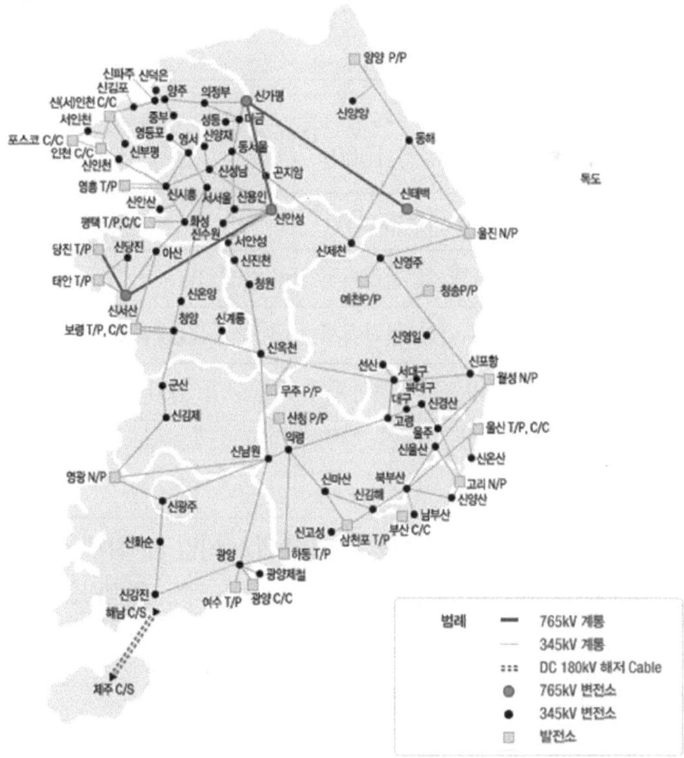

【그림 4-7】 우리나라 전력 계통도(2011년 6월, 전력거래소)

즉, 실험실에 공급되는 전압은 220V로 정해져 있고, 회로 또는 우리가 설계할 전자제품과 전기기기의 전압은 220V, 30V, 16V 등으로 바꿀 수 없는 값으로 정해져 있다. 그러므로 전력량을 줄이기 위해서는 전류를 줄이기 위한 설계가 필수적이다.

전력은 마력(HP : Horse Power) 환산이 가능(1[HP] =746[W])하고 열량 환산은 불가능하다. 반면에 전력량은 마력 환산이 불가능하고 열량([cal]) 환산이 가능하다.

$$1[\mathrm{J}] = 0.2388[\mathrm{cal}] \fallingdotseq 0.24[\mathrm{cal}] \qquad \text{(식 4-20)}$$

줄의 법칙은 저항체에서 발생하는 열량은 전류에 제곱에 비례한다는 법칙으로서 저항에서 발생하는 열량을 계산하는 식이다.

$$\begin{aligned} \therefore H &= 0.24W = 0.24Pt \\ &= 0.24VIt = 0.24I^2Rt = 0.24\frac{V^2}{R}t[\mathrm{cal}] \end{aligned} \qquad \text{(식 4-21)}$$

전력과 전력량을 사용되는 단위 별로 정리하면 다음과 같다.

전력	[mW]	$1[\mathrm{mW}] = \frac{1}{1000}[\mathrm{W}]$
	[W]	
	[kW]	1[kW]=1000[W]
전력량	[Ws]	1[W]의 전력에서 1[s] 동안 1[J]
	[Wh]	1[W]의 전력에서 1[h] 동안 3600[Ws]
	[kWh]	1[kW]의 전력에서 1[h] 동안 3600×1000[Ws]

예제 4-5 실내에 사용하는 온풍기의 전력이 $3[kW]$일 때 하루 4시간씩 한 달(30일 기준)동안 사용하면 전기요금의 기준이 되는 전력량은 얼마가 되는가?

풀 이 식 4-19에 대입하여 구하면 다음과 같다.

$W = P \cdot t = 3 \times 4 \times 30 = 360[kWh]$

예제 4-6	100[V], 60[W]의 램프에 50[V]를 가했을 때의 전류는 얼마가 되는가?
풀 이	식 4-18에 대입하여 구하면 다음과 같다. $P = VI = I^2R = \frac{V^2}{R}[W]$에서 $R = \frac{V^2}{P} = \frac{100^2}{60} = 167[\Omega]$ 그러므로 $I = \frac{V}{R} = \frac{50}{167} = 0.3[A]$가 된다.

나. 저항의 전력정격

저항회로에서 소비전력은 $P_L[W]$로 표시되며 부하저항에서 소비되는 전력을 나타낸다.

$$P_L = VI = I^2R = \frac{V^2}{R}[W] \qquad (식\ 4\text{–}22)$$

식 4-18와 같이 전력은 저항에서만 소비되므로 저항의 전력정격을 확인하고 사용해야 한다.

예를 들면

$R = 1[k\Omega]$의 저항에 흐르는 전류가 4[W]일 때 소비전력은

$P_L = VI = I^2R = (4 \times 10^{-3})^2 \times 10^3 = 0.016[W]$가 된다.

그러므로 전력 정격이 1/4=0.25[W]인 저항을 사용해도 된다.

$R = 1[k\Omega]$의 저항에 흐르는 전류가 20[mA]일 때 소비전력은

$P_L = VI = I^2R = (20 \times 10^{-3})^2 \times 10^3 = 0.4[W]$가 된다.

그러므로 전력 정격이 1/4=0.25[W]인 저항 대신 전력 정격이 1/2=0.5[W]의 저항을 사용해야 한다.

5. 시뮬레이션

가. 분압기회로

【시뮬레이션 목표】

1. 분압기회로를 구성할 수 있다.
2. 분압기회로의 동작을 설명할 수 있다.

【회로도】

V_1을 입력으로 하여 저항 R_1과 R_2로 구성한 전압 분압 회로로서 R_2 저항을 1kΩ, 10kΩ, 100kΩ으로 변환하면서 그 출력값의 변화를 측정해 보는 회로이다.

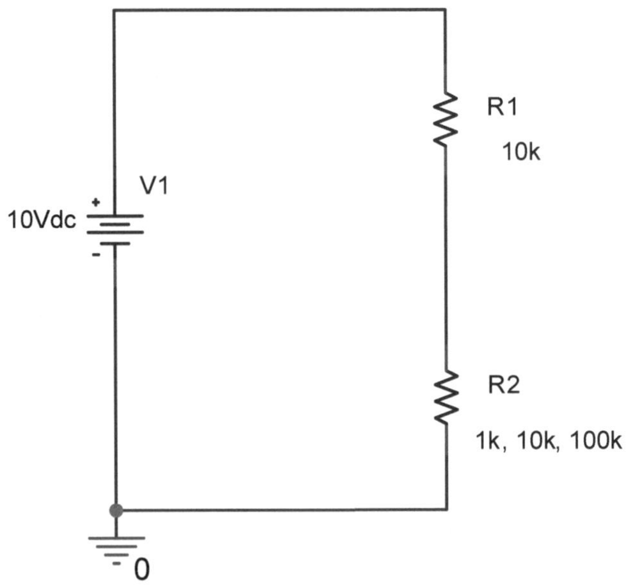

【시뮬레이션 순서】

1. 회로를 작성한다.

2. 시뮬레이션 실행 시간은 3[ms]로 설정한다.

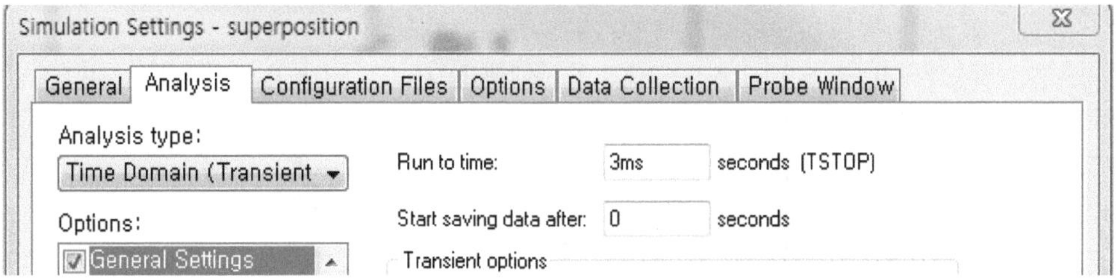

3. 프로그램을 실행하여 결과를 확인한다.

【시뮬레이션 결과】

(a) R2=1[kΩ]인 경우

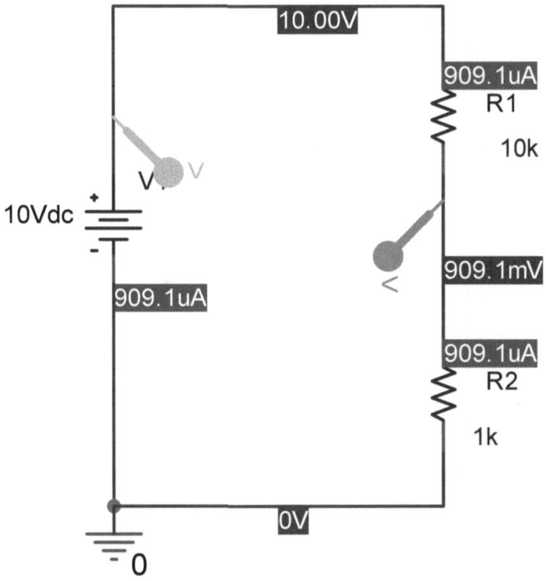

(b) R2=10[kΩ]인 경우

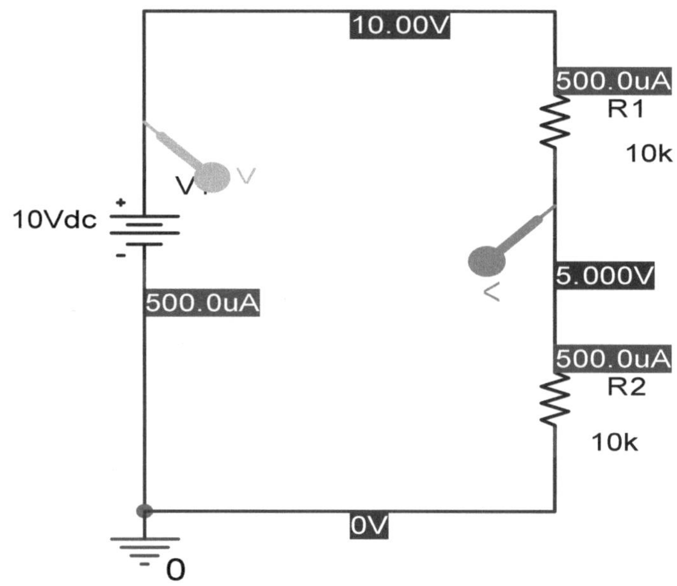

(c) R2=100[kΩ]인 경우

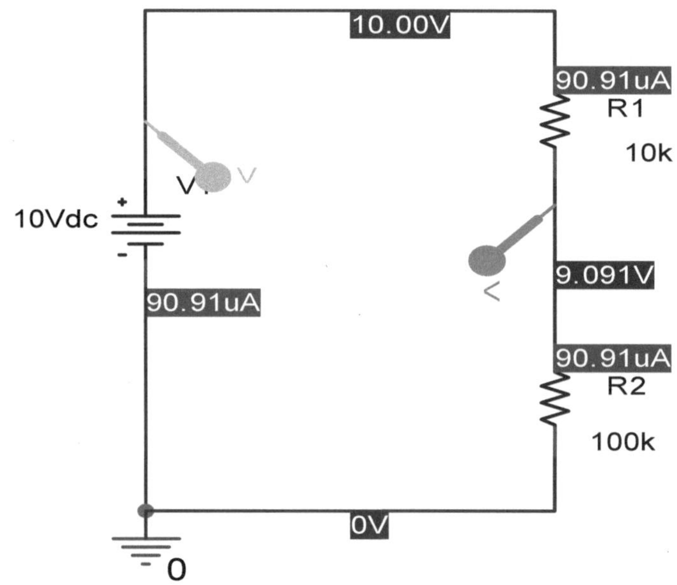

나. 분류기회로

【시뮬레이션 목표】

1. 분류기회로를 구성할 수 있다.
2. 분류기회로의 동작을 설명할 수 있다.

【회로도】

V1을 입력으로 하여 저항 R1과 R2로 구성한 전류 분류 회로로서 R2 저항을 1kΩ, 10kΩ, 100kΩ 으로 변환하면서 그 출력값의 변화를 측정해 보는 회로이다.

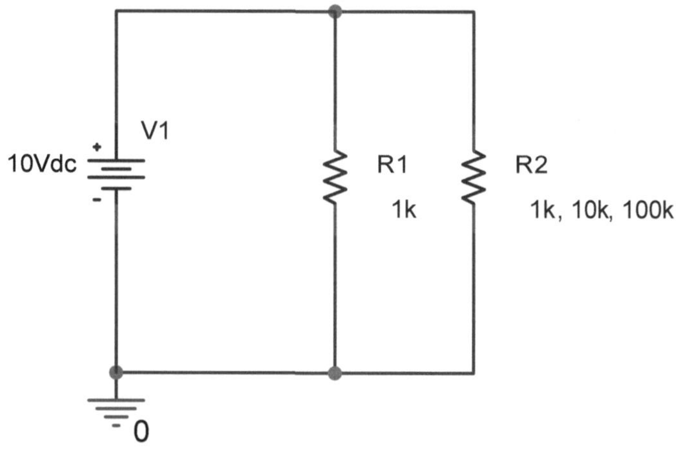

【시뮬레이션 순서】

1. 회로도를 완성한다.
2. 시뮬레이션 실행 시간은 3[ms]로 설정한다.

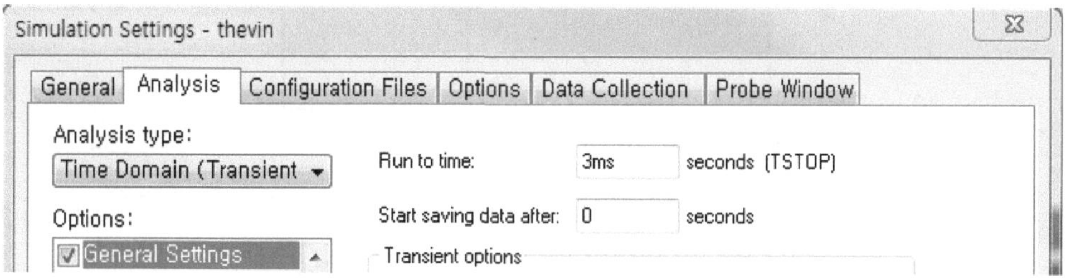

3. 프로그램을 실행하여 결과를 확인한다.

【시뮬레이션 결과】

(a) R_2=1[kΩ]인 경우

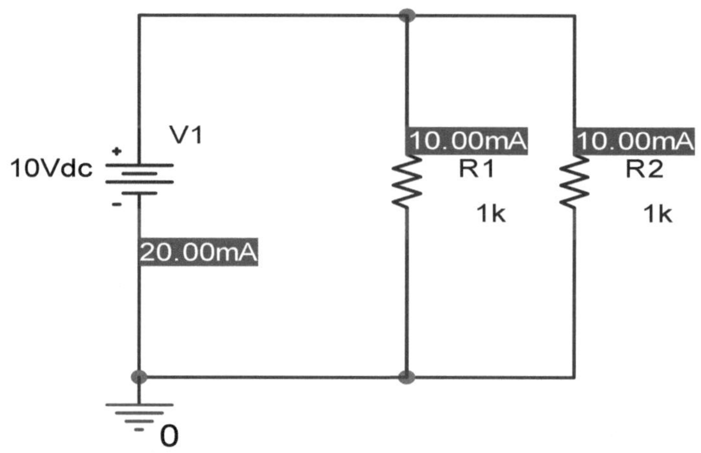

(b) R_2=10[kΩ]인 경우

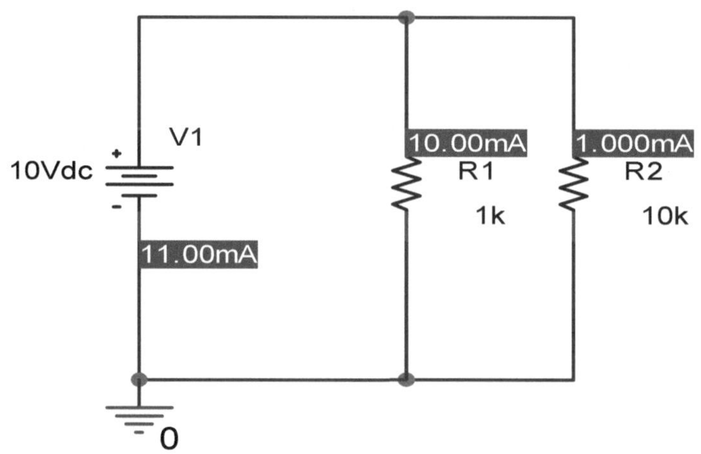

(c) R2=100[kΩ]인 경우

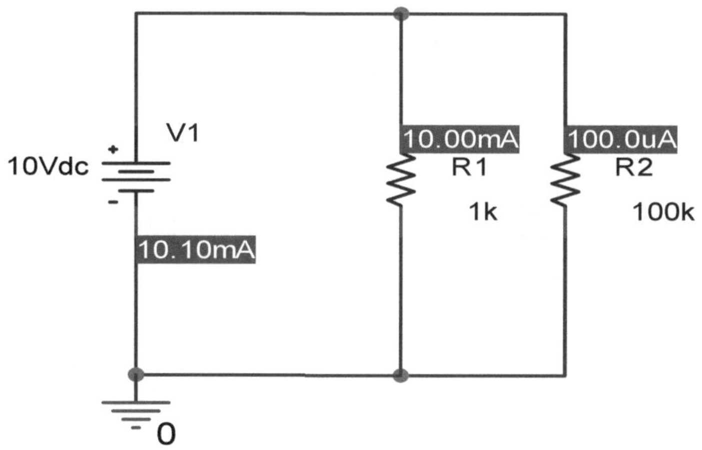

6. 실험 및 실습

【사용재료】

부품	규격	수량	비고
저항	10[Ω], 22[Ω], 56[Ω], 100[Ω], 120[Ω], 220[Ω], 390[Ω], 470[Ω], 1.2[kΩ], 1.5[kΩ]	1개	
저항	2.2[kΩ], 3.3[kΩ], 4.7[kΩ], 5.6[kΩ], 10[kΩ], 12[kΩ], 22[kΩ], 100[kΩ], 120[kΩ], 1[MΩ]	1개	
가변저항	3단자 10[kΩ](1/2[W])	1개	

【계측기 및 장비】

부품	용도	수량	비고
브레드보드	실험회로 구성용	1장	
오실로스코프	전압 및 전류 파형 측정	1대	
멀티 미터	전압 및 전류 크기 측정	1대	
신호 발생기	입력 전압 신호 발생	1대	
전원 공급 장치	실험 회로 전원 공급	1대	

【실험 순서】

1. 그림 4-8과 같이 간단한 회로를 구성하고 공급 전압은 4.5V로 한다.

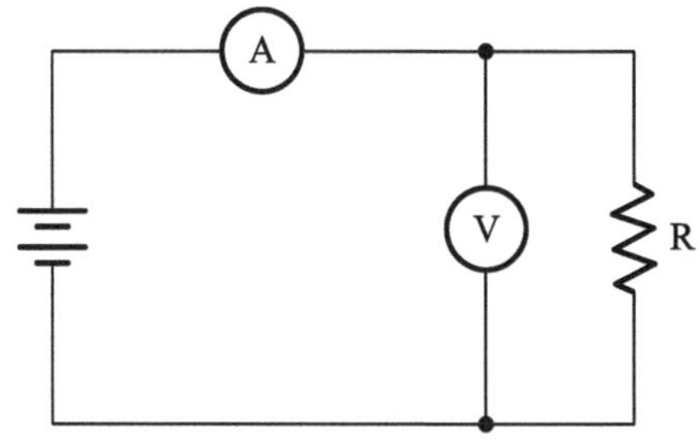

【그림 4-8】 저항 1개로 이루어진 직렬회로

2. 그림 4-8을 보고 주어진 표 4-1(a)의 첫 번째 저항값 56Ω을 디지털 멀티미터를 이용하여 측정값을 기록하라.
3. 측정된 저항값으로 계산전류를 계산하라.
4. 저항기를 바꾸어 가며 흐르는 측정 전류를 측정하라.
5. 백분율 오차를 계산하라.
6. 그림 4-8에서 저항기를 표 4-1(a)에 있는 두 번째와 세 번째의 저항기로 바꾸어 가며 1~5까지 반복하여 나머지 빈칸을 기록하라.
7. 표 4-1(b) 빈칸을 옴의 법칙을 이용하여 계산하라.
8. 표 4-2의 R_1, R_2, R_3의 실제 저항값을 측정하여 표 4-2에 기입하라.
9. 표 4-2에 있는 저항기와 전압을 참고로 그림 4-9의 회로를 결선하라.

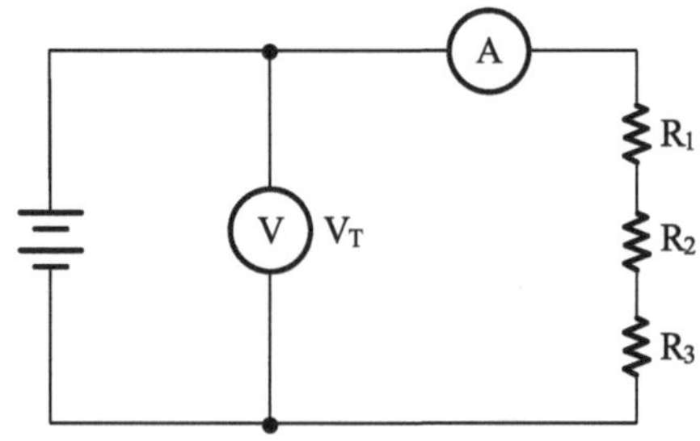

【그림 4-9】 저항 3개로 이루어진 직렬회로

10. R_1, R_2, R_3에 각각 걸리는 V_1, V_2, V_3 를 측정하여 표 4-2에 기록하라.

11. V_1, V_2, V_3 의 합 V_T를 계산하여 표 4-2에 기록하라.

12. 표 4-2를 참조하여 공급 전원과 저항기를 바꾸어 가며 9, 10, 11을 반복하라.

13. 표 4-3을 보고 사용되는 저항기의 실제 저항값을 측정하여 기록하라.

14. 그림 4-10(a)에서 R_L에 흐르는 전류계의 지시값 I_M을 표 4-4(a)의 I_M난에 기록하라.

15. 1의 실험에서 전류계 A_1의 지시값이 눈금의 중앙에 오는 R_L을 사용하여 그림 4-10(b)와 같이 결선하라.

16. R_S를 서서히 증가시켜 전류계 $\frac{A_2}{A_1}$의 값이 정수분의 1이 되도록 고정시켜라. 이는 A_2와 R_S회로의 상태가 정수배의 배율로 된 것을 의미한다.

17. 14, 15, 16의 상태에서 각종 부하 저항 R_L에 흐르는 A_1, A_2의 지시값을 표4-4(b)에 기록하라.

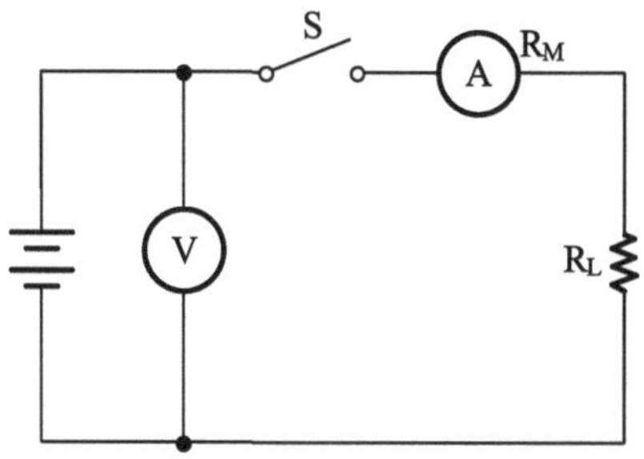

【그림 4-10】 (a) 전류계, 전압계로 이루어진 직렬회로

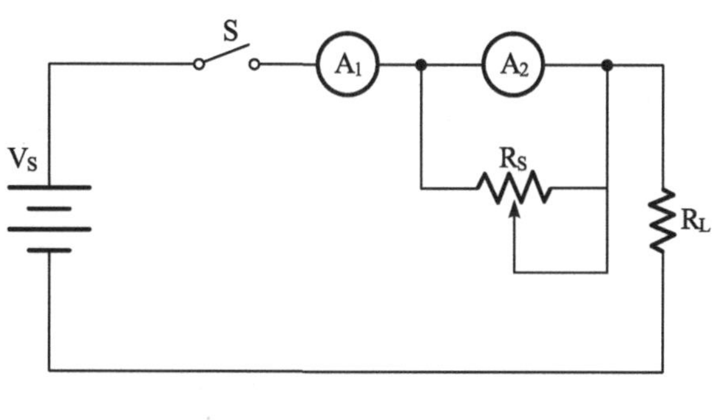

【그림 4-10】 (b) 전류계 A_1, A_2로 이루어진 분류기회로

18. 그림 4-11(a)와 같이 결선하고 V_M을 표 4-5(a)에 기록하라.

19. 그림 4-11(b)와 같이 스위치를 연 상태에서 V_{R1}의 전극이 맨 아래에 오도록 한 다음 V_{R2}의 저항이 최대가 되도록 결선하라.

20. 스위치를 닫고 V_{R1}의 전극을 이동시킴에 따라 V_1의 지시치가 증가하는지를 알아본다. 증가하면 V_1의 최대 눈금치의 절반을 지시하도록 V_{R1}을 조정하라.

21. 위의 상태에서 가변 저항기 V_{R2}를 조정하여 V_1의 지시가 최대 눈금치의 1/2을 지시하도록 하라.

22. V_{R1}을 이동시켜 V_1의 지시가 0이 되도록 한 다음에 증가시켜 V_1과 V_2의 지시치를 표 4-5(b)에 기록하라.

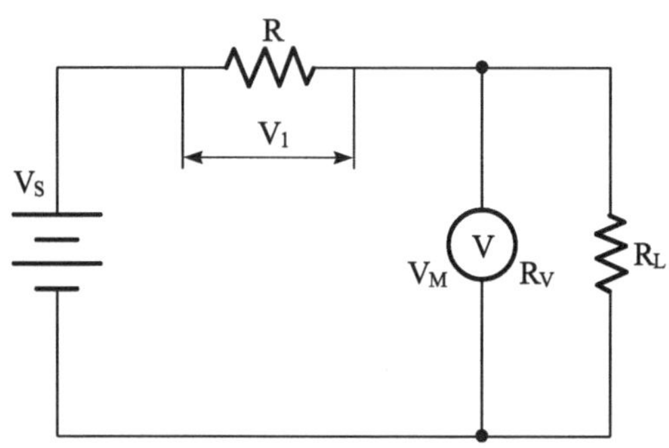

【그림 4-11】 (a) 전압계, 저항 2개로 이루어진 직렬회로

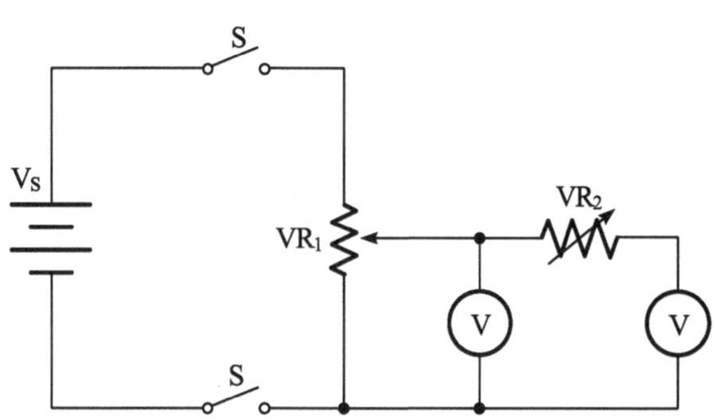

【그림 4-11】 (b) 전압계 V, V_1와 가변저항으로 분압기회로

【표 4-1(a)】

	저항체(R)	측정된 저항값 (ohm)	계산된 전류(mA)	측정된 전류(mA)	백분율 오차(%)
1	56				
2	100				
3	22k				

【표 4-1(b)】

	전압(V)	전류(A)	저항(R)
1	30V	250 mA	
2		1A	15kΩ
3	24V		1MΩ
4		10μA	100kΩ
5	12V	2.5mA	
6	720mV		120Ω

【표 4-2】

	공급 전원	전류	R_1		R_2		R_3		V_1	V_2	V_3	V_T
			저항 값	측정 값	저항 값	측정 값	저항 값	측정 값				
1	3V		220		390		100					
2	3V		100		220		390					
3	4.5V		220		390		100					
4	6V		2.2k		10		22					

【표 4-3】

	공급 전원	전류	R_1		R_2		R_3		V_1	V_2	V_3	V_T
			저항값	측정값	저항값	측정값	저항값	측정값				
1	4.5V		220		390		100					
2	3V		100		220		390					
3	2.5V		220		390		100					
4	6V		2.2k		10		22					

【표 4-4(a)】

V	R_L	$I=\frac{E}{R_L}$	$I_M=\frac{E}{(R_M+R_L)}$	R_M의 계산치	R_M의 평균치

【표 4-4(b)】

R_L	I_M	A_1	A_2	배율	R_S의 계산치	비고

【표 4-5(a)】

V	R	R_L	V_M	V_1	$V_M + V_1$

【표 4-5(b)】

공급전원	V_1	V_2	$\frac{V_1}{V_2}$	$\frac{R_M}{R_V}$

1. 전기회로는 전원과 부하 및 전류가 흐르는 통로인 도선으로 구성된다.
2. 전원은 기전력을 가지고 있어 전류를 흘리는 원동력이 된다. 배터리는 용량만큼의 유한한 원동력을 갖추고 있는 반면, 전원공급기는 정전이 되거나 전원이 차단되는 사고가 발생하지 않는 한 계속적으로 전류를 공급할 수 있다.
3. 부하(load)는 전원에서 전기를 공급받아 어떤 일을 하는 기계나 기구를 뜻하며, 부하저항은 특별히 R_L로 표시한다.
4. 전류의 세기는 단위 시간당 이동한 전하의 양으로 표시하며, 단위는 암페어[A]이다.
5. 기전력은 전류를 연속해서 흘리기 위해 전압을 연속적으로 만들어 주는 힘을 말한다.
6. 전압은 회로 내에 전류가 흐르기 위해서 필요한 전기적인 압력으로 전기통로에서 임의의 두 점 간의 전위의 차로 단위는 볼트[V]이다. 전위는 전기 통로의 임의의 점에서 전압의 값이다.
7. 접지는 회로의 일부분을 대지에 도선으로 접속하여 영전위가 되도록 하는 것으로 브레드보드나 전자회로에서는 기준점(0V)를 뜻한다.
8. 저항은 전기회로에 전류가 흐를 때 전류의 흐름을 방해하는 작용을 한다.
9. 전압 강하는 저항에 전류가 흐를 때 저항 양단에 생기는 전위차를 말한다.
10. 직류 전위차계는 전류를 흘리지 않고 전위차를 표준전지의 기전력과 비교하여 정밀한 전압을 측정하는 계기로 분압기의 원리를 이용한다.
11. 전로의 전류가 전류계의 정격보다 큰 경우에는 전류계와 병렬로 다른 전로를 만들고, 전류를 분류하여 측정하는데, 전류를 분류하는 전로(저항기)를 분류기(shunt)라 한다.
12. 분압기(voltage divider)는 저항의 전체에 전압을 가하고, 고정 또는 가변의 탭에 의해 가해진 전압보다도 낮은 임의의 전압을 꺼내는 장치를 말한다.

【완성형】

1. 전류의 세기는 단위 시간당 이동한 (　　　)으로 표시한다.
2. 전압은 회로 내에 전류가 흐르기 위해서 필요한 전기적인 압력으로 전기 통로에서 임의의 두 점 간의 (　　　)의 차이다.
3. 저항은 전기회로에 전류가 흐를 때 (　　　)의 흐름을 방해하는 작용을 한다.
4. 전압 강하는 저항에 전류가 흐를 때 저항 양단에 생기는 (　　　)를 말한다.
5. 전로의 전류가 전류계의 정격보다 큰 경우에는 전류계와 (　　　)로 다른 전로를 만들고, 전류를 분류하여 측정한다.
6. 분압기는 저항의 전체에 전압을 가하고, 고정 또는 가변의 탭에 의해 가해진 전압보다도 (　　　) 임의의 전압을 꺼내는 장치를 말한다.

【서술형】

1. 그림의 회로에서 V_1=10[V]인 경우 R_1=75[$k\Omega$], R_2=25[$k\Omega$]인 경우 출력 파형 V_{R2}를 표시하여라.

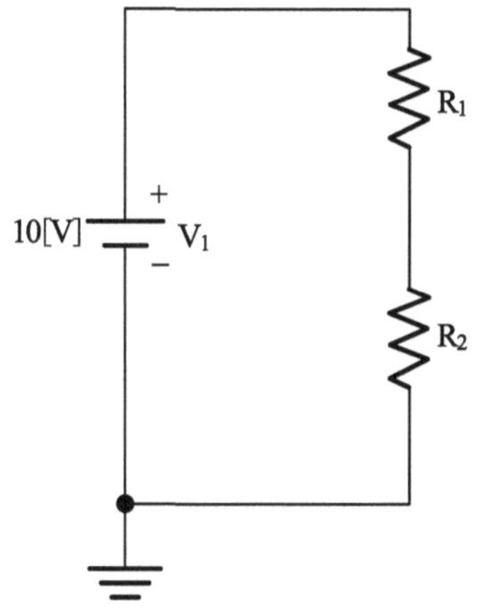

2. 그림과 같은 회로에서 V_1=10[V], I=20[A], R_1=4[$k\Omega$], R_2=6[$k\Omega$]인 경우 전류 I_{R1}, I_{R2}를 표시하여라.

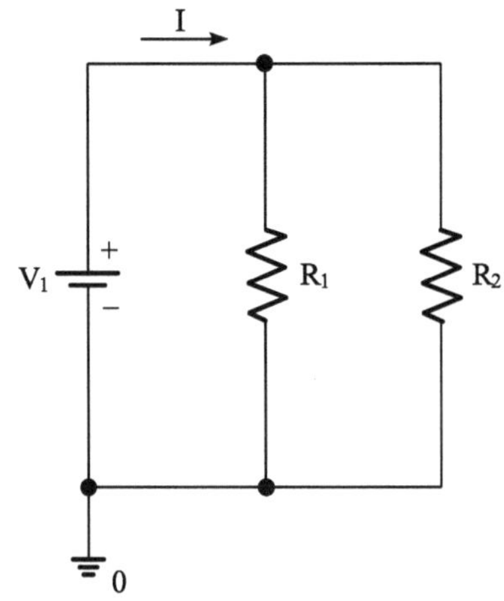

제5장

직 · 병렬 조합회로

이 장에서는 직 · 병렬 조합회로의 중요한 형태를 소개한다. 이러한 회로로는 저항성 부하를 가진 전압 분배기, 사다리형 회로망 및 휘스톤 브리지 회로 등이 있다. 직 · 병렬회로 해석에는 오옴의 법칙, 키르히호프의 전압과 전류의 법칙 및 앞 장에서 배운 총 합성저항과 전체 전력을 구하는 방법이 사용된다. 특히, 부하가 걸려 있는 전압 분배기에 관한 내용은 매우 중요하다. 이러한 형태의 회로는 실제 상황에서 자주 만나게 되기 때문이다. 휘스톤 브리지는 미지의 파라미터를 측정하기 위한 여러 가지 자동화회로 시스템에 사용된다.

1. 직 · 병렬회로
2. 직 · 병렬 조합회로 해석
3. 부하저항을 갖는 전압 분배기
4. 휘스톤 브리지
5. 실험 및 실습

주요 용어

저항 직 · 병렬 조합회로, 전압 분배기, 평형 휘스톤 브리지 회로, 불평형 휘스톤 브리지 회로

1. 직 · 병렬회로

학습 목표	1. 회로의 각 저항들 간의 연결 관계를 이해할 수 있다. 2. 직 · 병렬회로의 조합을 표현하고 설명할 수 있다.

가. 직 · 병렬 조합

그림 5-1 (a)는 저항의 간단한 직 · 병렬 조합을 나타내고 있다. A점에서 B점까지의 저항성분은 R_1이다. B점에서 C 점까지 저항 성분은 R_2와 R_3의 병렬값인 $(R_2 \parallel R_3)$이다. A점에서 C 점까지의 저항 성분은 그림 5-1(b)에 나타낸 바와 같이 R_2와 R_3의 병렬연결에 R_1이 직렬 연결된 것이다.

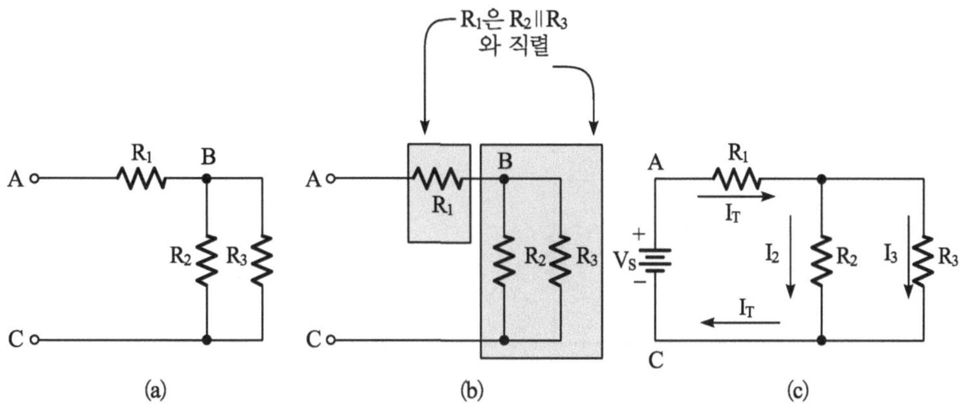

【그림 5-1】 직 · 병렬 조합회로

그림 5-1 (a)의 회로를 그림 5-1 (c)에서와 같이 전압원을 연결하면 전체 전류는 R_1을 지나, B점에서 두 병렬 경로로 나뉘어서 흐른다. 이 두 가지 전류는 다시 합해져 그림에서와 같이 전체 전류는 전원의 음의 단자로 흘러들어 간다.

그림 5-2 (a)에서 저항 (R_4)을 R_1에 추가로 직렬 연결한다. A와 B 점 사이의 저항성

분은 이제 R_1+R_4가 되며, 이 저항들은 그림 5-2 (b)에서 설명한 바와 같이 R_2와 R_3의 병렬 연결에 직렬로 연결된다.

그림 5-3 (a)에서는 R_5가 R_2에 직렬로 연결된다. 그러면 R_2와 R_5의 직렬이 R_3에 병렬로 연결되어진다. 이 직 · 병렬 조합회로는 그림 5-3 (b)과 같이 R_1+R_4의 직렬과 직렬로 연결된다.

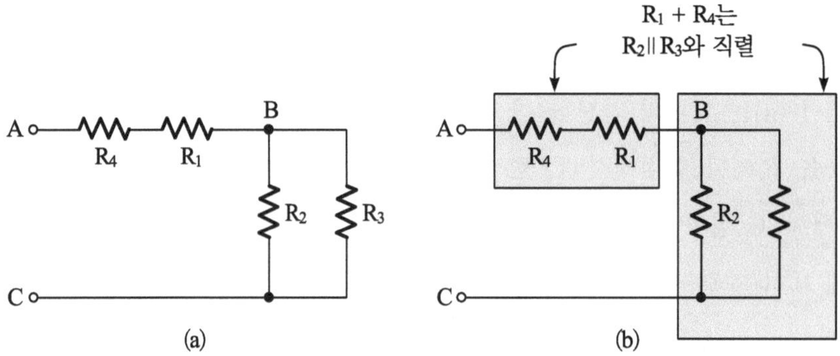

【그림 5-2】 R_1에 직렬로 R_4가 추가된 회로

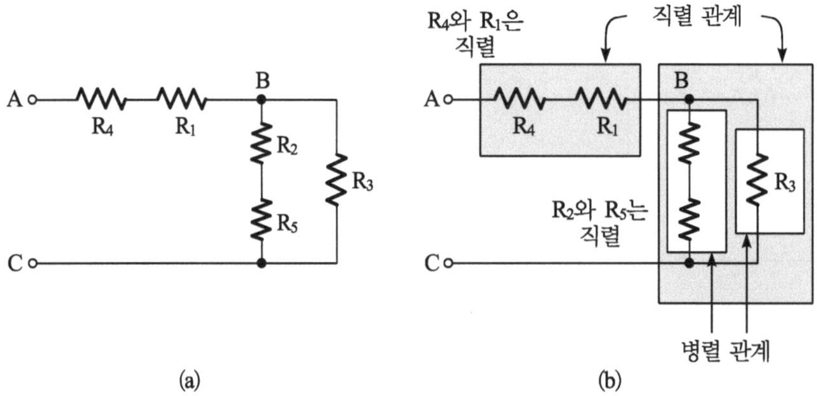

【그림 5-3】 R_5가 R_2에 직렬로 추가된 회로

그림 5-4 (a)에서는 R_6가 R_1과 R_4의 직렬 회로에 병렬로 연결된 것이다. 그 결과 그림 5-4 (b)와 같이 R_1, R_4 및 R_6의 직 · 병렬회로와 R_2, R_3 및 R_5의 직 · 병렬회로가 직렬로 연결된다.

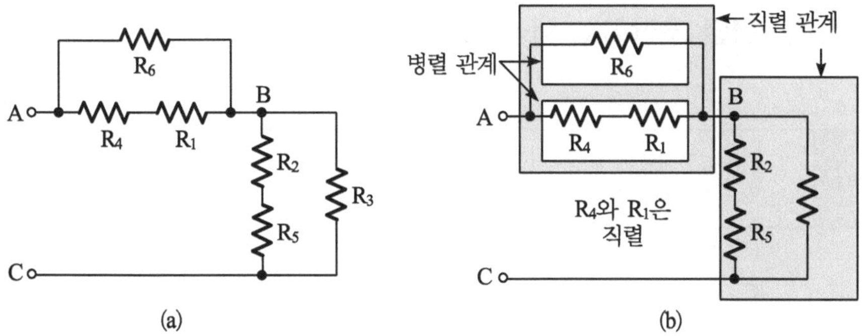

【그림 5-4】 R_6가 R_1과 R_4의 직렬에 병렬로 추가된 회로

예제 5-1 다음 그림 5-5의 회로에서 저항의 직·병렬 관계를 설명하라.

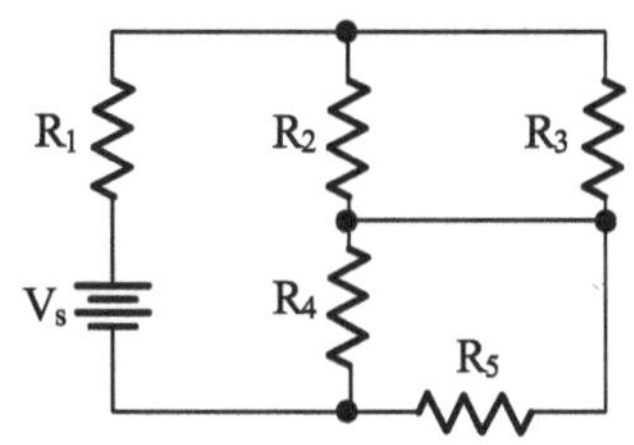

【그림 5-5】

풀 이

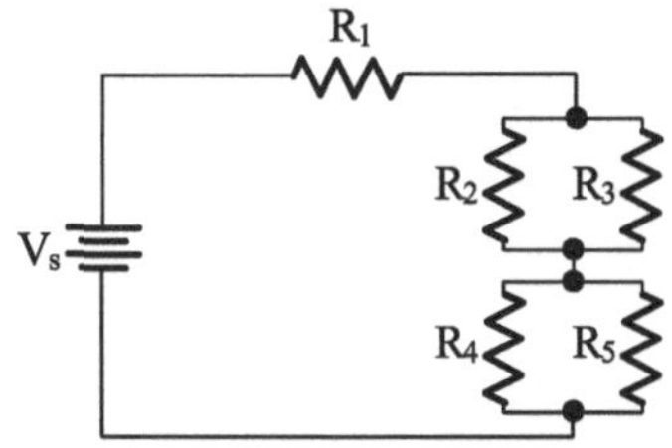

【그림 5-6】

그림 5-5의 직 · 병렬 조합 관계를 좀 더 쉽게 알아보기 위하여 회로의 배열을 다시해 그려보면 그림 5-6과 같이 나타낼 수 있다. 그림에서 보면 R_2와 R_3가 서로 병렬이고 또한, R_4와 R_5가 서로 병렬임을 알 수 있다. 두 병렬 조합은 R_1과 함께 서로 직렬 연결되어 있으며 다음과 같이 표현 할 수 있다. $R_1 + (R_2 \parallel R_3) + (R_4 \parallel R_5)$

2. 직 · 병렬 조합회로 해석

학습 목표	1. 직 · 병렬회로의 합성 저항값을 계산하고 설명할 수 있다. 2. 직 · 병렬회로의 모든 전류와 전압값을 계산하고 설명할 수 있다.

가. 직 · 병렬 합성저항

앞 장에서 직렬회로의 합성 저항 구하는 방법을 배웠고, 또한 총 병렬 합성저항을 구하는 법을 배웠다. 직 · 병렬회로의 총 합성저항 (R_T)을 구하기 위해서는 단순화된 직 · 병렬 관계를 정의하고 그런 후에 앞에서 배운 계산을 행하면 구할 수 있다.

예제 5-2 그림 5-7의 A점과 B 점사이의 총 저항 R_T를 구하라.

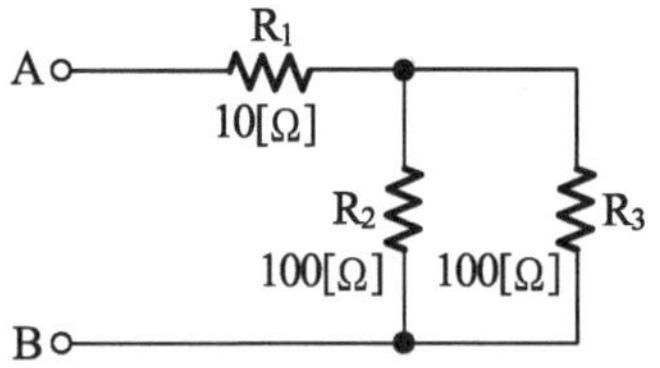

【그림 5-7】

풀 이 먼저 R_2와 R_3의 병렬 등가 저항을 계산한다. R_2와 R_3가 동일한 값이므로

$$R_{2-3} = \frac{R}{n} = \frac{100\Omega}{2} = 50\ \Omega$$

여기서, R_{2-3}는 회로의 일부분에 대한 합성저항을 표시한 것으로, 전체 회로에 대한 총 합성저항 R_T와 구별하기 위하여 사용하였다. R_1과 R_{2-3}가 직렬이므로 다음과 같이 더해진다.

$$R_T = R_1 + R_{2-3} = 10\Omega + 50\Omega = 60\Omega$$

예제 5-3 그림 5-8 회로의 직 · 병렬 관계를 구하라

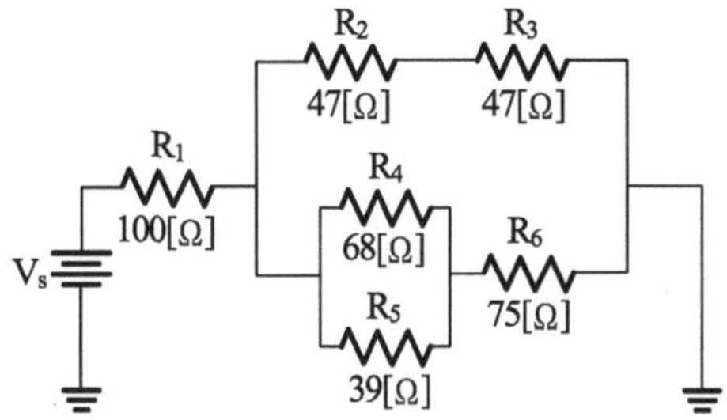

【그림 5-8】

풀 이 회로에서 위쪽 가지는 R_2와 R_3가 직렬이다. 이 직렬 조합을 R_{2-3}으로 표시하며, 이 값은 R_2+R_3와 같다.

$R_{2-3}=R_2+R_3=47\Omega+47\Omega=94\Omega$

아래쪽 가지는 R_4와 R_5의 병렬이 포함되어 있다. 이 병렬 조합을 R_{4-5}로 표시했으며, 이를 계산해보면

$$R_{4-5}=\frac{R_4R_5}{R_4+R_5}=\frac{(68\Omega)(39\Omega)}{68\Omega+39\Omega}=24.8\ \Omega$$

또한, 아래 쪽 가지에서는 R_4와 R_5의 병렬 조합이 R_6와 직렬 연결되어 있다. 이 직 · 병렬 조합을 R_{4-5-6}로 표시하였고, 이를 계산해보면

$R_{4-5-6}=R_6+R_{4-5}=75\,\Omega+24.8\,\Omega=99.8\,\Omega$

그림5-9는 간략화한 등가회로이다.

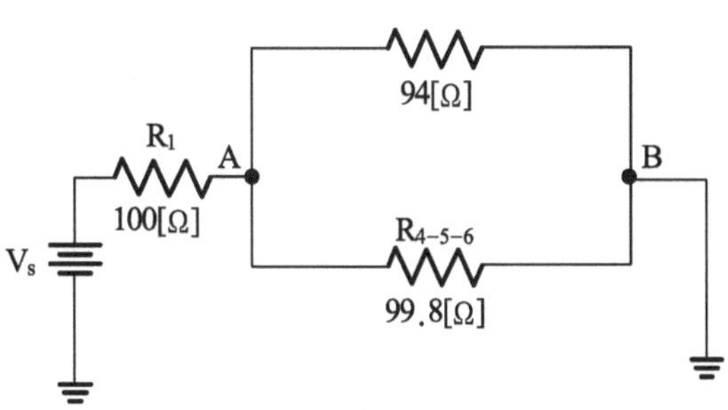

【그림 5-9】

나. 총 전류와 지로 전류

직·병렬회로의 총 합성저항과 전원 전압을 알고 있으면 오옴의 법칙을 적용하여 회로의 전체 전류를 알 수 있다. 전체 전류는 전원 전압을 총 합성저항으로 나눈 값이 된다.

$$I_T = \frac{V_S}{R_T} \tag{식 5-1}$$

그 예로 예제 5-2(그림 5-7)의 회로에서 총 전류를 구해보자. 이 때 전원 전압은 30V로 가정한다. 식 5-1에서

$I_T = \frac{V_S}{R_T} = \frac{30\,\text{V}}{60\,\Omega} = 0.5\text{mA}$ 가 된다.

전류 분배 공식, 키르히호프 전류법칙 및 오옴의 법칙을 이용하면 직·병렬회로의 어느 지로 전류라도 구할 수가 있다. 어떤 경우에는 구하고자 하는 전류를 계산하기 위해 여러 번 이들 공식의 적용을 반복해야 하는 경우도 있다.

예제 5-4 그림 5-10 회로에서 저항 R_2 및 R_3에 흐르는 전류를 구하라

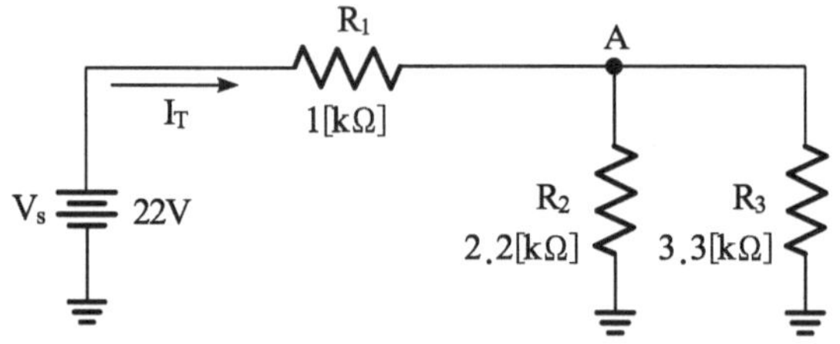

【그림 5-10】

풀 이 먼저 병렬 가지의 접합점 A로 얼마나 많은 전류가 유입되는지를 알아야 한다.

이것이 회로의 전체 전류이며, 이 I_T를 구하기 위해서는 전체 저항 R_T를 알아야 한다.

$$R_T = R_1 + \frac{R_2 R_3}{R_2 + R_3}$$

$$= 1\,\text{k}\Omega + \frac{(2.2\,\text{k}\Omega)(3.3\,\text{k}\Omega)}{2.2\,\text{k}\Omega + 3.3\,\text{k}\Omega} = 1\,\text{k}\Omega + 1.32\,\text{k}\Omega$$

$$= 2.32\,k\Omega$$

$$I_T = \frac{V_S}{R_T} = \frac{22\,\text{V}}{2.32\,\text{k}\Omega} = 9.48\,\text{mA}$$

두 개의 가지에 대한 전류 분배 법칙을 이용하여 R_2를 통해 흐르는 전류를 구해보면

$$I_2 = \left(\frac{R_3}{R_2 + R_3}\right) I_T = \left(\frac{3.3\,\text{k}\Omega}{5.5\,\text{k}\Omega}\right) 9.48\,\text{mA} = 5.69\,\text{mA}$$

키르히호프 전류 법칙을 이용하여 R_3에 흐르는 전류를 구해보면

$$I_T = I_2 + I_3$$

$$I_3 = I_T - I_2 = 9.48\,\text{mA} - 5.69\,\text{mA} = 3.79\,\text{mA}$$

예제 5-5 그림 5-11 회로에서 $V_S = 50\text{V}$일 경우 저항 R_4에 흐르는 전류를 구하라.

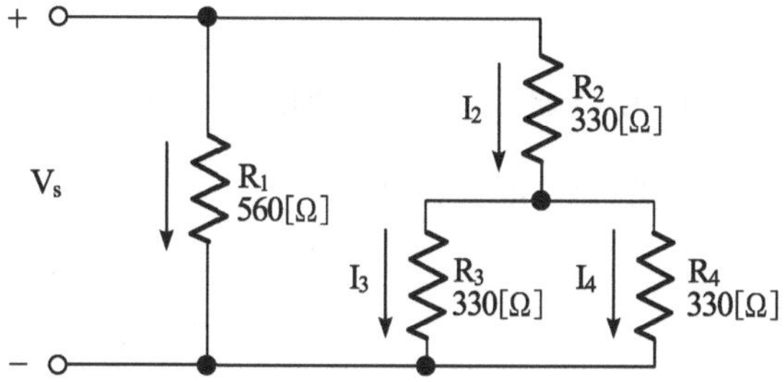

【그림 5-11】

풀 이 저항 R_3와 R_4의 접합점으로 흐르는 전류(I_2)를 구해야 한다. 일단 이 전류를 알면, I_4를 구하기 위해 전류 분배식을 이용한다.

이 회로는 두 개의 주된 지로가 있음에 유의하자. 가장 왼쪽의 지로는 R_1으로만 구성되어 있다. 오른쪽의 지로는 R_2와 직렬 연결된 R_3와 R_4의 병렬 결합으로 이루어져 있다. 이들 두 주지로의 전압은 동

일하며 50V이다. 우측의 주지로의 등가 저항(R_{2-3-4})를 계산하고 오옴의 법칙을 적용하여 R_3와 R_4의 접합점에서의 전류(I_2)를 구할 수 있다. 왜냐하면 이 전류는 이 주지로의 전체 전류이기 때문이다. 따라서

$$R_{2-3-4} = R_2 + \frac{R_3 R_4}{R_3 + R_4} = 330\,\Omega + \frac{(330\,\Omega)(560\,\Omega)}{890\,\Omega} = 538\,\Omega$$

$$I_2 = \frac{V_S}{R_{2-3-4}} = \frac{50\,\text{V}}{538\,\Omega} = 93\,\text{mA}$$

이다. 전류 분배 공식을 이용하여 I_4를 구해 보면

$$I_4 = \left(\frac{R_3}{R_3 + R_4}\right) I_2 = \left(\frac{330\,\Omega}{890\,\Omega}\right) 93\,\text{mA} = 34.5\,\text{mA}$$

다. 전압강하

흔히 직·병렬회로에서 어떤 부분의 양단 전압을 구해야 할 경우가 있다. 이 경우 전압 분배식과 키르히호프 전압 법칙 및 오옴의 법칙을 사용하여 이들 전압을 구할 수가 있다.

예제 5-6 그림 5-12에서 접합점 A에서 GND까지의 전압 강하를 구하고 R_1의 양단 전압(V_1)을 구하라.

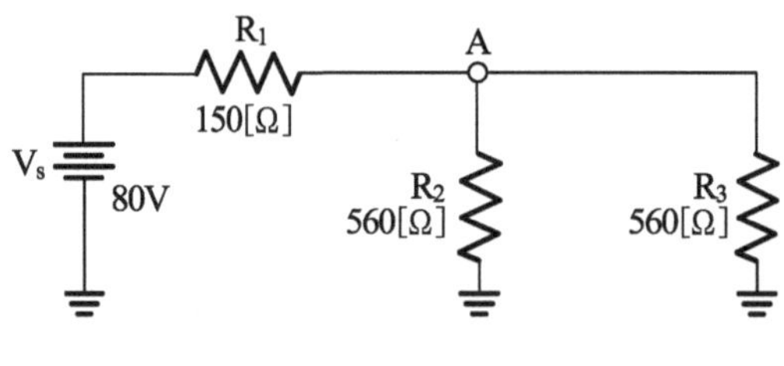

【그림 5-12】

풀 이 이 회로에서 R_2와 R_3가 병렬 연결되어 있고, 저항의 크기가 서로 같기 때문에 점 A와 그라운드 사이의 등가 저항은

$$R_{AG} = \frac{560\,\Omega}{2} = 280\,\Omega$$

이다. 그림 5-13에서 보인 등가 회로에서 R_1은 R_{AG}에 직렬이다. 전원에서 바라본 회로의 총 합성저항은

$R_T = R_1 + R_{AG} = 150\,\Omega + 280\,\Omega = 430\,\Omega$

이다. 이제 전압 분배식을 사용하여 그림 5-12의 병렬 부분 양단의 전압(점 A와 그라운드 사이)을 구해 보면

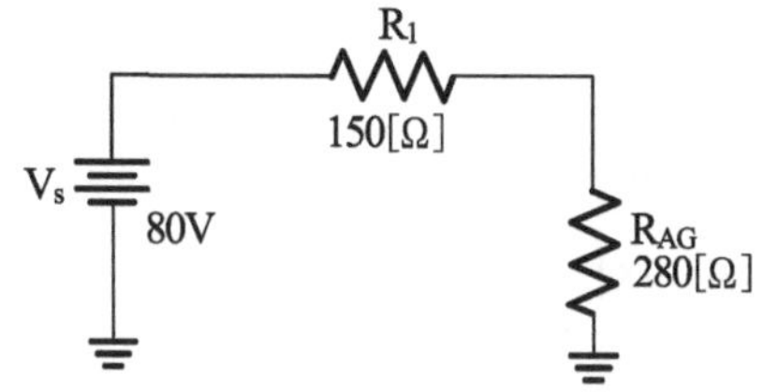

【그림 5-13】

$$V_{AG} = \left(\frac{R_{AG}}{R_T}\right) V_S = \left(\frac{280\,\Omega}{430\,\Omega}\right) 80\,\text{V} = 52.1\,\text{V}$$

키르히호프 전압 법칙을 사용하여 V_1을 구해 보면

$V_S = V_1 + V_{AG}$

$V_1 = V_S - V_{AG} = 80\,\text{V} - 52.1\,\text{V} = 27.9\,\text{V}$

예제 5-7 그림 5-14의 회로에서 각 저항양단의 전압을 구하라.

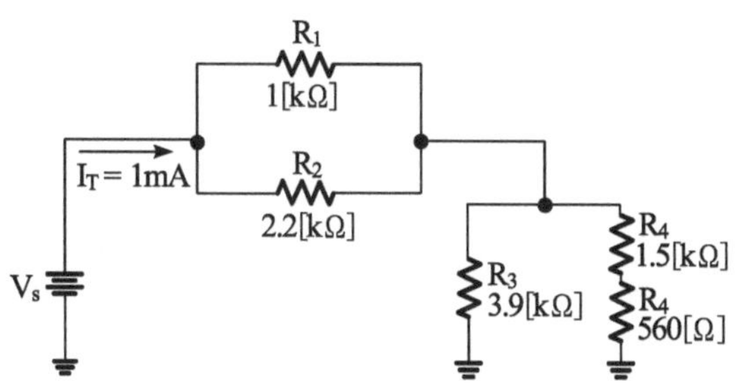

【그림 5-14】

풀 이 R_1과 R_2가 병렬이므로 동일한 전압이 걸린다. 따라서 R_1에 흐르는 전류는

$$I_1 = \left(\frac{R_2}{R_1 + R_2}\right) I_T = \left(\frac{2.2\,\mathrm{k\Omega}}{3.2\,\mathrm{k\Omega}}\right) 1\,\mathrm{mA} = 688\,\mu\mathrm{A}$$

이다. R_1과 R_2의 양단 전압은

$$V_1 = I_1 R_1 = (688\,\mu\mathrm{A})(1\,\mathrm{k\Omega}) = 688\,\mathrm{mV}$$

$$V_2 = V_1 = 688\,\mathrm{mV}$$

이다. 여기서 전류 분배식을 적용하여 R_3에 흐르는 전류를 구해보면

$$I_3 = \left[\frac{R_4 + R_5}{R_3 + (R_4 + R_5)}\right] I_T = \left(\frac{2.06\,\mathrm{k\Omega}}{5.96\,\mathrm{k\Omega}}\right) 1\,\mathrm{mA} = 346\,\mu\mathrm{A}$$

R_3 양단의 전압은

$$V_3 = I_3\, R_3 = (346\,\mu\mathrm{A})(3.9\,\mathrm{k\Omega}) = 1.35\,\mathrm{V}$$

이다.

R_4와 R_5의 전류는 이들 저항이 직렬로 연결되어 있으므로 동일하다.

$$I_4 = I_5 = I_T - I_3 = 1\,\mathrm{mA} - 346\,\mu\mathrm{A} = 654\,\mu\mathrm{A}$$

R_4와 R_5의 양단 전압은

$$V_4 = I_4 R_4 = (354\,\mu\mathrm{A})(1.5\,\mathrm{k\Omega}) = 981\,\mathrm{mV}$$

$$V_5 = I_5 R_5 = (654\,\mu\mathrm{A})(560\,\Omega) = 366\,\mathrm{mV}$$ 이다.

예제 5-8 그림 5-15의 회로에서 각 저항 양단의 전압을 구하라.

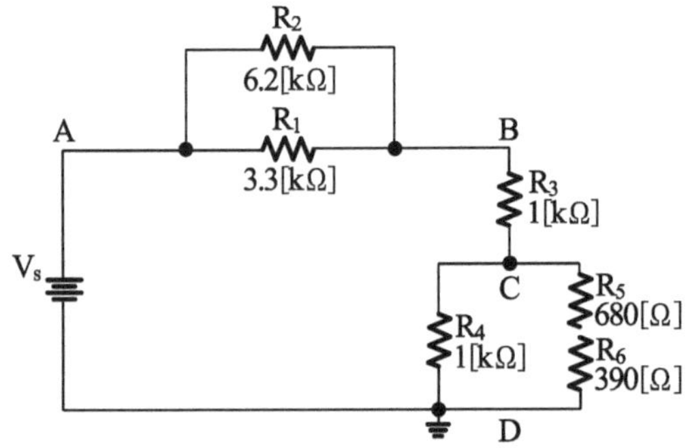

【그림 5-15】

풀 이 전체 전압이 그림에서 주어져 있으므로, 전압 분배 공식을 사용한다. 우선 각 병렬 부분들을 등가 저항으로 바꾸어야 하는데, R_1과 R_2는 점 A와 B 사이에서 병렬로 연결되어 있으므로

$$R_{AB} = \frac{R_1 R_2}{R_1 + R_2} = \frac{(3.3\,\text{k}\Omega)(6.2\,\text{k}\Omega)}{9.5\,\text{k}\Omega} = 2.15\,\text{k}\Omega$$

또한, R_4는 점 C와 D 사이에서 R_5와 R_6의 직렬 결합과 병렬로 연결되어 있으므로, 이들의 합성값은

$$R_{CD} = \frac{R_4(R_5 + R_6)}{R_4 + R_5 + R_6} = \frac{(1\,\text{k}\Omega)(1.07\,\text{k}\Omega)}{2.07\,\text{k}\Omega} = 517\,\Omega$$

위의 회로에 대한 등가회로를 그림 5-16에 나타내었으며, 이 회로의 총 합성 저항은

$$R_T = R_{AB} + R_3 + R_{CD} = 2.15\,\text{k}\Omega + 1\,\text{k}\Omega + 517\,\text{k}\Omega$$
$$= 3.67\,k\Omega$$

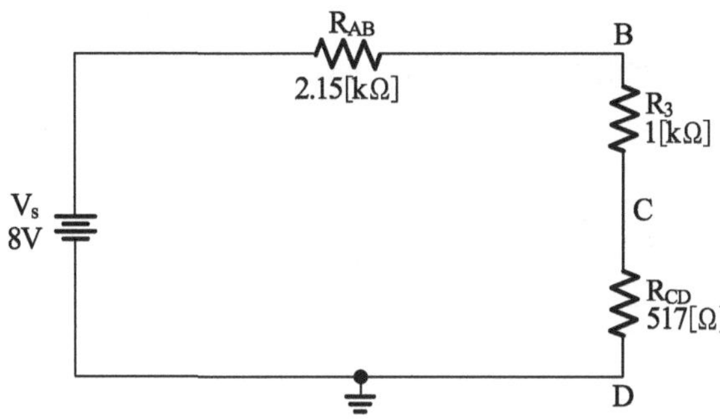

【그림 5-16】

이제 전압 분배 공식을 사용하여 등가 회로에서의 전압들을 계산해 보면

$$V_{AB} = \left(\frac{R_{AB}}{R_T}\right)V_S = \left(\frac{2.15\,\text{k}\Omega}{3.67\,\text{k}\Omega}\right)8\,\text{V} = 4.69\,\text{V}$$

$$V_{CD} = \left(\frac{R_{CD}}{R_T}\right)V_S = \left(\frac{517\,\Omega}{3.67\,\Omega}\right)8\,\text{V} = 1.13\,\text{V}$$

$$V_3 = \left(\frac{R_3}{R_T}\right)V_S = \left(\frac{1\,\text{k}\Omega}{3.67\,\text{k}\Omega}\right)8\,\text{V} = 2.18\,\text{V}$$

그림 5-15에서 V_{AB}는 R_1과 R_2의 양단전압과 같으므로

$$V_1 = V_2 = V_{AB} = 4.69\text{V}$$

V_{CD}는 R_4, 그리고 R_5와 R_6의 직렬 부분 양단의 전압이므로

$$V_4 = V_{CD} = 1.13\text{V}$$

여기서 R_5와 R_6의 직렬 부분에 전압분배 공식을 사용하면 V_5와 V_6를 구할 수 있다.

$$V_5 = \left(\frac{R_5}{R_5 + R_6}\right)V_{CD} = \left(\frac{680\,\Omega}{1070\,\Omega}\right)1.13\text{V} = 714\text{mV}$$

$$V_6 = \left(\frac{R_6}{R_5 + R_6}\right)V_{CD} = \left(\frac{390\,\Omega}{1070\,\Omega}\right)1.13\text{V} = 412\text{mV}$$

3. 부하저항을 갖는 전압 분배기

학습 목표	1. 전압 분배기회로의 저항성 부하에 의한 영향을 이해하고 설명할 수 있다. 2. 전압계가 측정 전압값을 변화시키는 이유를 이해하고 설명할 수 있다

그림 5-17(a)의 전압 분배기회로는, 두 저항의 크기가 같기 때문에, 출력 전압(V_{OUT})이 5 V이다. 이 전압은 무부하시 출력전압(unloaded output voltage)이다. 그림 5-17(b)에서와 같이 부하저항 R_L이 출력 단자에 연결되면 출력전압은 R_L의 값에 따르는 임의의 크기만큼 감소한다. 이는 부하저항 R_L이 R_2와 병렬연결 되므로, A점에서 접지점 사이의 저항 성분이 감소되고, 그 결과 병렬 부분 양단의 전압이 감소되기 때문이다. 이것이 전압 분배기의 부하(load)에 의한 한 가지 효과이고 또 다른 부하 효과는 회로의 총 합성 저항이 감소되기 때문에 전원으로부터 더 많은 전류가 부하로 흐른다는 것이다.

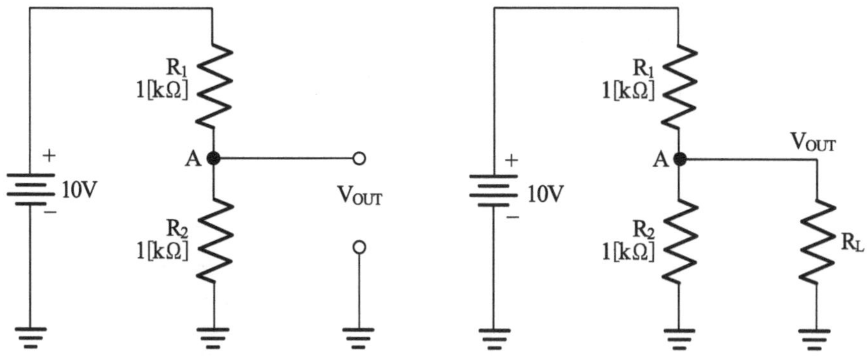

(b) 무부하 (a) 부하

【그림 5-17】 무부하일 때와 부하가 있을 때의 전압 분배기 회로

R_L이 R_2에 비해 클수록 그림 5-18에서 설명하는 것과 같이 출력 전압은 무부하시의 값으로부터 감소하는 폭이 줄어든다. 두 개의 저항이 병렬로 연결되었을 때 한 저항의 크기가 다른 저항에 비해 상당히 크다면 합성저항의 크기는 크기가 작은 저항값에 근사하게 된다.

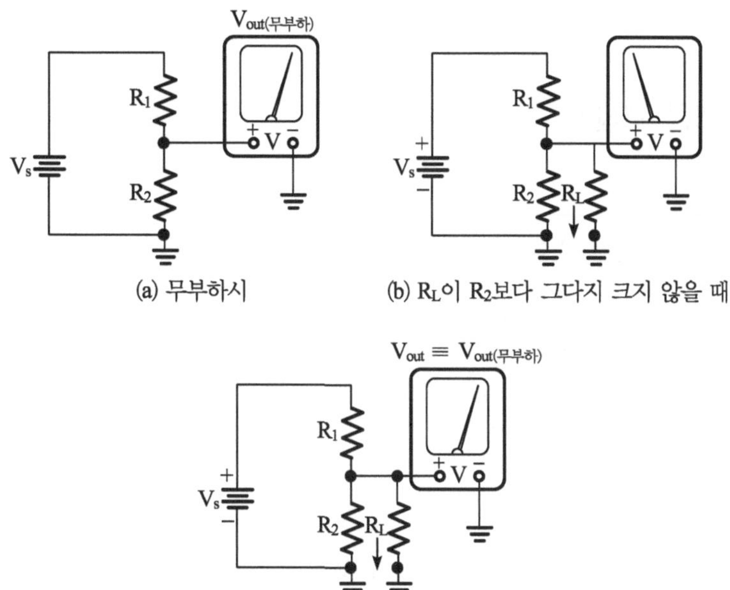

(a) 무부하시 (b) R_L이 R_2보다 그다지 크지 않을 때

(c) R_L이 R_2보다 상당히 클 때

【그림 5-18】 부하 저항의 크기에 의한 영향

예제 5-9 그림 5-19의 회로에서 V_S 의 전압은 10V라 했을 때 R_1 또는 R_2에서 전압계의 측정값은 4.04V 이었다. 어떤 현상이 일어나 전압강하가 생겼는지 설명하라.

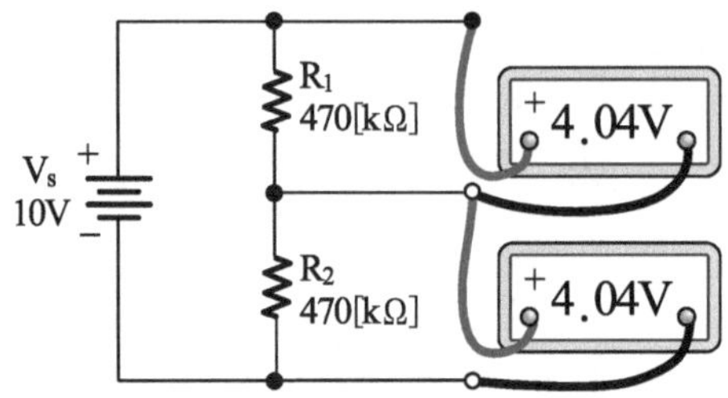

【그림 5-19】

풀 이 전압계는 내부 저항을 가지고 있어, 이로 인해 시험중인 회로의 저항에 변화를 가져 온다. 이 경우에, 전압계의 1 MΩ의 내부 저항으로 인해 측정값이 변화된 것이다.

4. 휘스톤 브리지

학습 목표	1. 브리지의 평형 조건을 이해, 계산하고 설명할 수 있다. 2. 평형 브리지를 이용한 미지 저항값을 계산할 수 있다. 3. 브리지의 불평형 조건을 이해, 계산하고 설명할 수 있다. 2. 불평형 브리지를 이용한 측정 방법을 이해하고 설명할 수 있다.

가. 휘스톤 브리지

그림 5-20(a)의 회로를 휘스톤 브리지(Wheatstone bridge)라고 하며, 그림 5-20(b)는 전기적으로 동일한 회로를 다른 방식으로 나타낸 것이다.

브리지는 출력단자인 A와 B 사이의 전압이 0일 때, 즉 $V_A = V_B$일 때 평형이 되었다고 한다. 그림 5-20(b)에서 $V_A = V_B$ 이면, $V_{R1} = V_{R2}$ 이다. 왜냐하면, R_1과 R_2의 위쪽이 동일한 점에 연결되어 있기 때문이다. 또한 $V_{R3} = V_{R4}$이다. R_3과 R_4의 아래쪽이 동일한 점에 연결되어 있기 때문이다. 전압의 비는

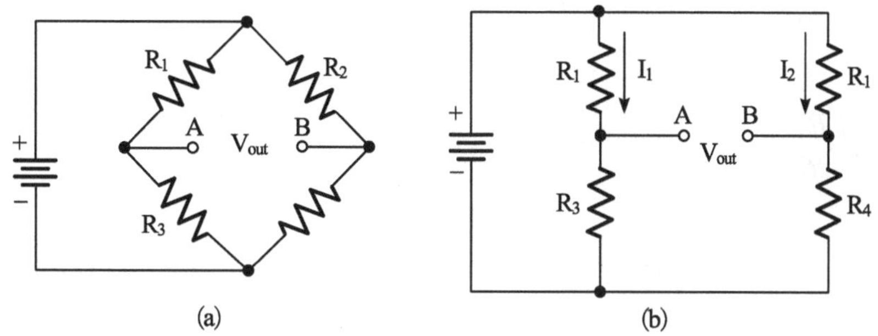

【그림 5-20】 휘스톤 브리지 회로

$$\frac{V_1}{V_3} = \frac{V_2}{V_4} \qquad \text{(식 5-2)}$$

오옴의 법칙을 대입하면

$$\frac{I_1 R_1}{I_1 R_3} = \frac{I_2 R_2}{I_2 R_4} \qquad \text{(식 5-3)}$$

전류를 약분하면

$$\frac{R_1}{R_3} = \frac{R_2}{R_4} \qquad \text{(식 5-4)}$$

가 된다. 이를 R_1에 대해 정리하면

$$R_1 = R_3\left(\frac{R_2}{R_4}\right) \qquad \text{(식 5-5)}$$

이 공식은 미지의 저항값을 계산하는데 사용된다.

(1) 평형 휘스톤 브리지를 이용한 미지의 저항 계산

그림 5-21 회로에서 가변저항 R_V를 식 5-5의 R_3로 사용한다. 또 R_2 / R_4의 비를 임의의 값으로 설정한다. 여기서 R_V를 조정하여 브릿지가 평형을 이루면 이때 R_V와 R_2 / R_4 비의 곱이 R_1과 같으며, 이 미지저항(R_x)은

$$R_x = R_V\left(\frac{R_2}{R_4}\right) \qquad \text{(식 5–6)}$$

출력 단자의 전압이 0($V_{AC} = V_{AD}$)일 때 브리지는 평형을 이룬다. 검류계(영점이 눈금판의 중앙에 있어서 양쪽 방향의 미소 전류를 측정할 수 있는 계측기)를 출력단자에 연결하고 검류계가 전류가 영($V_A = V_B$, 평형상태 의미)을 지시할 때까지 R_V를 조정하면 브릿지는 평형상태가 된다. R_V의 조정값에 R_2/R_4의 비를 곱하면 R_x값을 얻을 수 있다. 그림 5-21은 위의 설명을 나타낸 그림이다. 예를 들어 $R_2 / R_4 = 1/10$이고 $R_V = 680\Omega$ 이면 $R_x = (680\Omega)(1/10) = 68\Omega$ 이다.

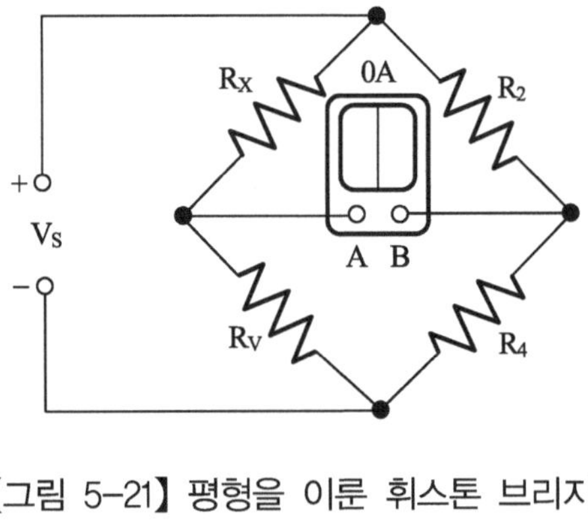

【그림 5-21】 평형을 이룬 휘스톤 브리지

예제5-10 그림 5-22의 브리지 평형 상태에서 R_X는 얼마인가?

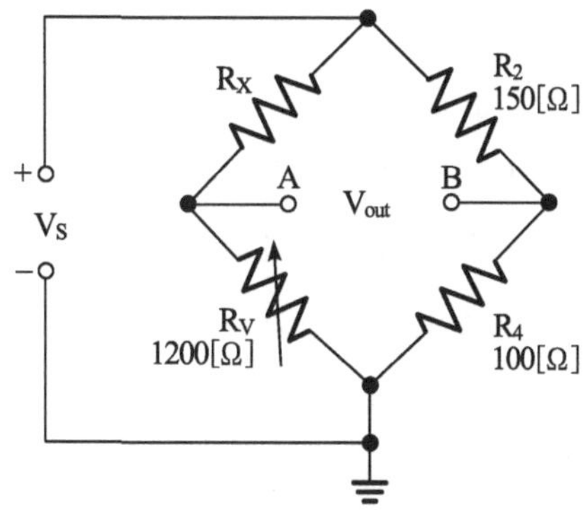

【그림 5-22】

풀 이 $R_X = \frac{R_2}{R_4} R_V = \frac{150}{100} \times 1200 = 1800\Omega$

예제5-11 그림 5-23의 브리지 평형 상태에서 R_2의 값은 얼마인가?

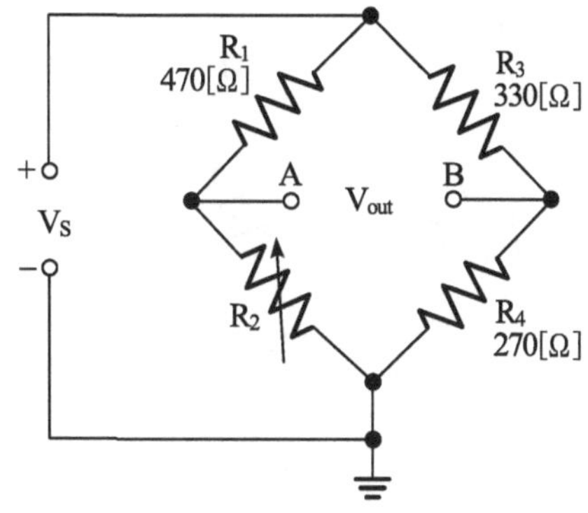

【그림 5-23】

풀 이 $R_1 R_4 = R_2 R_3$(브리지의 평형조건)에서

$$R_2 = \frac{R_1 R_4}{R_3} = \frac{470 \times 270}{330} = 384.5\Omega$$

(2) 불평형 휘스톤 브리지를 이용한 미지의 저항 계산

휘스톤 브리지회로에서 불평형 브리지 조건은 V_{out}이 0이되지 않은 때 발생한다. 이러한 불평형 브리지는 기계적 변형이나 온도 또는 압력과 같은 물리적인 양을 측정하는데 응용된다.

한 응용 예는 온도의 정밀 측정으로, 서미스터와 같은 온도 감지 소자를 그림 5-24와 같이 휘스톤 브리지에 연결한다.

브리지의 출력전압을 유용한 크기의 전압으로 크게 하기 위해 증폭기를 A와 B의 출력 단자에 연결한다. 그리고 특정의 기준 온도에서 평형을 이루도록 조정한다.

이 회로에서는 온도가 25℃에서 평형상태이고 만일온도가 변하면 이에 비례하여 감지소자인 서미스터의 저항도 변하게 되며 브리지의 평형도 깨어진다.

그 결과, V_{AB}가 변화하게 되고 $V_{out} = V_A - V_B$이므로 이 값이 증폭되어 아날로그 게이지 또는 디지털 표시부의 온도 지시를 위한 형식으로 변환된다.

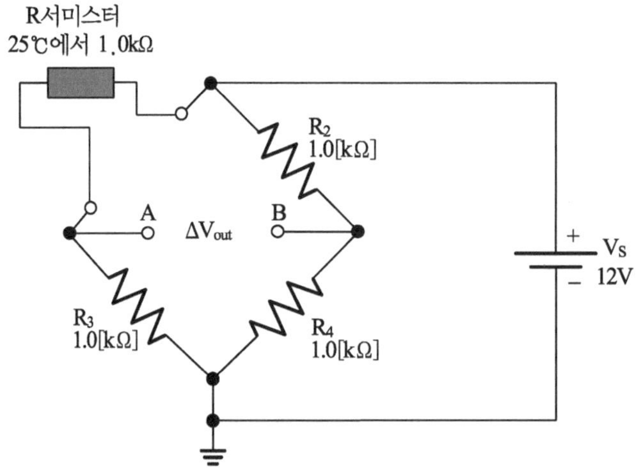

【그림 5-24】 온도 측정을 위한 휘스톤 브리지

5. 실험 및 실습

【실험 5-1】 저항의 직 · 병렬 조합회로

【실험 목표】

1. 저항을 사용한 직렬과 병렬 조합회로에서의 합성저항을 계산 계산하고 측정한다.
2. 직렬과 병렬 조합회로 전압-전류 관계를 이해한다.

【사용 재료】

부품	규격	수량	비고
저항	1[kΩ](1/4[W]), 4.7[kΩ](1/4[W]), 10[kΩ](1/4[W])	각 3개	
스위치	2단자	3개	
리드선	브레드보드용	1[m] 정도	

【계측기 및 장비】

계측기 및 장비	용도	수량	비고
브레드보드	실험회로 구성용	1장	
멀티 미터	전압 및 전류 크기 측정	1대	
전원 공급 장치	실험 회로 전원 공급	1대	

【회로도】

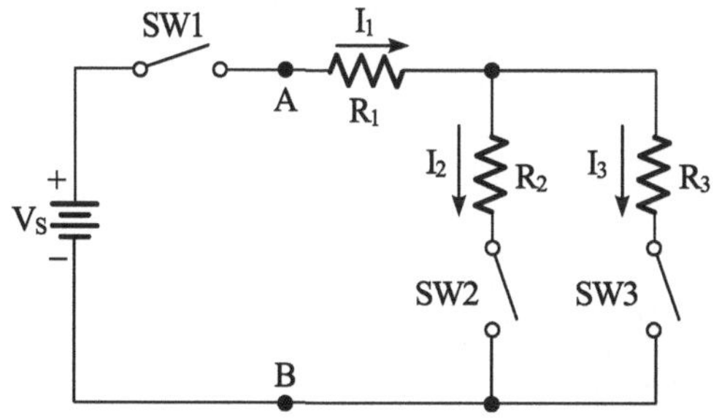

【그림 5-25】 3개의 저항으로 구성된 직병렬 조합회로

【실험 순서】

1. 3개의 저항 R_1=1[kΩ], R_2=1[kΩ], R_3=1[kΩ]을 선택하여 그림 5-25의 회로를 구성한다. 이때 전원 V_s는 직류전압 10[V]로 인가한다.
2. 그림 5-25 회로에서 스위치 $SW1$를 개방(OFF)한 상태에서 전체 합성저항 R을 멀티미터로 측정하여 표 5-1에 기록한다.
3. 스위치 $SW1$대신 전류계를 연결하여 전체 전류 I 를 측정하여 표 5-1에 기록한다.
4. 스위치 $SW1$를 닫고 병렬 저항 R_2, R_3의 양단에 걸리는 전압 V_{2-3}을 측정한 후 표 5-2에 기록한다.
5. 스위치 $SW1$를 닫고 스위치 $SW2$과 $SW3$부분을 이용하여 병렬 저항 R_2, R_3에 흐르는 전류 I_1, I_2를 측정하여 표 5-2에 기록한다.
6. 저항 R_2, R_3를 표 5-1 혹은 표 5-2에 기재된 값으로 변화시키면서 실험 순서 2번에서 5번 과정을 반복한다.
7. 이론값과 측정값을 비교하여본다.

【표 5-1】 직병렬 저항 조합회로 실험 결과 1

저항값			합성저항 R_T		전체전류 I	
R_1	R_2	R_3	이론값	측정값	이론값	측정값
1[kΩ]	1[kΩ]	1[kΩ]				
1[kΩ]	4.7[kΩ]	4.7[kΩ]				
1[kΩ]	10[kΩ]	10[kΩ]				

【표 5-2】 직병렬 저항 조합회로 실험 결과2

저항값			전압 V_{2-3}		I_1		I_2	
R_1	R_2	R_3	이론값	측정값	이론값	측정값	이론값	측정값
1[kΩ]	1[kΩ]	1[kΩ]						
1[kΩ]	4.7[kΩ]	4.7[kΩ]						
1[kΩ]	10[kΩ]	10[kΩ]						

【평가】

1. 측정값과 이론값을 비교해본다. 오차가 있다면 그 이유에 대해 알아보자.
2. 실험결과에서 구한 합성 저항(R_T)를 이용 3개의 직병렬 저항 조합회로에 대한 등가회로 3개를 그려보자.

【심화 실험】

1. 임의로 저항의 직병렬 조합을 바꾼 회로를 구성하고 입력 전압 V_s를 12[V]하여 전체 합성저항과 각 저항단의 전압과 전류를 측정하여 보자.

【실험 5-2】 휘스톤 브리지 회로

【실험 목표】

1. 평형 휘스톤 브리지의 회로를 구성하고 동작 원리를 이해한다.
2. 평형 휘스톤 브리지회로를 이용하여 미지의 저항값을 실험적으로 구해 본다.

【사용재료】

부품	규격	수량	비고
저항	1[kΩ](1/4[W]), 2.2[kΩ](1/4[W]), 3[kΩ](1/4[W]) 5[kΩ](1/4[W]), 1[kΩ](1/4[W]), 10[kΩ](1/4[W])	각 1개	
가변저항	3단자 10[kΩ](1/2[W])	1개	
리드선	브레드보드용	1[m] 정도	

【계측기 및 장비】

계측기 및 장비	용도	수량	비고
브레드보드	실험회로 구성용	1장	
멀티 미터	전압 및 전류 크기 측정(디지털 및 아날로그)	1대	
전원 공급 장치	실험 회로 전원 공급	1대	

【회로도】

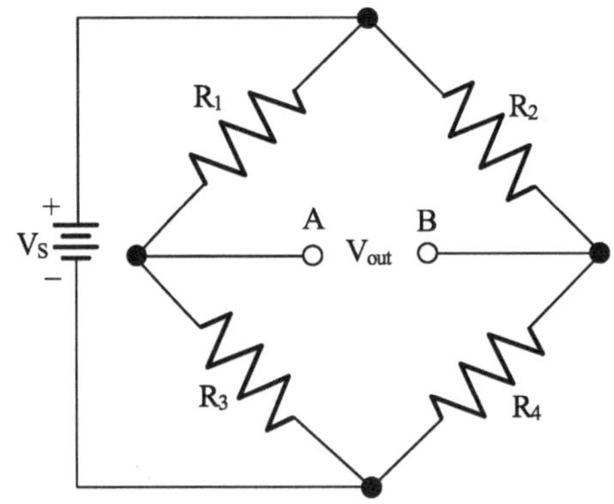

【그림 5-26】 휘스톤 브리지 회로

【실험 순서】

1. 저항 R_1=1[kΩ], R_2=2.2[kΩ], R_3=3[kΩ] 그리고 가변저항 R_4=10[kΩ]을 선택하여 그림 5-26의 휘스톤 브리지 회로를 구성한다. 이때 전원 V_s는 직류전압 10[V]로 인가한다.
2. 멀티미터를 이용하여 V_{OUT} 전압을 측정한다.
3. 가변저항 R_4를 V_{OUT}=0[V]이 될 때까지 저항값을 조절한다.
4. V_{OUT}=0[V] 이 되었을 때 가변저항 R_4 값을 멀티미터를 사용하여 측정하고 그 값을 표 5-3에 R_{x1} 에 기록한다.
5. 그림 5-26의 휘스톤 브리지 회로를 저항 R_1=5[kΩ], R_2=1[kΩ], R_3=10[kΩ]로 교체하고 가변저항 R_4=10[kΩ]을 선택하여 구성한다. 이때 전원 V_s는 직류전압 10[V]로 인가한다.
6. 실험 순서 2번에서 4번까지 반복하고 R_4 값을 멀티미터를 사용하여 측정하고 그 값을 표 5-3에 R_{x2}에 기록한다.

【표 5-3】 휘스톤 브리지 실험 결과

미지 저항	R_{x1}	R_{x2}
이론값[Ω]		
측정값[Ω]		
%오차		

【평가】

1. 이론값과 이론값을 비교해 본다. 오차가 있다면 그 이유에 대해 알아보자.
2. 휘스톤 브리지회로를 응용한 장치 또는 회로를 2개 이상 조사하여 동작 원리를 이해해 보자.

【심화 실험】

1. 휘스톤 브리지 회로에서 전압계 대신에 검류계를 사용하여 미지의 저항값을 측정하여 보자.

1. 직 · 병렬회로는 전류의 직렬 경로들과 병렬 경로들의 조합이다.
2. 직 · 병렬회로의 총 합성저항을 구하기 위해서는, 직렬과 병렬 관계를 확인하고 앞장에서 배운 직렬 저항과 병렬 저항에 관한 공식을 적용한다.
3. 전체 전류를 구하기 위해서는, 전체 전압을 총 합성저항으로 나눈다.
4. 지로 전류를 구하기 위해서는, 전류 분배공식, 키르히호프의 전류법칙, 또는 오옴의 법칙을 적용시키는데, 각각의 회로에 따라 가장 적당한 방법을 선택한다.
5. 직 · 병렬회로의 임의의 부분의 양단전압을 구하기 위해서는, 전압 분배공식, 키르히호프 전압법칙 또는 오옴의 법칙을 이용한다. 각각의 회로에 따라 가장 적당한 방법을 선택한다.
6. 전압 분배기 출력단에 부하 저항이 연결되면 출력 전압은 감소한다.
7. 휘스토운 브리지는 미지 저항을 측정할 수 있다.
8. 출력 전압이 0일 때 브릿지는 평형을 이룬다. 평형 상태일 때는 브리지의 출력 단자에 연결된 부하에 흐르는 전류는 0이다.
9. 회로의 개방과 단락이 가장 대표적인 회로의 고장 원인이다.
10. 저항이가 타버리는 경우에는 그 저항은 보통 개방되게 된다.

【완성형】

1. 직 · 병렬회로는 전류의 ( )과 병렬 경로들의 조합이다.

2. 직 · 병렬회로의 임의의 부분의 양단 전압을 구하기 위해서는, 전압 분배공식, ( ) 또는 오옴의 법칙을 이용한다.

3. 전압 분배기 출력단에 ( ) 저항이 연결되면 출력 전압은 ( )한다.

4. 평형 브리지 회로인 ( ) 회로는 미지 저항을 측정할 수 있다.

5. 출력 전압이 ( ) 일 때 브리지는 평형을 이룬다.

6. 휘스톤 브리지회로가 평형 상태일 때는 브리지의 출력 단자에 연결된 부하에 흐르는 전류는 ( )이다.

7. 저항이가 타버리는 경우에는 그 저항은 보통 ( )된다.

【서술형】

1. 직 · 병렬회로 해석에 필요한 회로 법칙과 공식을 열거하라.

2. 그림 5-27 회로에서 A와 B 사이의 총 합성저항을 구하라.

3. 그림 5-27 회로에서 R_3에 흐르는 전류를 구하라.

4. 그림 5-27 회로에서 R_2 양단의 전압강하를 구하라.

5. 그림 5-28 회로에서 전원에서 바라본 R_T와 I_T를 계산하라.

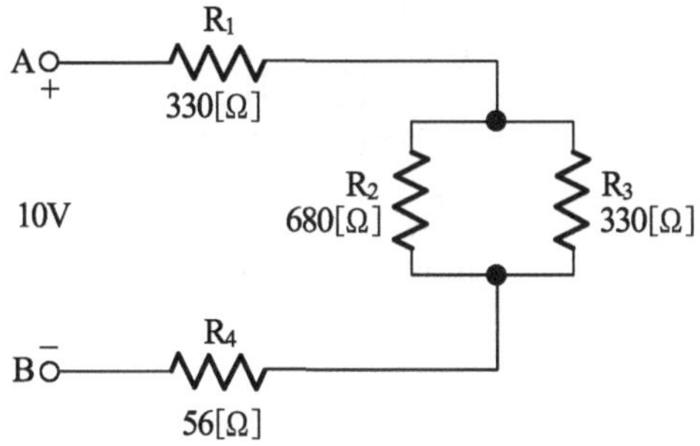

【그림 5-27】

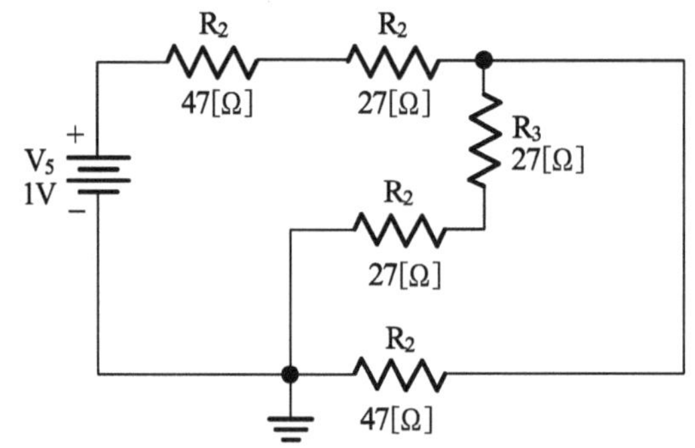

【그림 5-28】

6. 전압 분배기의 출력단에 부하 저항을 연결하였을 때, 이 부하저항이 출력전압에 어떤 영향을 미치는가?
7. 큰 값의 부하저항이 작은 값의 부하저항보다 출력 전압을 더 작게 변화시킨다.(참인가, 거짓인가?)
8. 기본적인 휘스토운 브리지 회로를 그려라.
9. 브리지의 평형 조건은?
10. 브리지가 평형일 때 미지 저항값을 계산하는 데 사용되는 공식은?
11. 그림 5-29에서 미지 저항값은 얼마인가?

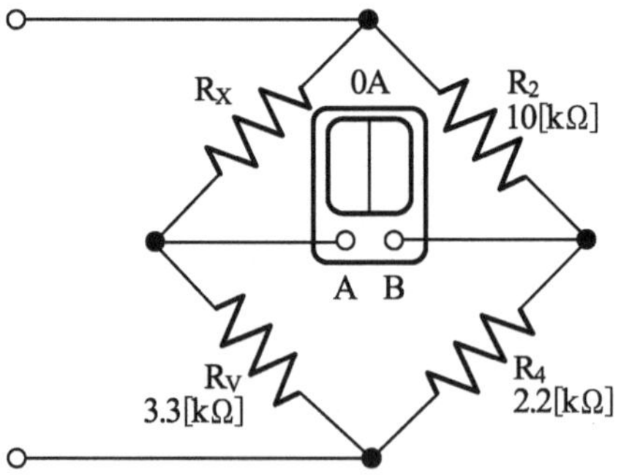

【그림 5-29】

제6장

전원 변환 및 회로 정리

이 단원에서는 정전압원 및 정전류원의 개념과 동작 특성을 이해하고, 상호 변환할 수 있는 과정을 학습한다. 또한, 중첩의 정리, 테브난 정리, 노턴의 정리를 사용하여 복잡한 전기회로를 해석하고, 이 과정을 통해 회로에 접속된 부하저항에 최대 전력을 전달할 수 있는 방법에 대하여 학습한다.

1. 정전압과 정전류원
2. 중첩의 정리
3. 테브난 및 노턴의 정리
4. 최대전력 전달 정리
5. 시뮬레이션
6. 실험 및 실습

주요 용어

정전압원, 정전류원, 중첩의 정리, 테브난의 정리, 노턴의 정리, 최대 전력 전달 정리

1. 정전압과 정전류원

학습 목표	1. 정전압원과 정전류원을 설명할 수 있다. 2. 정전압원과 정전류원을 상호 변환할 수 있다.

가. 정전압원과 정전류원

전기 에너지를 공급하는 발전기 또는 건전지와 같은 전원 장치는 외부에 접속된 부하의 변동에 따라서 전압 및 전류의 크기가 변한다. 이러한 현상이 발생하는 이유는 전원 장치는 내부 저항(교류인 경우에는 임피던스)을 지니고 있고, 이 저항에 전압 강하가 발생하기 때문이다. 전기 에너지를 사용하는 부하의 특성에 따라서 부하전압을 일정하게 유지하는 전원 장치를 사용할 수도 있고, 또는 부하전압의 변화에 따라서 부하전류를 일정하게 유지하는 전원 장치를 사용할 수도 있다.

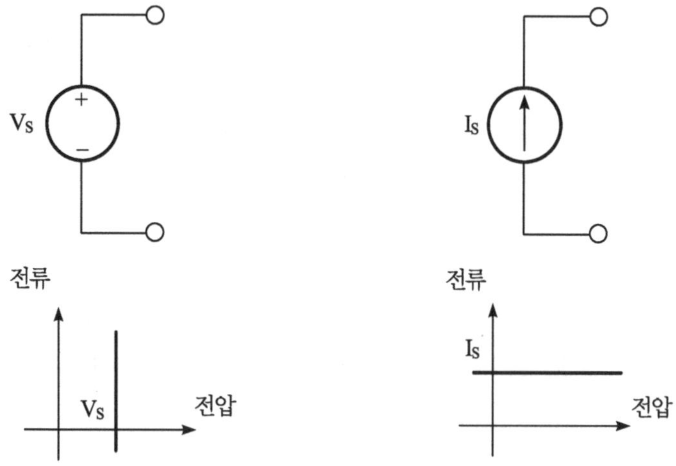

(a) 이상적인 전압원　　(b) 이상적인 전류원

【그림 6-1】 이상적인 전원 장치 표현

정전압원(Constant Voltage Source)은 전압이 일정하고 전류는 부하에 따라 변하는 전원 장치를 의미한다. 반면에 정전류원(Constant Current Source)은 전류가 일정하고 전압은 부하에 따라 변하는 전원 장치를 의미한다. 그림 6-1은 전원 장치의 내부 저항이 "0"인 이상적인 전압원과 전원 장치의 내부 저항이 "∞"인 이상적인 전류원의 기호 및 전압-전류 특성 곡선을 나타낸다. 실제로 사용되는 정전압원 또는 정전류원은 내부 저항을 포함하고 있으므로, 전류원과 병렬로 내부저항을 접속하거나, 전압원과 직렬로 내부 저항을 접속한 등가회로를 사용하여 전기회로를 해석한다. 그림 6-2는 전원 장치의 내부 저항을 고려한 전압원과 전류원의 등가회로 및 전압-전류 특성 곡선을 나타낸다.

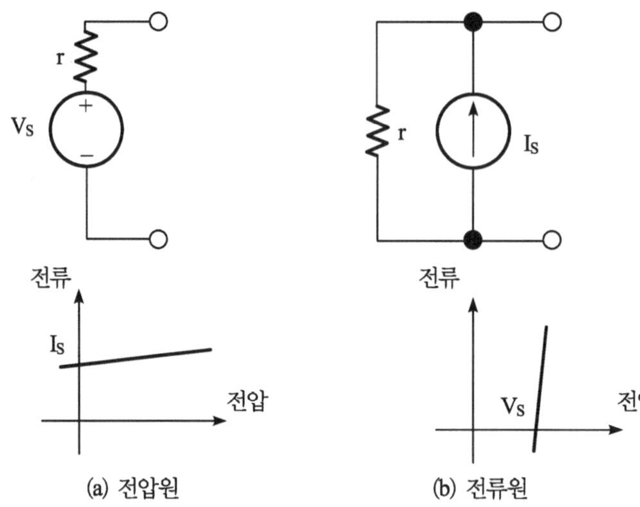

【그림 6-2】 실제 전원 장치 표현

그림 6-2에서 전압원의 출력 전압 VS가 10[V]이고, 내부 저항 10[Ω]이라고 가정하였을 때, 이 전원 장치에 정격 전압이 10[V]이고 내부 저항이 90[Ω]인 부하를 접속하면 부하에 공급되는 전압 VL은 식 6-1과 같이 구할 수 있다.

$$I = \frac{V}{r + R_L} = \frac{10}{10 + 90} = 0.1[\mathrm{A}]$$

$$V_L = I \times R_L = 0.1 \times 90 = 9[\mathrm{V}] \qquad \text{(식 6-1)}$$

따라서 전압원이 부하에 공급하는 전압은 내부 전압 강하 1[V]를 제외한 9[V]이므로 부하는 정격 전압을 공급받지 못하므로 오동작을 할 수도 있다. 만일 전압원의 내부 저항이 "0"인 이상적인 전압원일 경우에는 내부 전압 강하가 없으므로 10[V]의 정격 전압 모두를 공급받게 된다. 실제로 제작되어 사용되고 있는 전압원 전원 장치는 부하 저항의 변화에 따라서 전압의 변동을 최소화할 수 있는 설계 방식을 채택하고 있다.

예제 6-1 그림 6-3은 출력 전압 V_S=24[V]이고, 내부 저항 r=4[Ω]인 DC 전원 장치를 사용하여 정격 전압이 24[V]이고 부하저항 R_L=92[Ω]인 팬을 구동시키려고 한다. 구동 장치의 등가 전기회로를 작성하고, 부하에 흐르는 전류 IL 및 VL를 구하여라.

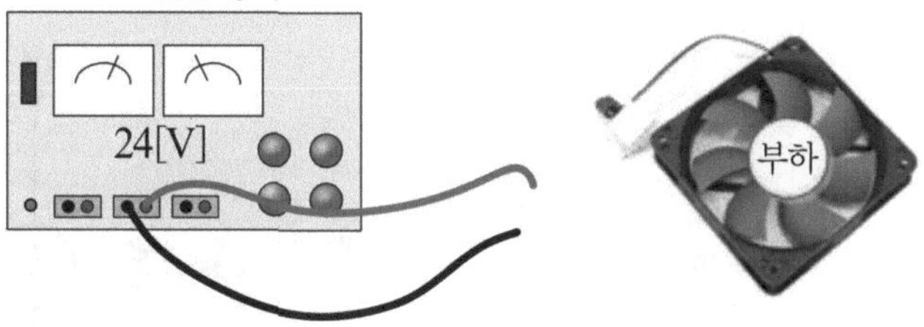

【그림 6-3】 팬 구동 장치

풀 이

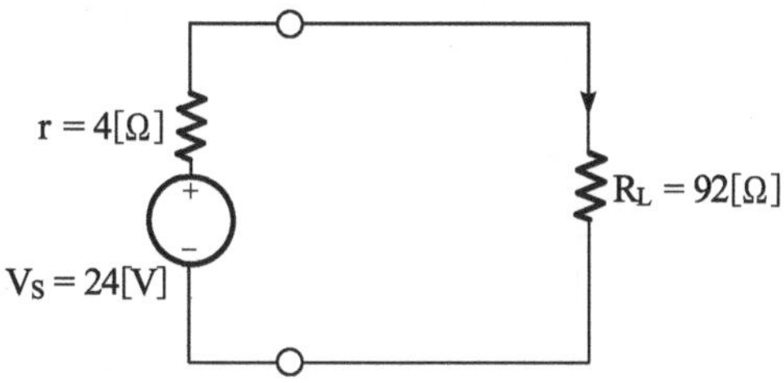

【그림 6-3】 팬 구동 장치 등가회로

오옴의 법칙에 의하여 전류 I_L를 구하면 다음과 같다.

$$I_L = \frac{V}{r + R_L} = \frac{24}{4 + 92} = 0.25[A]$$

부하인 팬 양단 전압 V_L를 구하면 다음과 같다.

$$V_L = I_L \times R_L = 0.25 \times 92 = 23[V]$$

나. 정전압원과 정전류원 변환

2개 이상의 전압원 또는 전류원을 포함하는 복잡한 전기회로를 해석하는 과정에 전류원은 전압원으로 변환하거나, 전압원은 전류원으로 변환하는 것이 효율적일 경우가 있다. 특히 테브난 정리 또는 노턴의 정리를 적용하여 회로망을 해석하는 경우에, 다수의 전류원은 병렬로 접속토록 변환하고, 다수의 전압원은 직렬로 접속이 되도록 변환하는 방식을 많이 사용한다.

전압원을 전류원으로 변경하기 위해서는, 전압원 기호는 전류원 기호로 변경하고 전압원에 직렬로 접속된 내부 저항은 전류원에 병렬로 접속한다. 이 때 전류원의 전류는 오옴의 법칙을 적용하여 구한다. 그림 6-4는 내부 저항 r=4[Ω]이고 전압 V=10[V]인 전압원을 전류원으로 변환된 결과를 나타내고 있다.

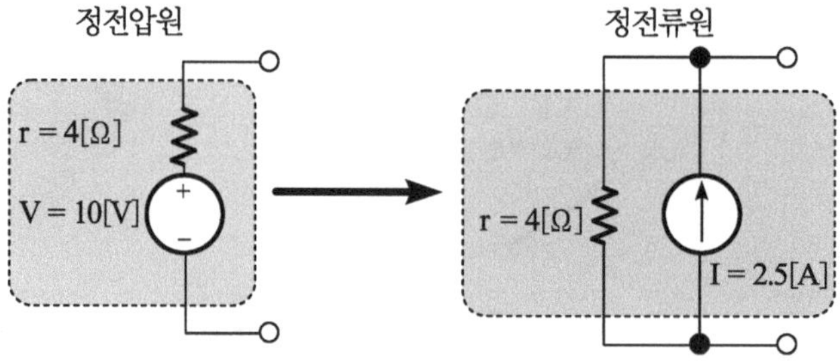

【그림 6-4】 전압원을 전류원으로 변환

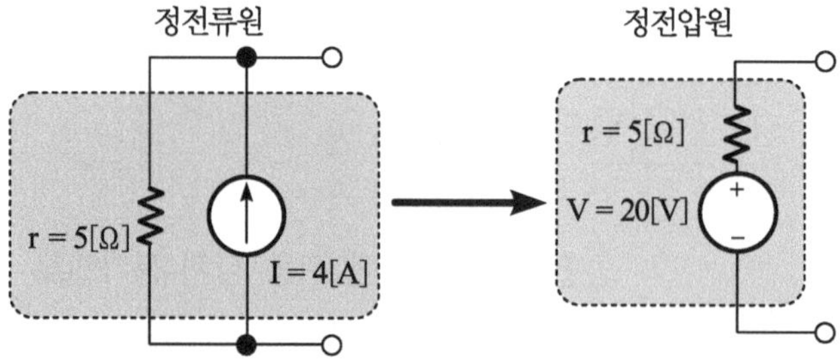

【그림 6-5】 전류원을 전압원으로 변환

반대로 전류원을 전압원으로 변경하기 위해서는, 전류원 기호는 전압원 기호로 변경하고 전류원에 병렬로 접속된 내부 저항은 전압원에 직렬로 접속한다. 이때 전압원의 전압은 오옴의 법칙을 적용하여 구한다. 그림 6-5는 내부 저항 r=5[Ω]이고 전압 V=12[V]인 전류원을 전압원으로 변환된 결과를 나타내고 있다.

예제 6-2 그림 6-6 전기회로에서 정전류원을 정전압원으로 변환한 등가회로를 작성한 후에, 저항 R_1에 흐르는 전류 I를 구하여라.

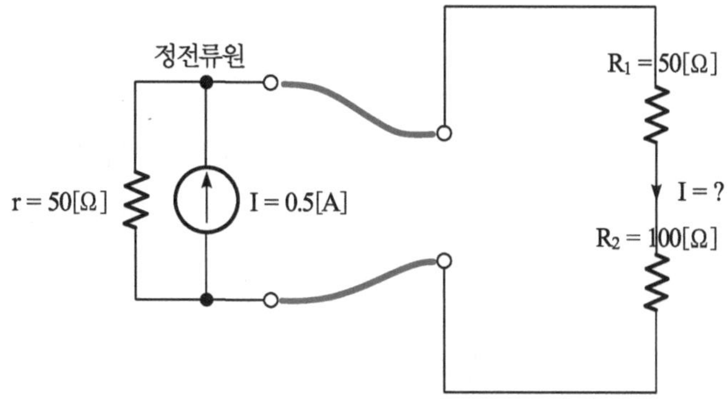

【그림 6-6】 정전류원 회로

풀 이 정전압원으로 변환한 등가회로는 그림 6-7과 같다.

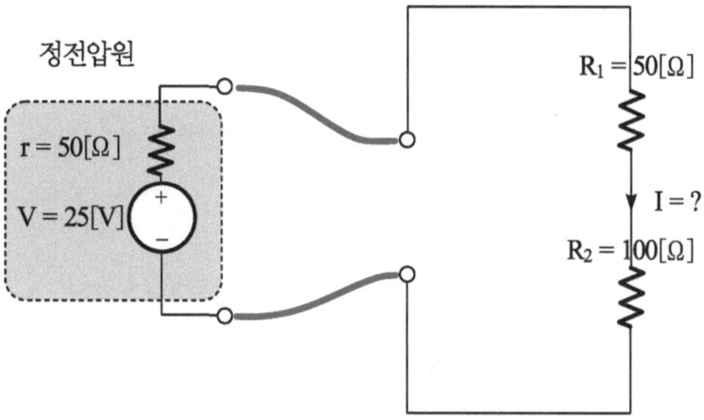

【그림 6-7】 등가 변환회로

오옴의 법칙에 의하여 전류 I를 구하면 다음과 같다.

$$I= \frac{V}{r+R_1+R_2} = \frac{25}{50+50+100} = 1.25 \times 10^{-1} \ [A]$$

예제 6-3 그림 6-8 전기회로에서 정전압원을 정전류원으로 변환한 등가회로를 작성한 후에, 저항 R에 인가되는 전압 VR을 구하여라.

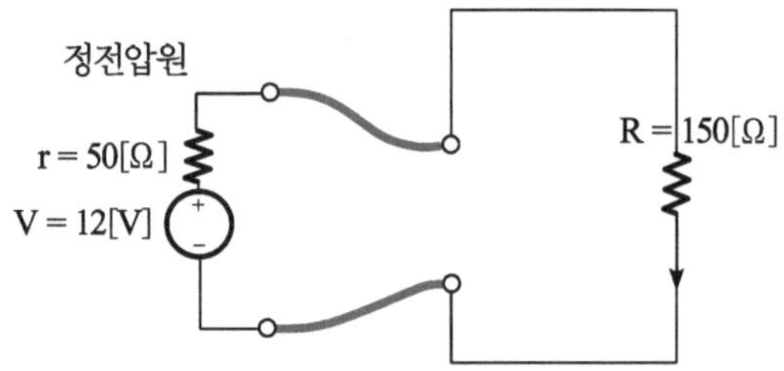

【그림 6-8】 정전압원 회로

풀 이 정전류원으로 변환한 등가회로는 그림 6-9와 같다.

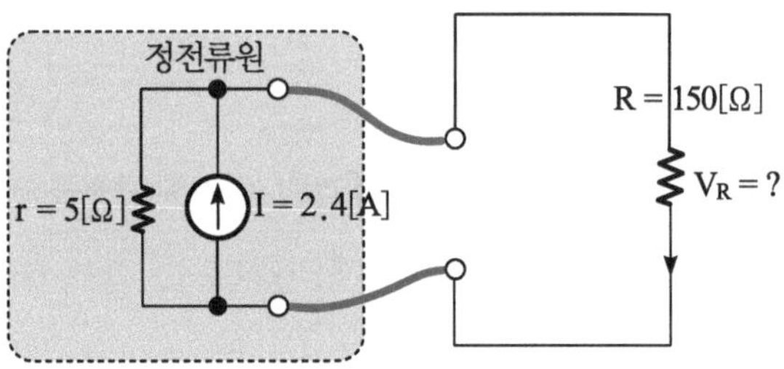

【그림 6-9】 등가 변환회로

전류 분배 법칙을 적용하여, 저항 R에 흐르는 전류는 I_R을 구하면 다음과 같다.

$$I_R = \frac{r}{R+r} \times I = \frac{5}{150+5} \times 2.4 = 7.74 \times 10^{-2} \ [A]$$

따라서 R에 인가되는 전압 V_R을 구하면 다음과 같다.

$$V_R = I_R \times R = 7.74 \times 10^{-2} \times 150 = 11.6 \ [V]$$

반면에 전압 분배 법칙을 적용하여, 그림 6-8 정전압원 회로에서 R에 인가되는 전압 V_R을 구하면 다음과 같다.

$$V_R = \frac{R}{R+r} \times V = \frac{150}{150+5} \times 12 = 11.6 \ [V]$$

따라서 V_R은 그림 6-8 정전압원 회로와 그림 6-9 정전류원 회로에서 구한 결과가 동일함을 알 수 있다.

2. 중첩의 원리

학습 목표	1. 선형회로의 특성을 설명할 수 있다 2. 중첩의 정리를 설명할 수 있다. 3. 중첩의 정리를 이용하여 전기회로를 해석할 수 있다.

가. 선형회로

일반적으로 수학적인 방정식의 관점에서 살펴보면 전기회로를 선형회로와 비선형회로로 분류할 수 있다. 저항 등과 같은 수동 소자로 구성된 전기회로는 선형회로로 분류하는데, 그 이유는 오옴의 법칙에서 살펴본 것과 같이 회로에 인가되는 전압에 비례하여 전류가 증가하는 선형적인 특성을 지니고 있기 때문이다. 임의의 방정식 $y_1 = f(x_1)$, $y_2 = f(x_2)$으로 주어졌을 때, 다음의 2가지 조건(Homogeneity 또는 Scaling 및 Additivity)이 성립할 때 선형 방정식으로 분류된다.

- Homogeneity : $ay_1 = f(ax_1)$, $by_2 = f(bx_2)$
- Additivity : $y = f(ax_1 + bx_2) = ay_1 + by_2 = af(x_1) + bf(x_2)$

그림 6-10과 같이 전압 V와 저항 R1 및 R2를 직렬로 접속한 전기회로를 선형 방정식으로 표현하면 다음과 같다.

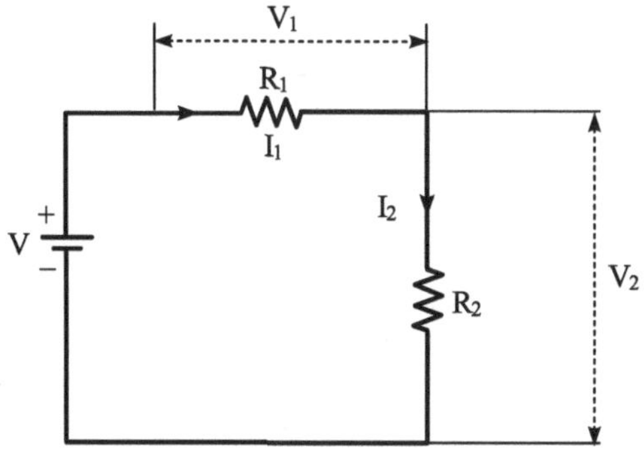

【그림 6-10】 선형 특성을 지닌 전기회로

오옴의 법칙에 의하여 $V_1 = R_1 \times I_1$, $V_2 = R_2 \times I_2$ 이므로, 선형회로 특성을 나타내는 Homogeneity 및 Additivity 조건을 만족한다.

- Homogeneity : $kV_1 = k(R_1 \times I_1)$, $kV_2 = k(R_2 \times I_2)$
- Additivity : $V = V_1 + V_2 = (R_1 \times I_1) + (R_2 \times I_2)$

$$= k(k_1 I_1 + k_2 I_2) = k(I_1{}' + I_2{}')$$

전기회로를 해석하는데 편리하게 사용할 수 있는 중첩의 정리, 테브난의 정리, 노턴의 정리, 밀만의 정리 등은 전기회로의 선형적인 특성을 이용한 해석 방법이다.

나. 중첩의 정리

중첩의 정리란 "저항 등과 같은 수동 소자로 구성된 선형성을 지닌 전기회로에서 임의의 소자 양단에 전압 또는 전류는, 회로에 포함된 독립된 전원 각각에 의해 해당 소자 양단에 전압 또는 전류 대수합과 동일하다"는 것을 나타낸 정리로서 전기회로 해석에 많이 사용되고 있다. 전기회로의 해석에 중첩의 정리를 적용하기 위해서 다음과 같은 조건이 만족되어야 한다.

- 전기회로를 구성하는 모든 부품들은 선형 소자
- 전기회로를 구성하는 모든 부품들은 양방향성 소자
- 전기회로를 구성하는 모든 부품들은 수동 소자
- 전류원은 개방하고 전압원은 단락시킨 등가회로로 표현

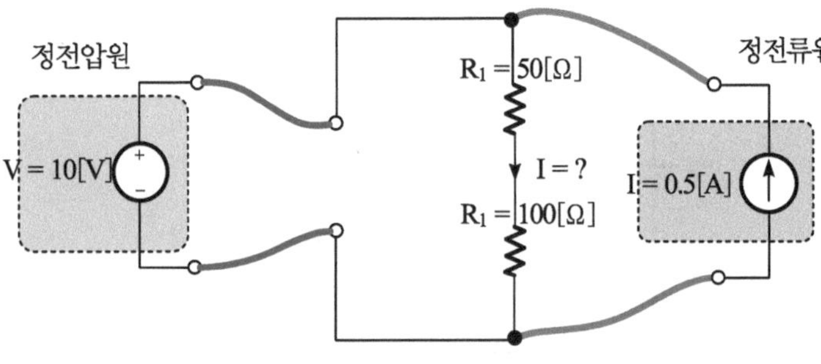

【그림 6-11】 중첩의 정리 응용회로

그림 6-11은 2개의 저항과 정전압원 및 정전류원으로 구성된 전기회로를 나타낸다. 이 회로에서 중첩의 정리를 이용하여 정전압원과 정전류원을 통해 직렬로 연결된 저항 R1 및 R2에 흐르는 전류를 구하기 위해서는 다음의 두 단계로 회로를 해석한다. 첫 번째로 회로에 포함된 정전압원을 통해 발생하는 전류 I1를 구할 때는 정전류원은 개방시킨다. 두 번째로 정전류원을 통해 발생하는 전류 I2를 구할 때는 정전압원은 단락시킨다. 두 단계의 조건을 통해 구한 전류 I1 및 I2의 대수합이 저항에 흐르는 전류가 된다. 만일 회로에 흐르는 전류의 방향이 서로 반대가 되면 "-" 연산으로 전체 전류를 구해야 한다. 그림 6-12는 그림 6-11의 전기회로를 중첩의 정리를 사용하여 회로를 해석하는 과정을 나타내고 있다. 저항에 흐르는 전체 전류가 0.1[A]가 됨을 알 수 있다.

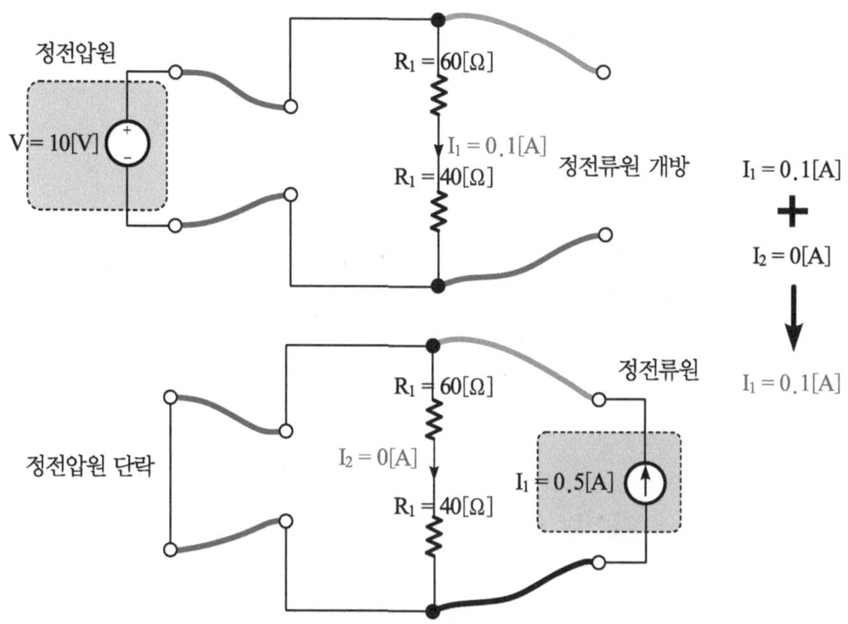

【그림 6-12】 중첩의 정리를 적용한 회로 해석

정전압원 단자가 단락되어 저항이 "0"인 상태에서 정전류원에서 발생하는 모든 전류는 단락된 정전압원으로 흐르게 되어, 저항에 흐르는 전류는 "0"이 된다. 그러나 일반적으로 사용되는 정전압원은 작은 내부 저항이 있으므로 이와 같은 현상은 발생하지 않는다. 또한, 정전류원도 큰 내부 저항이 있으므로 정전압원에서 발생하는 모든 전류가 저항으로만 흐르지 않는다.

예제 6-4 그림 6-13 전기회로에서 정전압원과 정전류원의 내부 저항을 고려한 등가회로를 작성한 후에, 중첩의 정리를 이용하여 저항 R에 흐르는 전류 I를 구하여라.

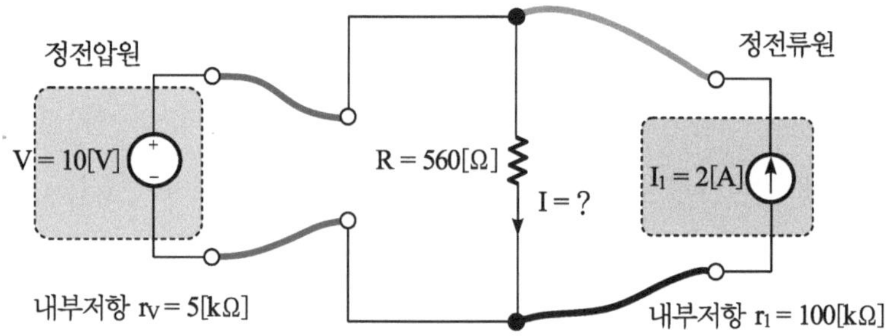

【그림 6-13】 전기회로

풀 이 내부 저항을 고려한 등가회로는 그림 6-14과 같다.

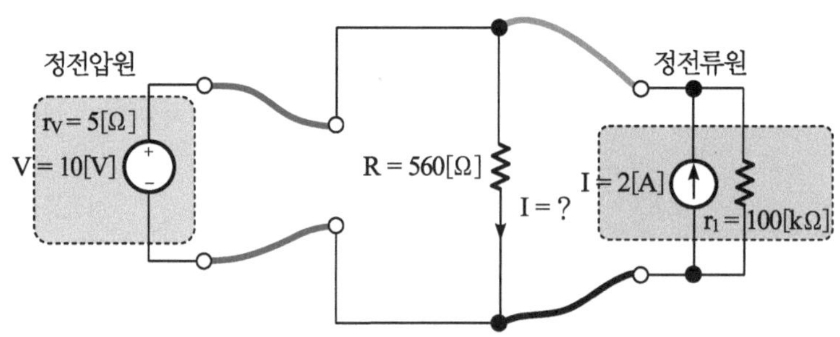

【그림 6-14】 내부 저항을 고려한 등가 전기회로

정전압원을 통한 전류 I_V는 다음과 같다

$$I_V = \frac{V}{r_V + R//r_I} = \frac{10}{5 + 556.88} = 1.78 \times 10^{-2}[A]$$

정전류원을 통한 전류 I_I는 다음과 같다

$$I_I = \frac{r_V//r_I}{r_V//r_I + R} \times I = \frac{5}{5 + 560} \times 2 = 1.77 \times 10^{-2}[A]$$

따라서 저항 R에 흐르는 전체 전류 I는 다음과 같다

$$I = I_V + I_I = 1.78 \times 10^{-2} + 1.77 \times 10^{-2} = 3.55 \times 10^{-2}[A]$$

예제 6-5 그림 6-15 전기회로에서 중첩의 정리를 이용하여, 저항 R_2에 흐르는 전류 I를 구하여라.

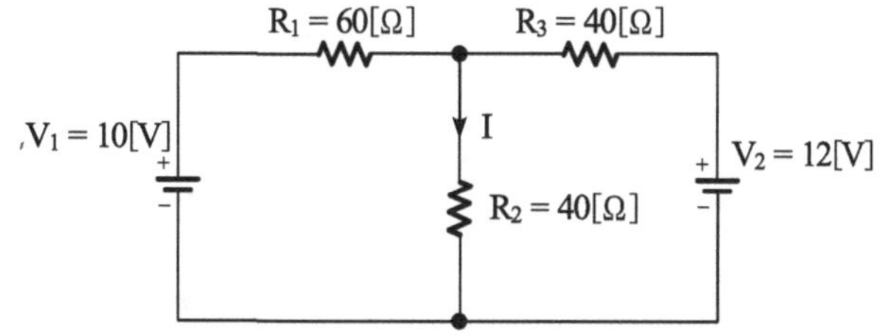

【그림 6-15】 중첩 정리 응용 전기회로

풀 이 전압원 V_1 및 V_2을 통해 저항에 흐르는 전류 I_1 및 I_2를 구하면 다음과 같다.(그림 6-16 참조)

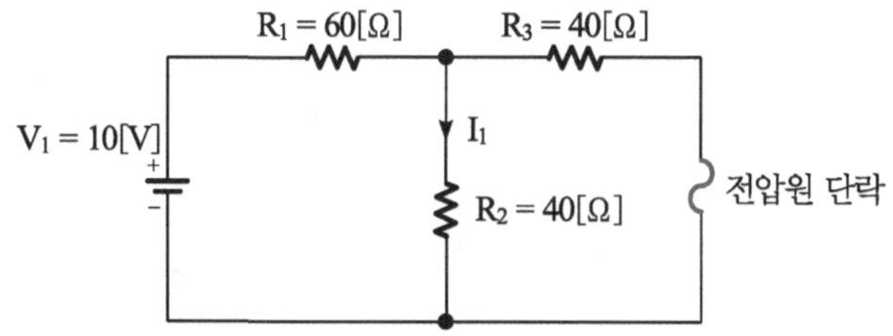

(a) V_2 단락

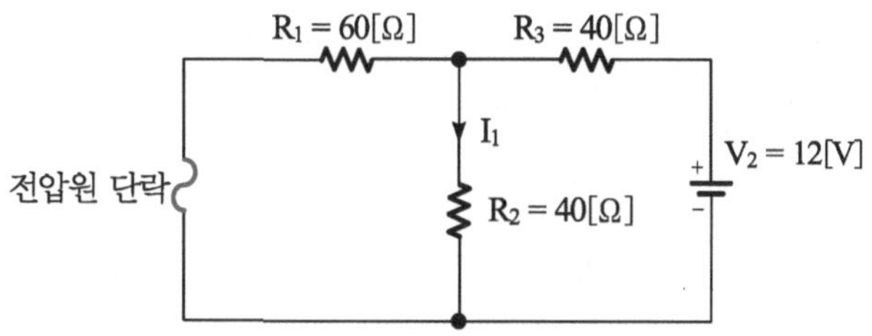

(a) V_1 단락

【그림 6-16】 전기회로

$$I_1 = \frac{V_1}{R_1 + R_2//R_3} = \frac{10}{60+20} = 1.25 \times 10^{-1}[A]$$

$$I_2 = \frac{V_2}{R_3 + R_1//R_2} = \frac{12}{40+24} = 1.88 \times 10^{-1}[A]$$

따라서 저항 R_2에 흐르는 전체 전류 I는 다음과 같다

$$I = I_1 + I_2 = 1.25 \times 10^{-1} + 1.88 \times 10^{-1} = 3.13 \times 10^{-1} \ [A]$$

예제 6-6 그림 6-17 전기회로에서 중첩의 정리를 이용하여, 저항 R_2에 인가되는 전압 V를 구하여라.

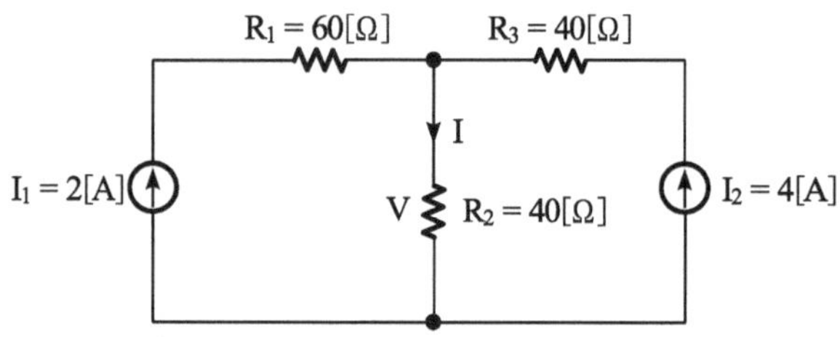

【그림 6-17】 중첩 정리 응용 전기회로

풀 이 전류원 I_1을 통해 저항 R_2에 인가되는 전압 V_{I1}을 구하면 다음과 같다.(그림 6-18 참조)

$V_{I1} = I_1 \times R_2 = 2 \times 40 = 80$ [V]

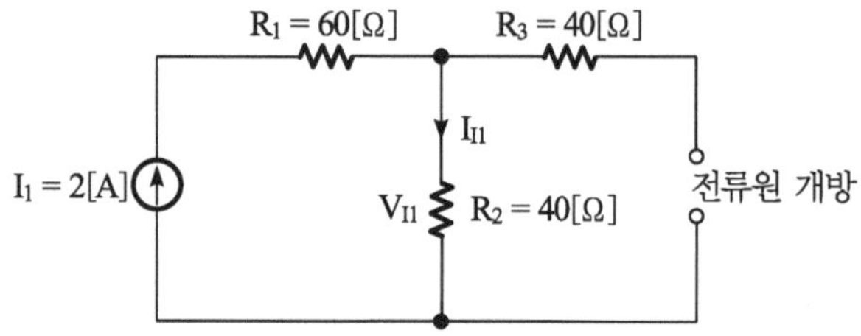

【그림 6-18】 전기회로(I_2 개방)

전류원 I_2을 통해 저항 R_2에 인가되는 전압 V_{I2}를 구하면 다음과 같다.(그림 6-19 참조)

$V_{I2} = I_2 \times R_2 = 4 \times 40 = 160$ [V]

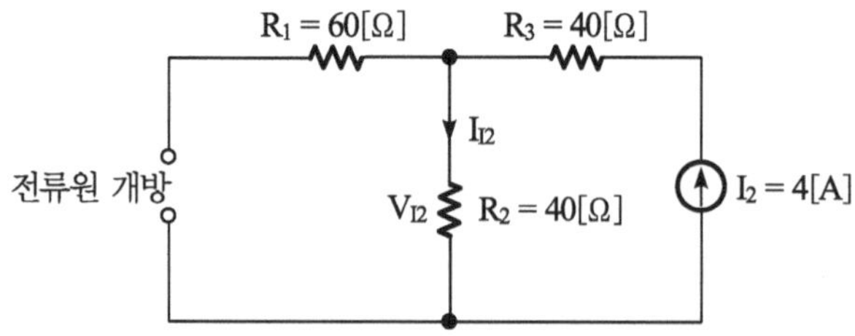

【그림 6-19】 전기회로(I_1 개방)

따라서 저항 R_2에 인가되는 전압 V는 다음과 같다

$V = V_{I1} + V_{I2} = 80 + 160 = 240$ [V]

3. 테브난 및 노턴의 정리

학습 목표	1. 테브난의 정리를 설명할 수 있다. 2. 노턴의 정리를 설명할 수 있다. 3. 테브난의 정리를 이용하여 전기회로를 해석할 수 있다. 4. 노턴의 정리를 이용하여 전기회로를 해석할 수 있다.

가. 테브난의 정리

테브난의 정리는 다수의 전원 장치와 수동소자로 구성된 선형 특성을 지닌 복잡한 전기회로를 해석하기 위해서 사용된다. 이 정리는 2단자 부하에 인가되는 전압 또는 전류는 구하기 위해, 그림 6-20에 나타낸 것과 같이 부하에 접속된 2단자의 복잡한 전기회로를 전압과 저항을 직렬로 연결한 형태로 변환시키는 방법이다. 이때 등가 변환된 전압을 테브난의 등가전압 VTH, 등가 변환된 저항을 테브난의 등가저항 RTH으로 나타낸다.

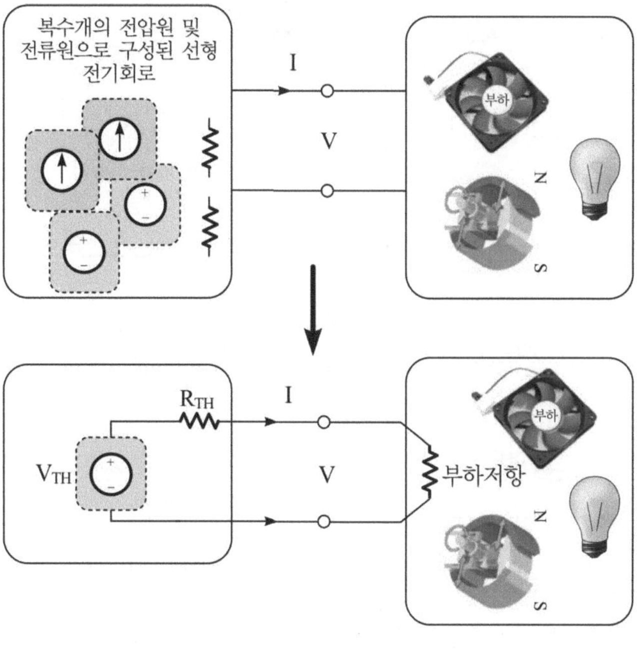

【그림 6-20】 테브난의 정리

테브난의 등가전압 VTH 및 테브난의 등가저항 RTH를 구하는 절차는 다음과 같다.

① 테브난의 정리를 적용할 부분을 회로에서 분리한다.

② 분리된 회로에서 모든 전원을 제거한다. 이때 전류원은 개방 상태로 변환하고, 전압원은 단락 상태로 변환한다

③ 분리된 단자를 기준으로 테브난의 등가저항 RTH를 구한다.

④ 분리된 단자에 인가되는 테브난의 등가전압 VTH를 구한다. 이때 오옴의 법칙, 키르히호프의 법칙, 중첩의 정리 등을 이용한다.

⑤ 테브난의 등가회로를 작성한다.

예를 들어 그림 6-21의 회로에 테브난의 정리를 이용하면 RTH는 식 6-1과 같이 전원 전압 V를 단락 상태로 변환한 후에 R1, R2, R3로 구성된 합성 저항이 된다.

$$R_{TH} = R_1 // R_2 + R_3 = \frac{60 \times 40}{60 + 40} + 40 = 64[\Omega] \qquad \text{(식 6–1)}$$

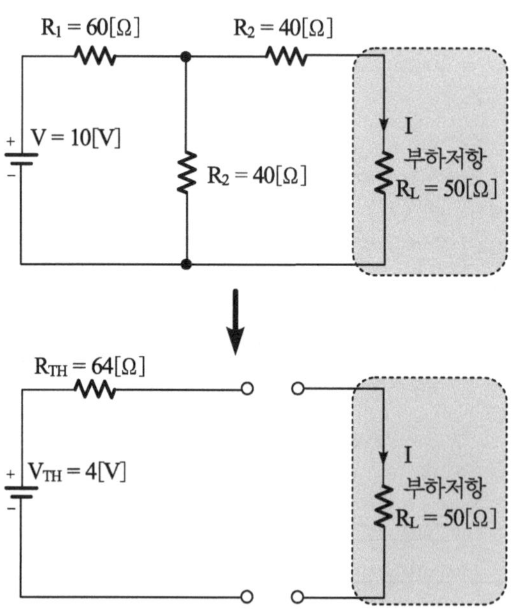

【그림 6–21】 테브난의 등가 변환 회로

V_{TH}는 전류가 흐르지 않는 R_3를 제거한 후에, 식 6-2와 같이 전원 전압 V가 R_2에 분배되는 전압이 된다.

$$V_{TH} = \frac{R_2}{R_1 + R_2} \times V = \frac{40}{60+40} \times 10 = 4[\mathrm{V}] \qquad \text{(식 6-2)}$$

따라서 부하저항 R_L에 흐르는 전류는 식 6-3과 같이 구할 수 있다.

$$I = \frac{V_{TH}}{R_{TH} + R_L} = \frac{4}{64+50} = 3.51 \times 10^{-2}\ [\mathrm{A}] \qquad \text{(식 6-3)}$$

예제 6-6 그림 6-22 회로에 테브난의 정리를 이용하여 테브난의 등가전압 V_{TH}와 테브난의 등가저항 R_{TH}를 구하여라.

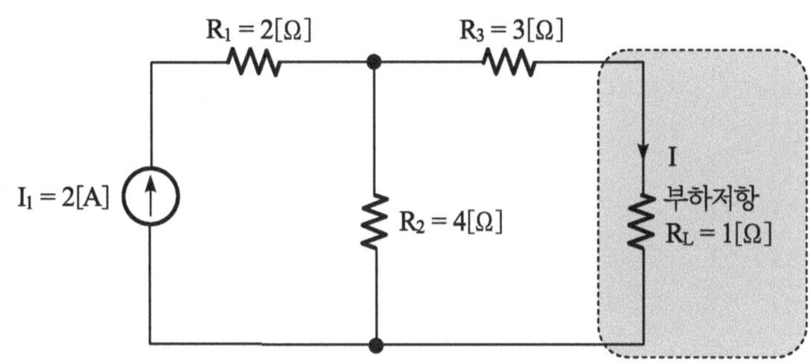

【그림 6-22】 전기회로

풀 이 R_{TH}는 전류원을 개방한 후에 합성 저항을 구하면 된다.여기서 R_1은 전류원이 개방되어 있으므로 합성 저항과는무관하다.

$R_{TH} = R_2 + R_3 = 4 + 3 = 7\ [\Omega]$

V_{TH}는 전류가 흐르지 않는 R_3를 제거한 후에, 전류원 I_1이 R_2에 분배되는 전압을 구하면 된다.

$V_{TH} = R_2 \times I_1 = 4 \times 2 = 8\ [\mathrm{V}]$

예제 6-7 그림 6-23 브리지 회로에 테브난의 정리를 이용하여 부하저항 단자 A-B를 기준으로 테브난의 등가전압 V_{TH}와 등가저항 R_{TH}를 구하여라.

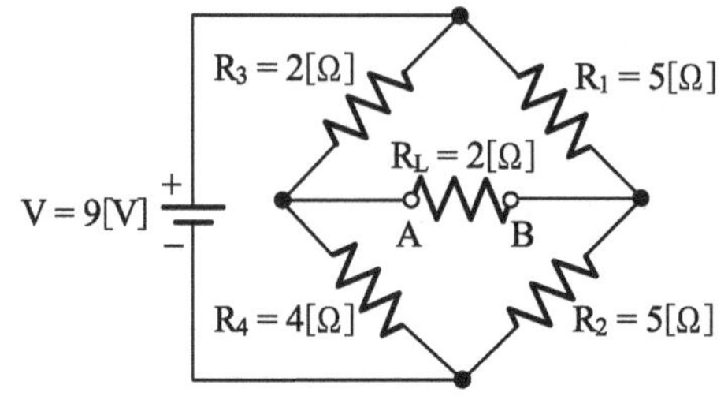

【그림 6-23】 브릿지 회로

풀 이 테브난의 등가전압 V_{TH}는 그림 6-24와 같이 단자 A에서 단자 B에 인가되는 전압의 대수합으로 구할 수 있다.

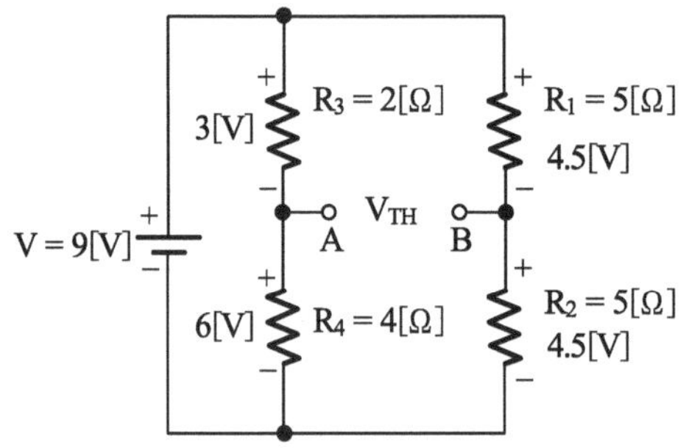

$V_{TH} = 6[V] - 4.5[V] - 1.5[V]$

【그림 6-24】 브리지 회로-등가전압

테브난의 등가저항 R_{TH}는 그림 6-25와 같이 4개의 합성 저항으로 구할 수 있다.

R_{TH}=1.3+2.5=3.8[Ω]

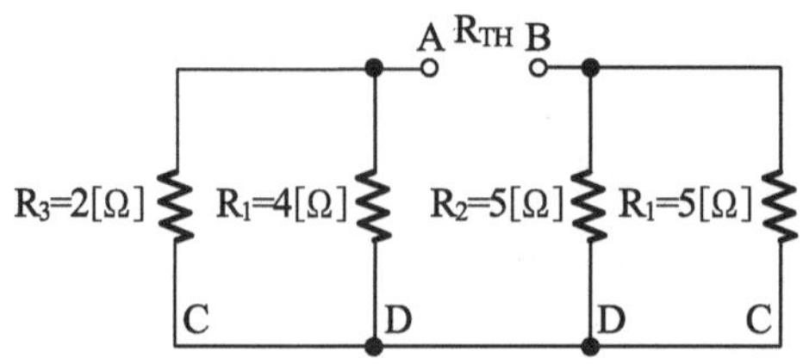

【그림 6-25】 브리지 회로-등가저항

나. 노턴의 정리

노턴의 정리는 테브난의 정리와 동일하게 다수의 전원 장치와 수동소자로 구성된 선형 특성을 지닌 복잡한 전기회로를 해석하기 위해서 사용된다. 이 정리는 2단자 부하에 인가되는 전압 또는 전류는 구하기 위해, 그림 6-26에 나타낸 것과 같이 부하에 접속된 2단자의 복잡한 전기회로를 전류와 저항을 병렬로 연결한 형태로 변환시키는 방법이다. 이 때 등가 변환된 전류를 노턴의 등가전류 IN, 등가 변환된 저항을 노턴의 등가저항 RN으로 나타낸다.

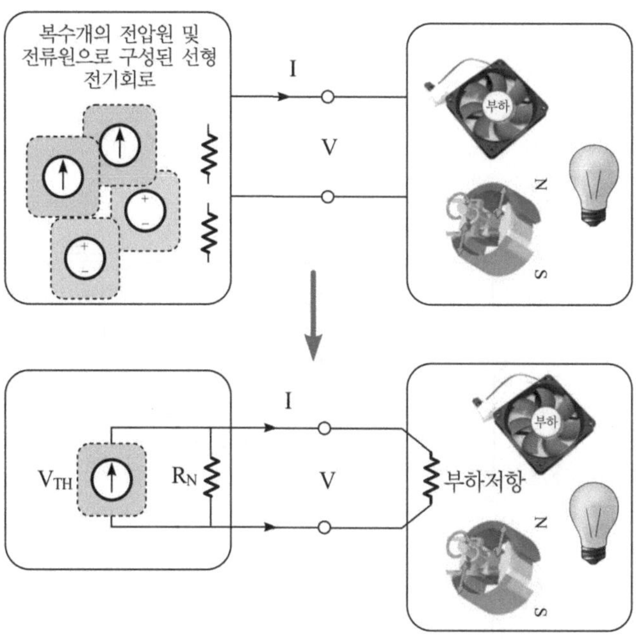

【그림 6-26】 노턴의 정리

노턴의 등가전류 IN 및 노턴의 등가저항 RN을 구하는 절차는 다음과 같다.

① 노턴의 정리를 적용할 부분을 회로에서 분리한다.

② 분리된 회로에서 모든 전원을 제거한다. 이때 전류원은 개방 상태로 변환하고, 전압원은 단락 상태로 변환한다.

③ 분리된 단자를 기준으로 테브난의 등가저항을 구하는 방법과 동일하게 노턴의 등가저항 RN을 구한다.

④ 분리된 단자에 인가되는 노턴의 등가전류 IN을 구한다. 이때 분리된 단자는 단락한 후에 오옴의 법칙, 키르히호프의 법칙, 중첩의 정리 등을 이용한다.

⑤ 노턴의 등가회로를 작성한다.

예를 들어, 그림 6-27의 회로에 노턴의 정리를 이용하면 RN은 식 6-4와 같이 전원 전압 V를 단락 상태로 변환한 후에 R_1과 R_2가 병렬로 접속된 합성 저항이 된다.

$$R_N = R_1 // R_2 = \frac{50 \times 50}{50 + 50} = 25[\Omega] \qquad \text{(식 6-4)}$$

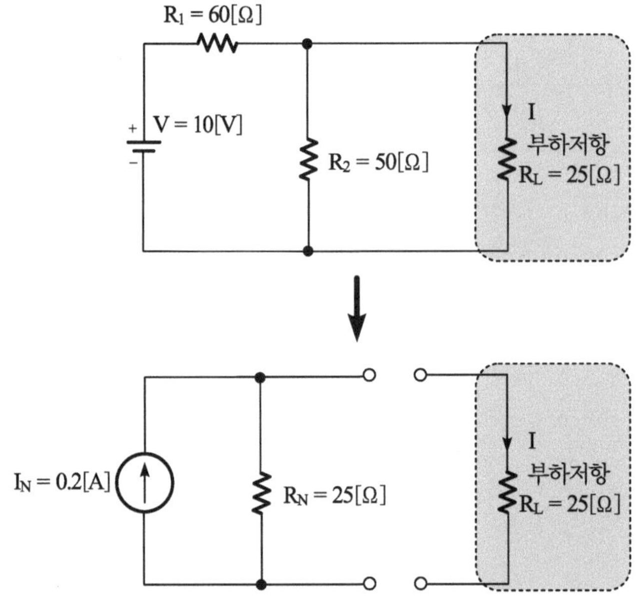

【그림 6-27】 노턴의 등가 변환 회로

IN은 식 6-5와 같이 전원 전압 V를 통해 단락된 단자에 흐르는 전류가 된다. 저항 R_2 단자는 단락되어 있으므로 전류가 흐르지 않는다.

$$I_N = \frac{V}{R_1} = \frac{10}{50} = 0.2\ [A] \qquad (식\ 6\text{–}5)$$

따라서 부하저항 R_L에 흐르는 전류는 식 6-6과 같이 구할 수 있다.

$$I = \frac{R_1}{R_1 + R_L} \times I_N = \frac{25}{25+25} \times 0.2 = 0.1\ [A] \qquad (식\ 6\text{–}6)$$

그림 6-28은 그림 6-27의 전기회로를 노턴의 정리 및 테브난의 정리를 이용하여 변환한 등가 회로를 나타낸 것으로 전류원을 전압원으로 변환하는 과정과 동일함을 알 수 있다. 따라서 노턴의 정리에서 사용하는 등가 전류원을 등가 전압원으로 변환하면 테브난의 등가 전압원과 동일하다. 반대로 테브난의 정리에서 사용하는 등가 전압원을 등가 전류원으로 변환하면 노턴의 등가 전류원과 동일하다.

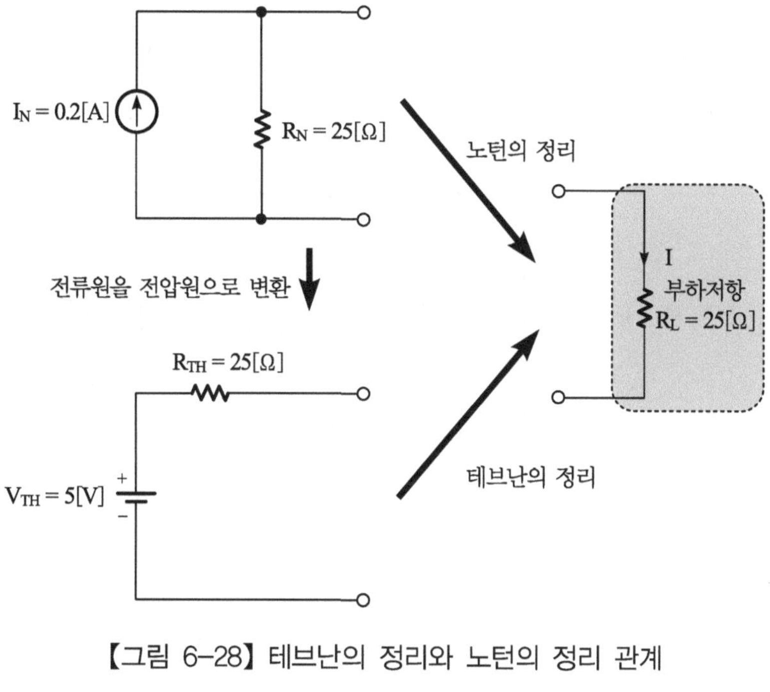

【그림 6-28】 테브난의 정리와 노턴의 정리 관계

예제 6-8 그림 6-29 전기회로에 노턴의 정리를 이용하여 노턴의 등가전류 I_N 및 노턴의 등가저항 R_N를 구하여라.

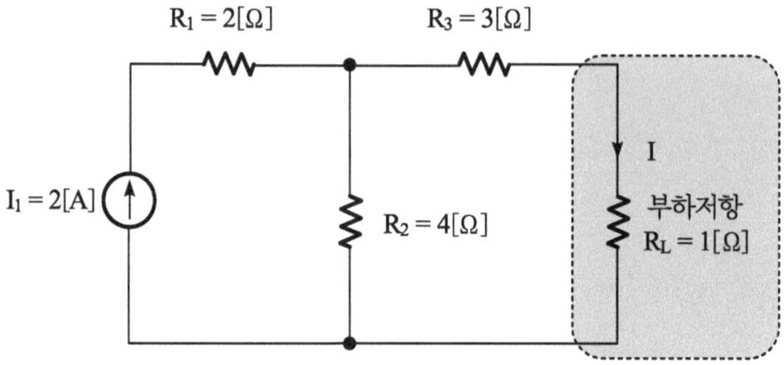

【그림 6-29】 전기회로

풀 이

R_N은 전류원을 개방한 후에 R_2와 R_3가 직렬로 접속된 합성 저항이 된다. 여기서 R_1은 전류원이 개방되어 있으므로 합성 저항과는 무관하다.

$R_N = R_2 + R_3 = 3 + 4 = 7[\Omega]$

I_N은 그림 6-30 전기회로와 같이 부하저항이 접속된 단자를 단락한 후에, 전류원 I_1을 통해 R_3에 흐르는 전류가 된다.

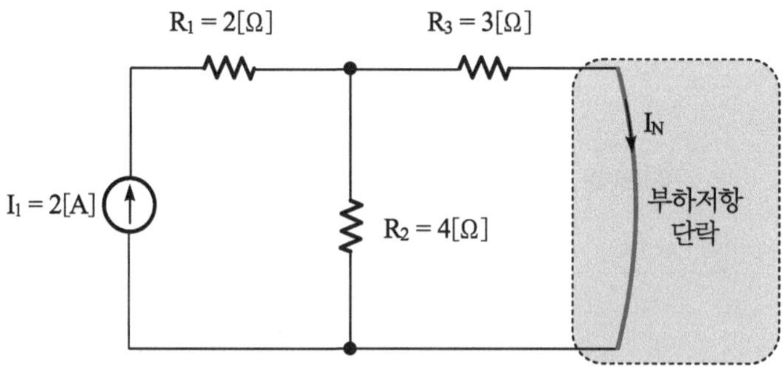

【그림 6-30】 노턴 등가 전류 변환

$$I_N = \frac{R_2}{R_2 + R_3} \times I_1 = \frac{4}{4+3} \times 2 = 1.14 \ [A]$$

예제 6-9 그림 6-31 브리지 회로에 노턴의 정리를 이용하여 부하저항 단자 A-B를 기준으로 노턴의 등가전류 I_N 및 노턴의 등가저항 R_N를 구하여라. 또한, 노턴의 등가회로를 이용하여 부하저항 R_L에 인가되는 전압을 구하여라.

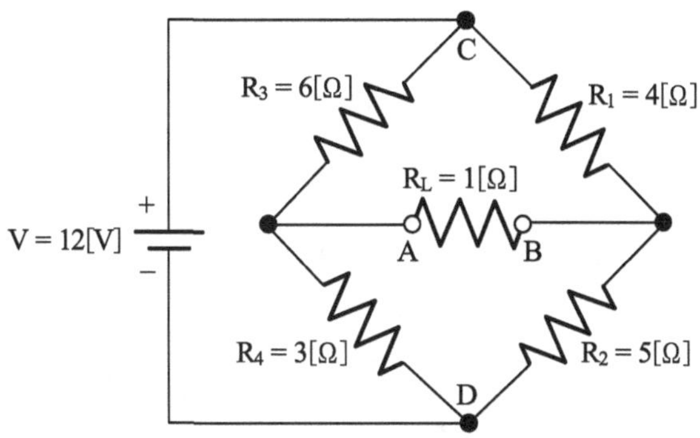

【그림 6-31】 브릿지 회로

풀 이 노턴의 등가전류 I_N은 그림 6-32와 같이 단자 A에서 단자 B를 단락한 후에 흐르는 전류이므로 다음과 같다.

$$R_T = R_1 // R_3 + R_2 // R_4 = \frac{4 \times 6}{4+6} + \frac{5 \times 3}{5+3} = 4.28\ [\Omega]$$

따라서 $I_N = \dfrac{V}{R_T} = \dfrac{12}{4.28} = 2.80\ [\text{A}]$

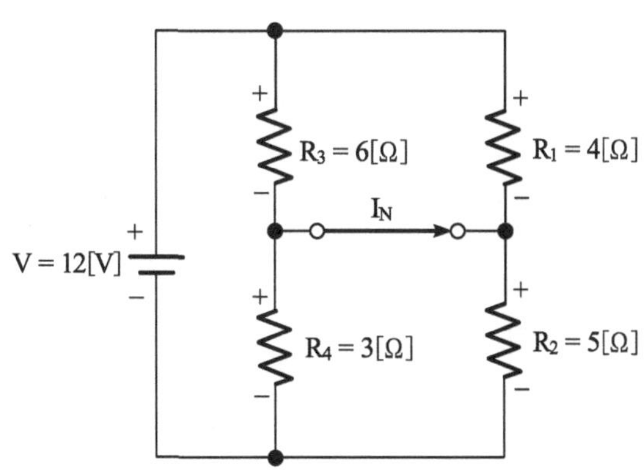

【그림 6-32】 브리지 회로-등가전류

노턴의 등가저항 R_N은 그림 6-33과 같이 4개의 합성 저항으로 구할 수 있다.

$$R_N = R_3//R_4 + R_1//R_2 = \frac{6\times3}{6+3} + \frac{4\times5}{4+5} = 4.22\ [\Omega]$$

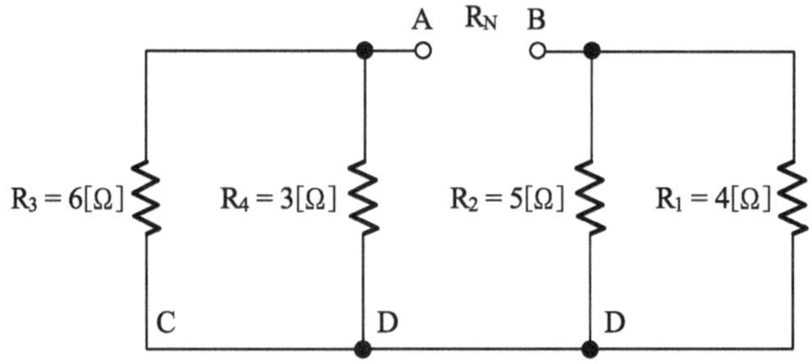

【그림 6-33】 브리지 회로-등가저항

따라서 노턴의 등가회로는 그림 6-34와 같이 나타낼 수 있다.

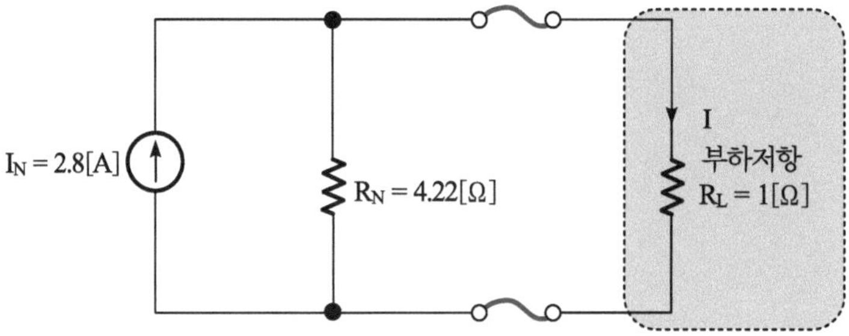

【그림 6-34】 노턴의 등가회로

그림 6-34 노턴의 등가회로에 부하저항 R_L을 직렬로 접속한 후에 부하전류 I를 구한 후에, 부하저항에 인가되는 전압 V를 구하면 다음과 같다.

$$I = \frac{R_N}{R_N + R_L}\times I_N = \frac{4.22}{4.22+1}\times 2.8 = 2.26\ [A]$$

$$V = I\times R_L = 2.26\times 1 = 2.26\ [V]$$

4. 최대전력 전달 정리

학습 목표	1. 최대전력 전달 정리를 설명할 수 있다. 2. 부하에 최대전력을 공급하기 위한 조건을 구할 수 있다.

가. 최대전력 전달 정리

일반적으로 부하에 전기 에너지를 공급하는 전원 장치는 자체의 내부 저항이나 부하의 변동에 따라서 부하전압이나 부하전류가 변하게 된다. 그 결과로 부하에 공급되는 전력이 변하게 된다. 그러므로 전원 장치에 부하를 접속하는 경우에 부하에 최대로 전력을 공급할 수 있는 조건을 지니도록 설계를 하는 것이 필요하다. 이러한 조건을 만족시키는 해를 구하는 것을 최대전력 전달 정리라고 한다.

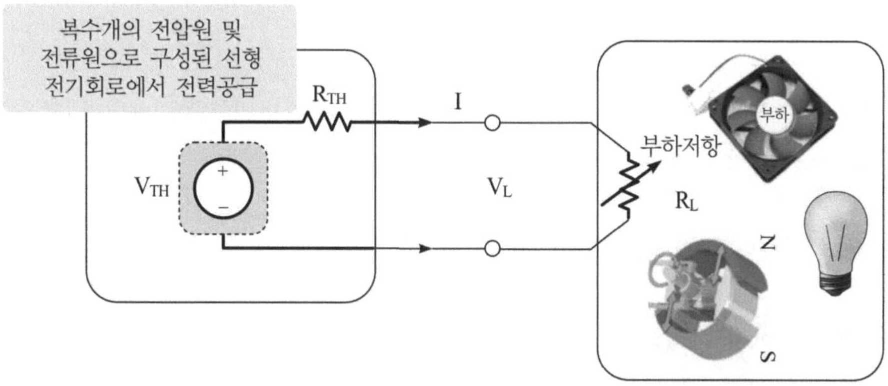

【그림 6-35】 최대전력 전달 정리 회로

그림 6-35와 같이 테브난 등가회로로 변환된 전압원에서, 가변 부하저항 R_L에 전달되는 전력을 구하면 식 6-7과 같다.

$$P_L = I^2 \times R_L = \left(\frac{V_{TH}}{R_{TH}+R_L}\right)^2 \times R_L = \frac{V_{TH}^2}{R_{TH}^2/R_L + 2R_{TH} + R_L} \text{ [W]} \qquad \text{(식 6-7)}$$

이 수식을 그래프로 표시하면 그림 6-36과 같다. 그래프에 나타낸 것과 같이 RTH/RL의 비율이 증가함에 따라서 전달 전력 PL이 증가하다가 RTH/RL의 비율이 "1" 이상이 되면 전달 전력이 감소함을 알 수 있다.

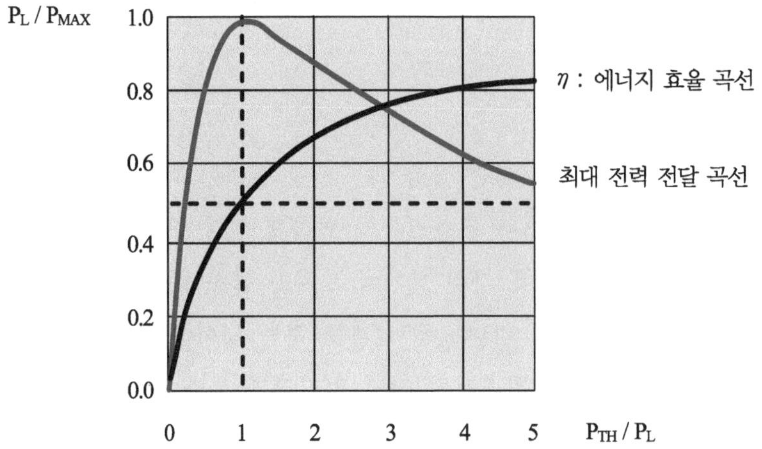

【그림 6-36】 최대전력 전달 정리 회로

식 6-7의 수식에 의하면 분모의 값이 최소가 될 때 전달 전력이 최대가 됨을 알 수 있다. 이 조건을 수식으로 표현하면 식 6-8과 같다.

$$R_{TH}^2/R_L + 2R_{TH} + R_L = \text{최솟값(상수)} \quad \text{(식 6-8)}$$

식 6-8을 부하저항 R_L로 미분하고, 그 결과를 만족하는 해를 구하면 전달 전력이 최대가 되는 부하저항 값을 구할 수 있다. 이 조건을 수식으로 표현하면 식 6-9와 같다.

$$\frac{d}{dR_L}(R_{TH}^2/R_L + 2R_{TH} + R_L) = -R_{TH}^2/{R_L}^2 + 1 = 0 \quad \text{(식 6-9)}$$

식 6-9의 $R_{TH}^2/R_L^2 = 1$를 만족하는 해는 $R_L = R_{TH}$, $R_L = -R_{TH}$인데 "-" 저항 값은 의미가 없으므로 전달 전력이 최대가 되는 조건은 식 6-10과 같다.

$$R_L = R_{TH} \quad \text{(식 6-10)}$$

전력 전달이 최대가 될 때, 에너지 효율은 식 6-11로 구할 수 있다.

$$\eta = \frac{R_L}{R_{TH} + R_L} \times 100 = \frac{R_L}{2R_L} \times 100 = 50[\%] \qquad \text{(식 6-11)}$$

에너지 효율이 최대가 되는 $\eta = 100[\%]$인 경우는 $R_L = \infty$ 또는 $R_{TH} = 0$이며, 최소가 되는 $\eta = 0[\%]$인 경우는 $R_L = 0$ 이다.

예제6-10 그림 6-37은 내부 저항이 5[Ω]이고 공급 전압이 24[V]인 정전압원을 사용하여 DC 모터를 구동하는 회로를 나타낸다. 최대전력을 공급받기 위한 모터 내부 저항을 구하여라. 또한, 동일한 내부 저항을 가진 모터를 병렬로 접속하여 구동하였을 때, 에너지 효율을 구하여라.

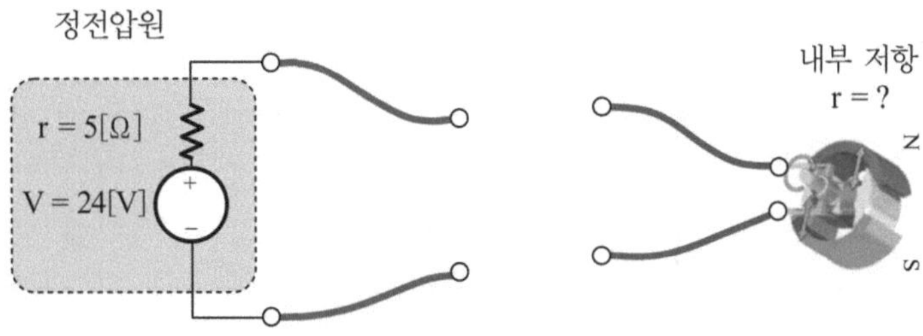

【그림 6-37】 최대전력 전달

풀 이 식 6-10에 의하여 정전압원의 내부 저항과 모터의 내부 저항이 동일할 때 최대전력이 전달된다. 따라서 모터의 내부 저항 r = 5[Ω]이다. 2개의 모터가 병렬로 접속되면 내부 저항은 절반으로 감소하므로 2.5[Ω]이 된다. 따라서 식 6-11에 의하여 에너지 효율은 다음과 같이 구할 수 있다.

$$\eta = \frac{R_L}{R_{TH} + R_L} \times 100 = \frac{2.5}{5 + 2.5} \times 100 = 33.33 \ [\%]$$

따라서 부하의 내부 저항보다 정전압원의 내부 저항이 작아야 에너지의 효율을 높일 수 있다.

5. 시뮬레이션

가. 중첩의 정리

【시뮬레이션 목표】

1. 2개 이상의 전원을 포함한 전기회로를 구성할 수 있다.
2. 중첩의 정리를 사용하여 전기회로의 동작을 설명할 수 있다.

【회로도】

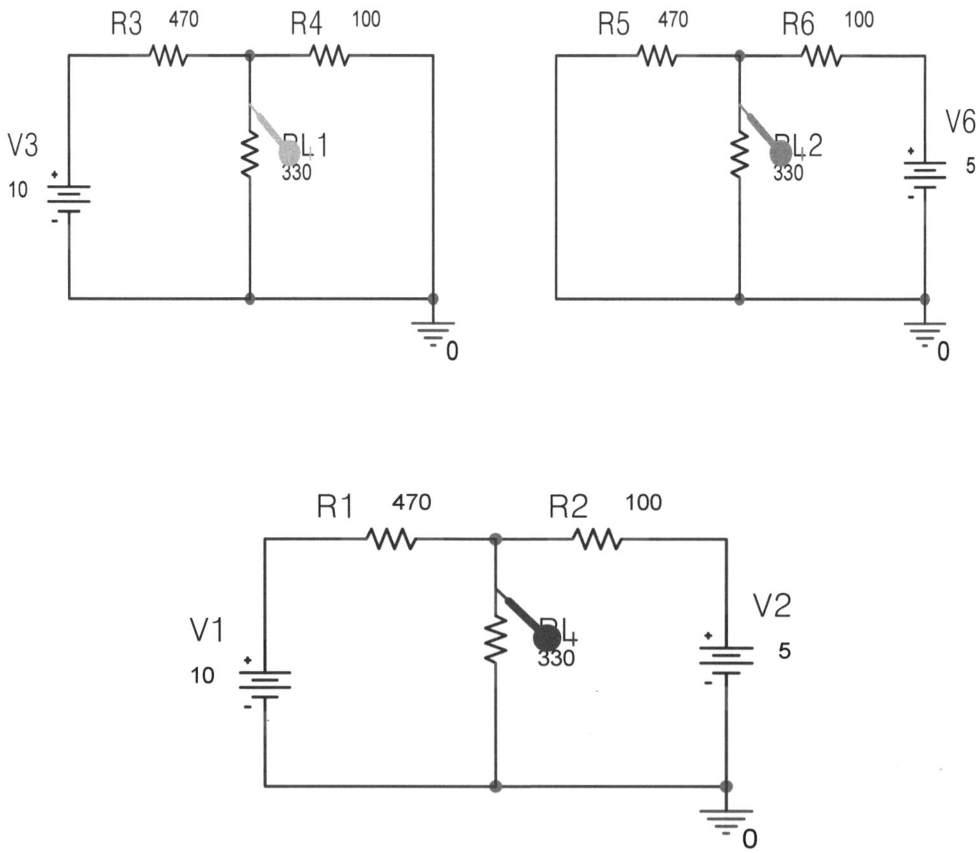

【시뮬레이션 순서】

1. 회로도를 완성한다.
2. 시뮬레이션 실행 시간은 3[ms]로 설정한다.

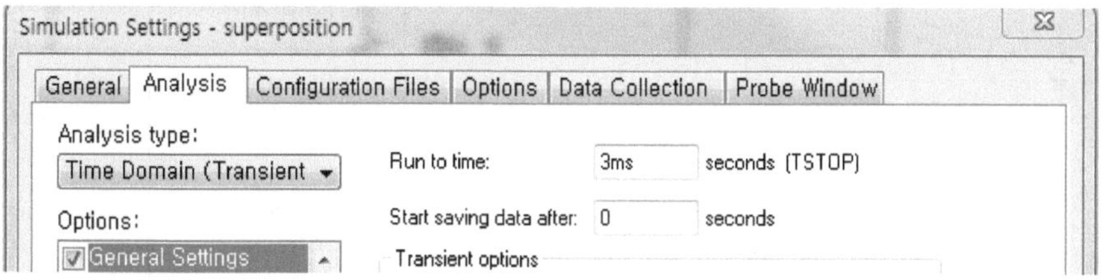

3. 프로그램을 실행하여 결과를 확인한다.

【시뮬레이션 결과】

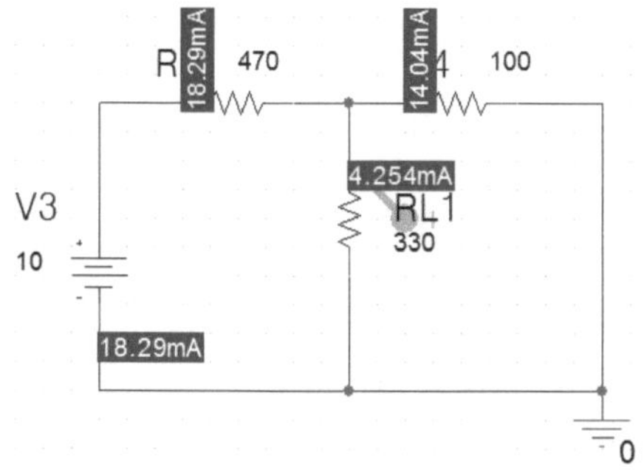

전원 V6 단락시 RL1에 전류

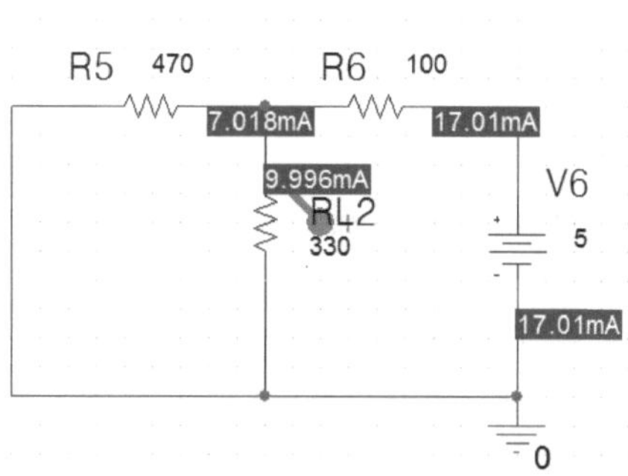

전원 V3 단락시 RL1에 전류

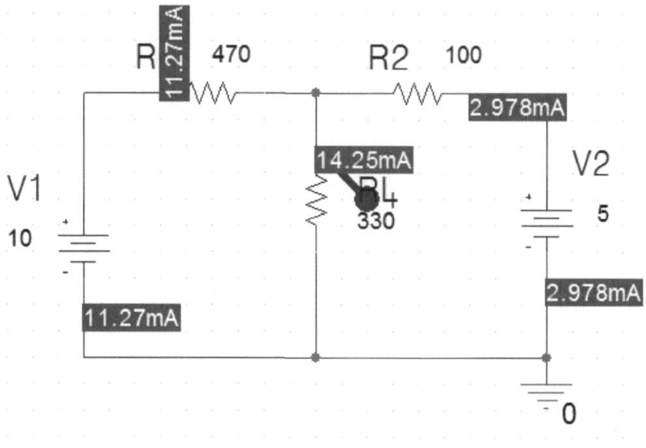

중첩의 정리로 구한 결과와 동일

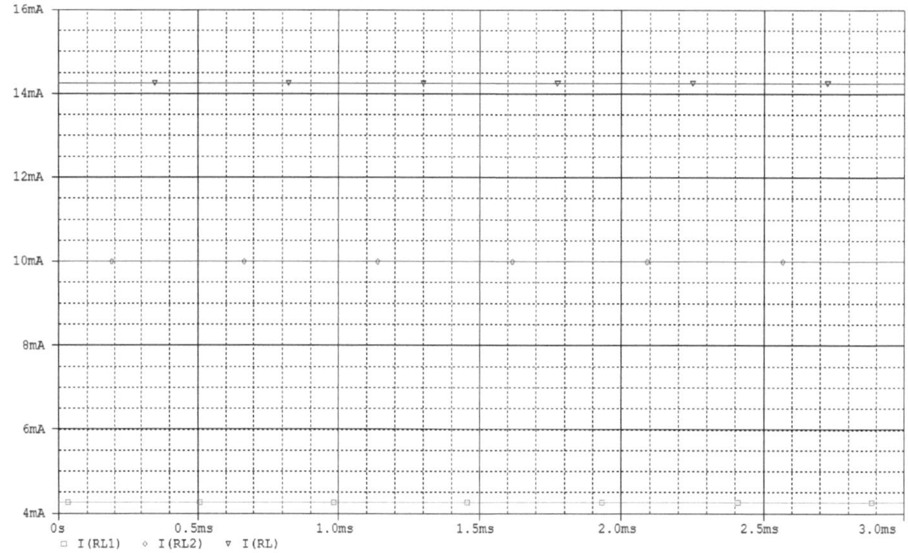

나. 테브난의 정리

【시뮬레이션 목표】

1. 전기회로를 테브난의 등가회로로 변환할 수 있다.
2. 테브난의 정리를 사용하여 전기회로의 동작을 설명할 수 있다.

【회로도】

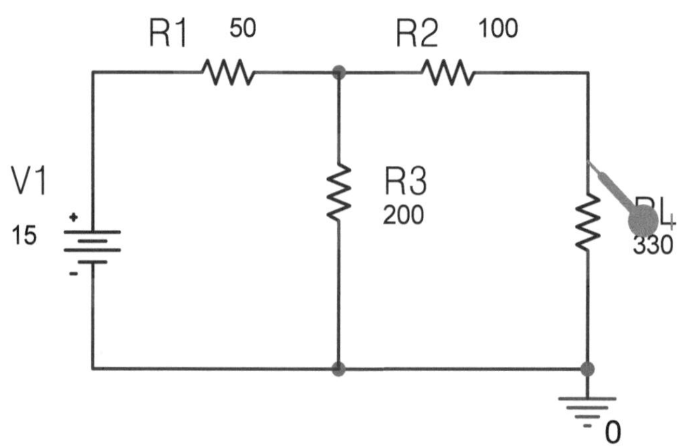

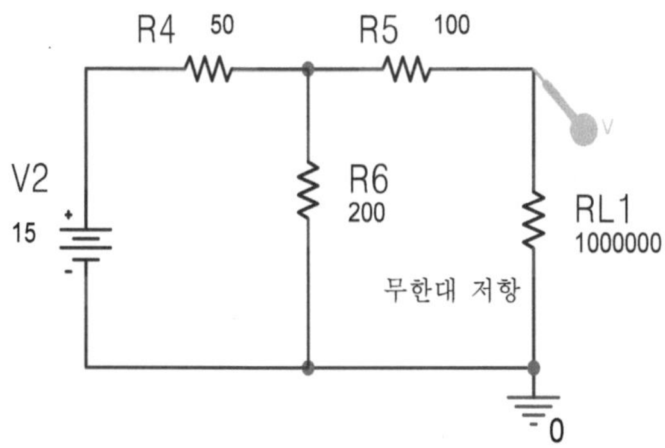

(VTH 측정: $RL1=1000000=\infty$)

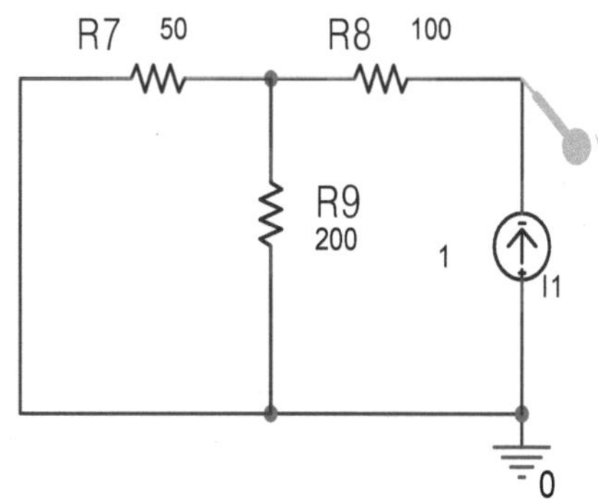

(RTH 측정 : $I=\frac{V}{R}=1[A]$)

【시뮬레이션 순서】

1. 회로도를 완성한다.
2. 시뮬레이션 실행 시간은 3[ms]로 설정한다.

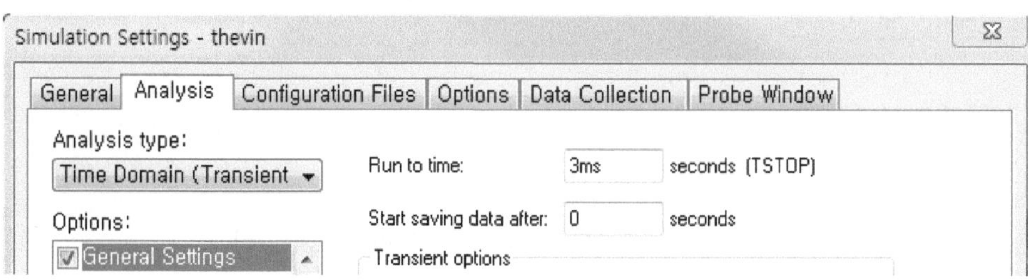

3. 프로그램을 실행하여 결과를 확인한다.

【시뮬레이션 결과】

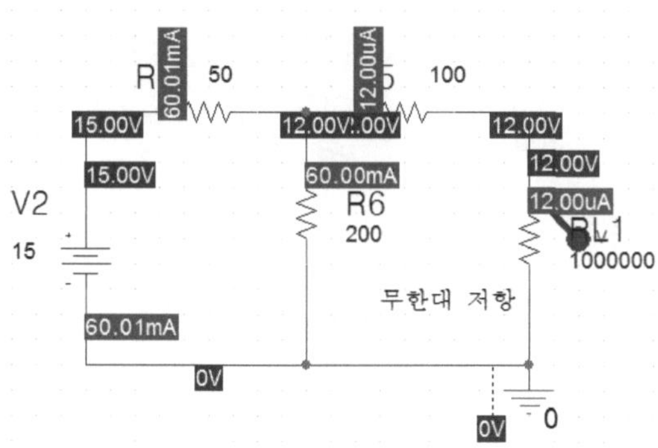

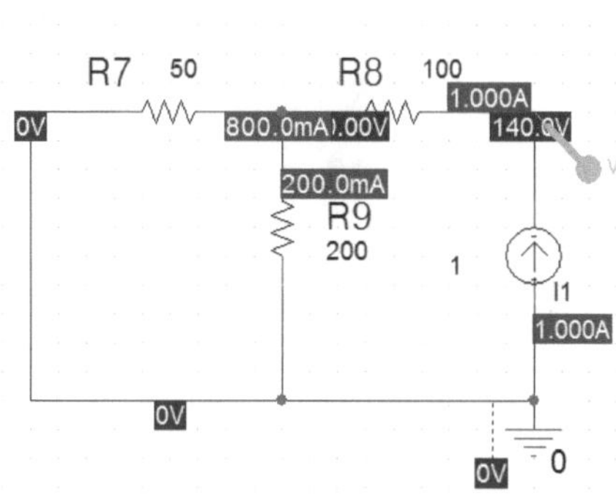

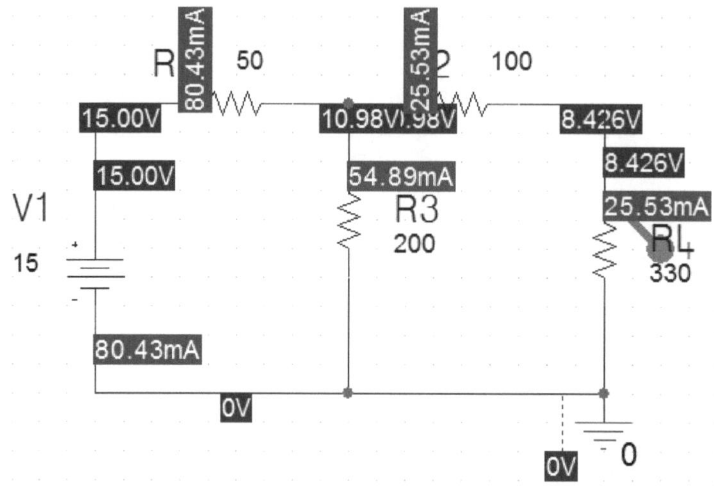

다. 노턴의 정리

【시뮬레이션 목표】

1. 전기회로를 노턴의 등가회로로 변환할 수 있다.
2. 노턴의 정리를 사용하여 전기회로의 동작을 설명할 수 있다.

【회로도】

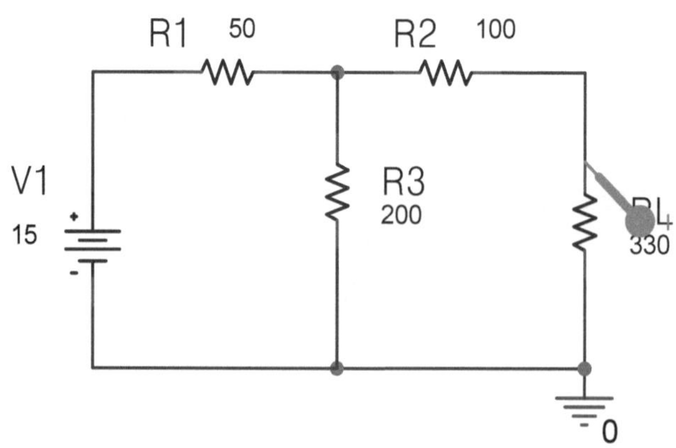

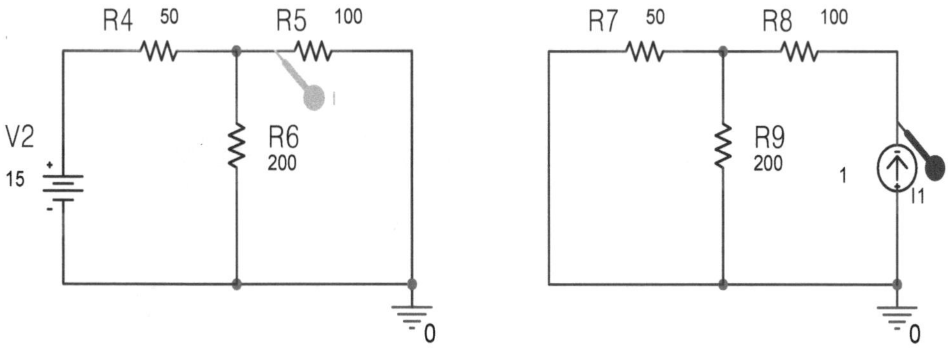

【시뮬레이션 순서】

1. 회로도를 완성한다.

2. 시뮬레이션 실행 시간은 3[ms]로 설정한다.

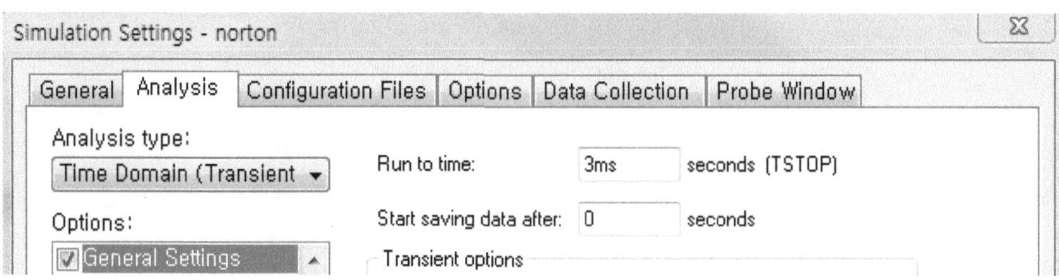

3. 프로그램을 실행하여 결과를 확인한다.

【시뮬레이션 결과】

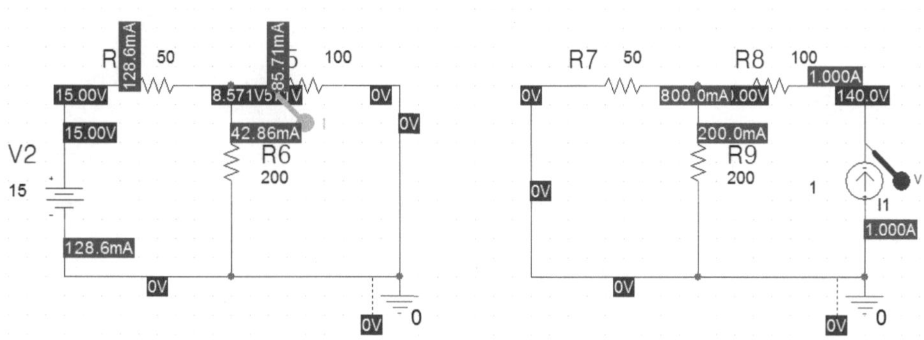

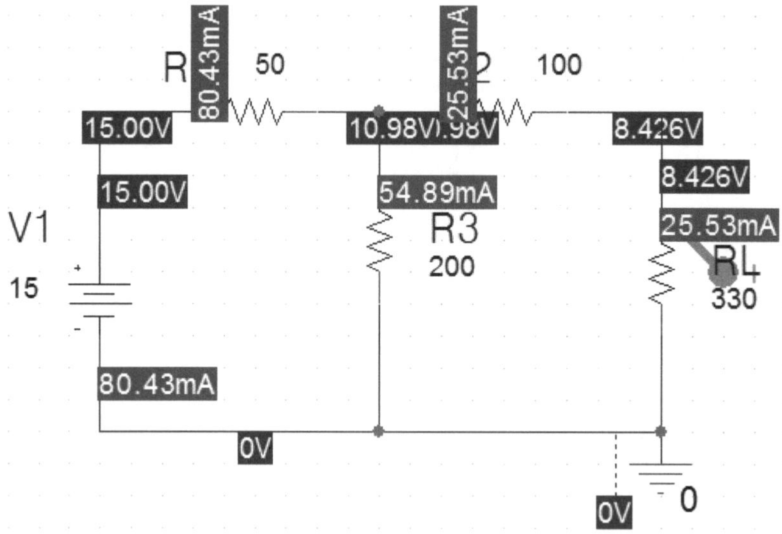

6. 실험 및 실습

【실험 6-1】 중첩의 정리

【실험 목표】

1. 2개 이상의 전원을 포함한 전기회로를 구성할 수 있다.
2. 중첩의 정리를 사용하여 전기회로의 동작을 설명할 수 있다.

【사용재료】

부품	규격	수량	비고
리드선	브레드보드용	1[m] 정도	
저항	100[Ω] (1/4[W]), 150[Ω] (1/4[W]), 330[Ω] (1/4[W])	각1개	색저항

【계측기 및 장비】

계측기 및 장비	용도	수량	비고
브레드보드	실험회로 구성용	1장	
오실로스코프	전압 및 전류 파형 측정	1대	
멀티 미터	전압 및 전류 크기 측정	1대	
전원 공급 장치	실험 회로 전원 공급	1대	

【회로도】

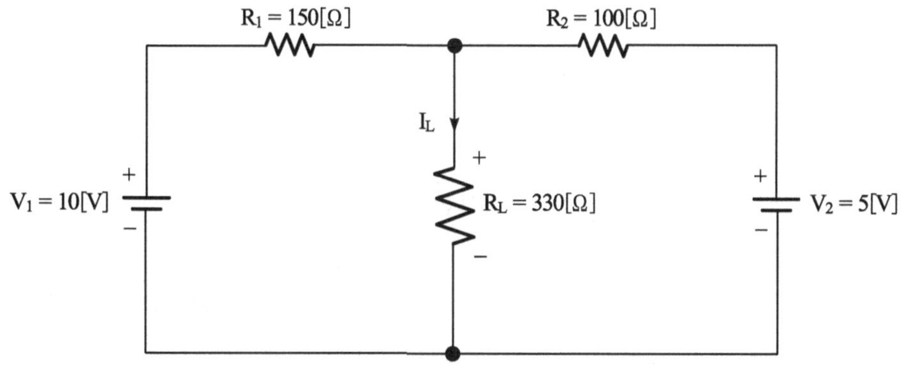

【그림 6-38】 중첩의 정리 실험 회로-1

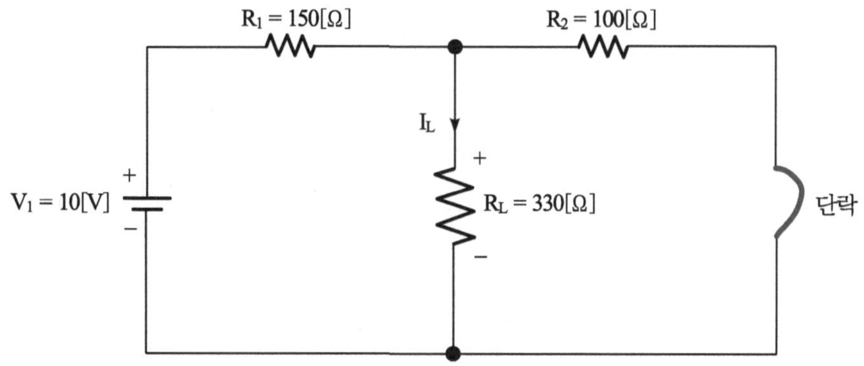

【그림 6-39】 중첩의 정리 실험 회로-2

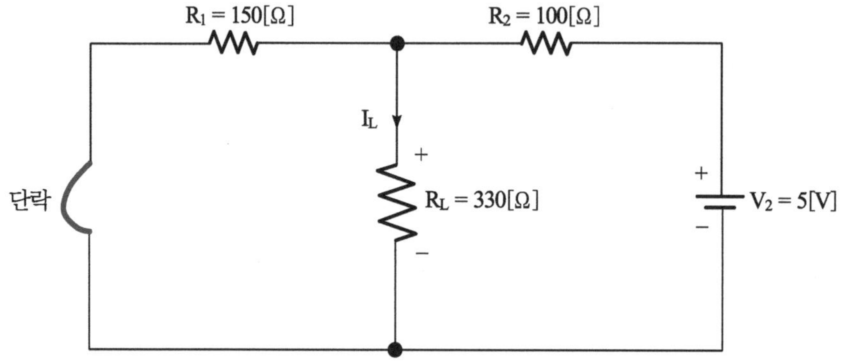

【그림 6-40】 중첩의 정리 실험 회로-3

【실험 순서】

1. 그림 6-38과 같은 실험 회로를 구성한다.
2. 부하저항 RL에 흐르는 전류 IL의 계산값 및 측정값을 표 6-1에 기록한다.
3. 그림 6-39와 같은 실험 회로를 구성한다.
4. 부하저항 RL에 흐르는 전류 IL1를 측정하여 표 6-1에 기록한다.
5. 그림 6-40과 같은 실험 회로를 구성한다.
6. 부하저항 RL에 흐르는 전류 IL2를 측정하여 표 6-1에 기록한다.
7. 측정 데이터는 3번씩 측정하여 평균값을 구한다.

【표 6-1】 전류 측정

<table>
<tr><th rowspan="2">전압원</th><th colspan="2">IL[mA]</th><th rowspan="2">I_{L1}[mA]</th><th rowspan="2">I_{L2}[mA]</th></tr>
<tr><th>계산값</th><th>측정값</th></tr>
<tr><td rowspan="4">V_1=10[V]
V_2= 5[V]</td><td rowspan="3"></td><td></td><td></td><td></td></tr>
<tr><td></td><td></td><td></td></tr>
<tr><td></td><td></td><td></td></tr>
<tr><td>평균값</td><td></td><td></td><td></td></tr>
</table>

【평가】

1. 표 6-1의 전류 측정 데이터를 분석하여 중첩의 정리가 적용되는지 확인해 본다.
2. 전원 V1의 극성을 변경하여도 중첩의 정리가 적용되는지 확인해 본다.

【심화 실험】

1. 그림 6-41과 같은 실험 회로를 구성한 후에 전류 IL을 측정하여라.

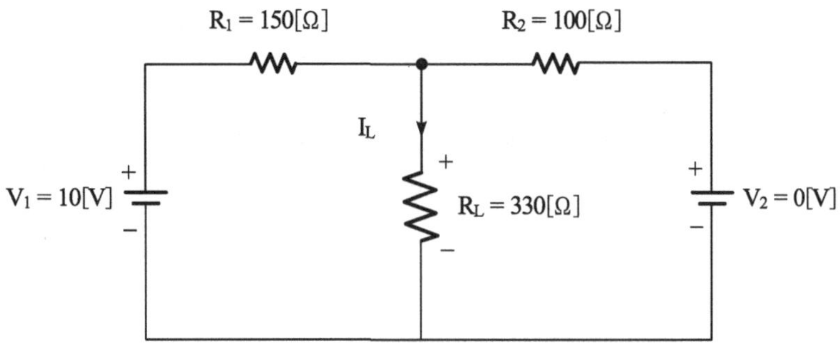

【그림 6-41】 중첩의 정리 실험 회로-4

2. 그림 6-42와 같은 실험 회로 실험 회로를 구성한 후에 전류 IL을 측정하여라.

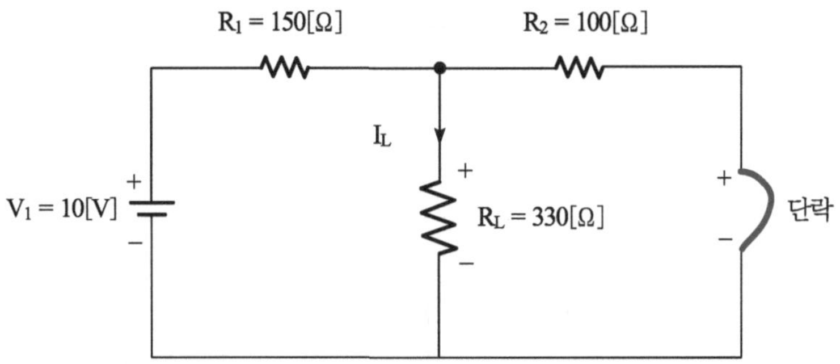

【그림 6-42】 중첩의 정리 실험 회로-5

3. 그림 6-41과 그림 6-42에서 부하저항에 흐르는 전료 IL이 동일하지 않은 이유를 설명하여라.

【실험 6-2】 테브난의 정리

【실험 목표】

1. 전기회로를 테브난의 등가회로로 변환할 수 있다.
2. 테브난의 정리를 사용하여 전기회로의 동작을 설명할 수 있다.

【사용재료】

부품	규격	수량	비고
리드선	브레드보드용	1[m] 정도	
저항	100[Ω] (1/4[W]), 100[Ω] (1/4[W]), 200[Ω] (1/4[W]), 330[Ω] (1/4[W])	각 1개	색저항

【계측기 및 장비】

계측기 및 장비	용도	수량	비고
브레드보드	실험회로 구성용	1장	
오실로스코프	전압 및 전류 파형 측정	1대	
멀티 미터	전압 및 전류 크기 측정	1대	
전원 공급 장치	실험 회로 전원 공급	1대	

【회로도】

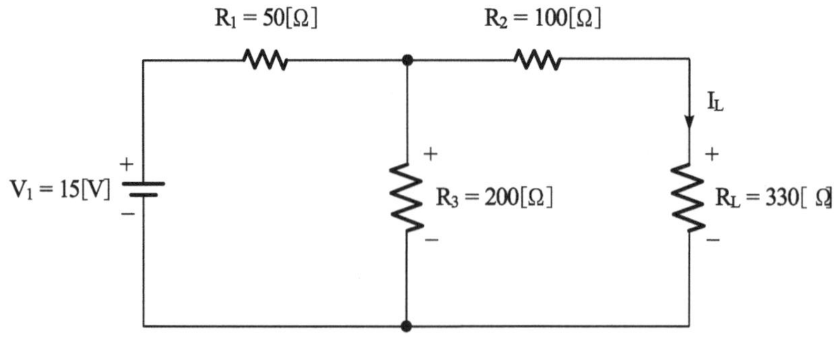

【그림 6-43】 테브난의 정리 실험 회로-1

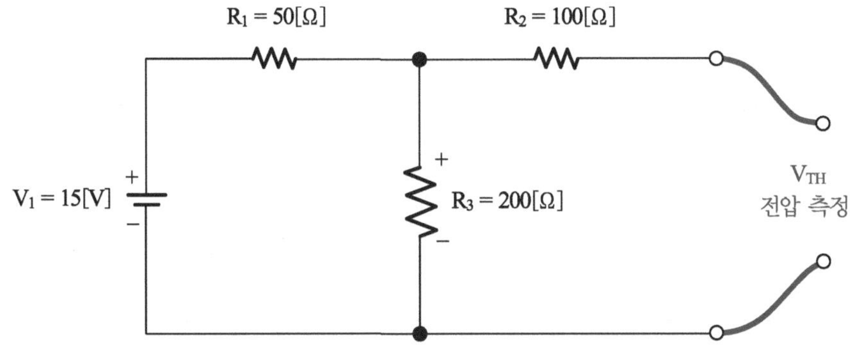

【그림 6-44】 테브난의 정리 실험 회로-2

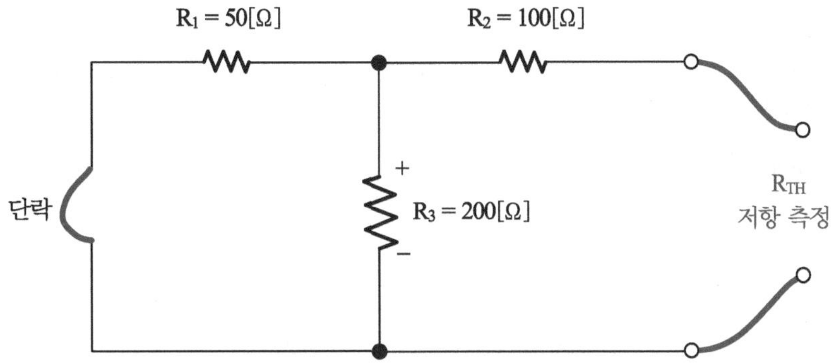

【그림 6-45】 테브난의 정리 실험 회로-3

【실험 순서】

1. 그림 6-43과 같은 실험 회로를 구성한다.
2. 부하저항 RL에 흐르는 전류 IL의 계산값 및 측정값을 표 6-2에 기록한다.
3. 그림 6-44와 같은 실험 회로를 구성한다.
4. 개방된 단자에 인가되는 전압 VTH를 측정하여 표 6-2에 기록한다.
5. 그림 6-45와 같은 실험 회로를 구성한다.
6. 개방된 단자에 저항 RTH를 측정하여 표 6-2에 기록한다.
7. 측정 데이터는 3번씩 측정하여 평균값을 구한다.

【표 6-2】 측정 데이터

전압원	I_L[mA]		V_{TH}[V]	R_{TH}[Ω]
	계산값	측정값		
V_1=15[V]				
	평균값			

【평가】

1. 표 6-2의 측정 데이터를 분석하여 테브난의 정리가 적용되는지 확인해 본다.

【심화 실험】

1. 그림 6-46과 같은 실험 회로를 구성한 후에 동일한 실험을 한다.

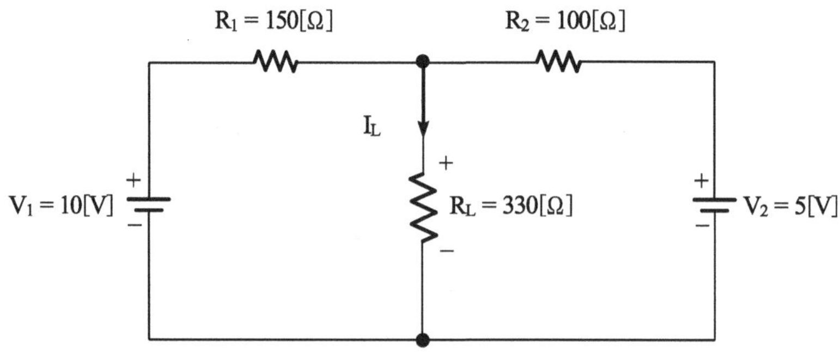

【그림 6-46】 테브난의 정리 실험 회로-4

【실험 6-3】 노턴의 정리

【실험 목표】

1. 전기회로를 노턴의 등가회로로 변환할 수 있다.
2. 전압원을 전류원으로 변환하는 회로를 구성할 수 있다.

3. 노턴의 정리를 사용하여 전기회로의 동작을 설명할 수 있다.

4. 테브난의 등가회로와 노턴의 등가회로를 상호 변환할 수 있다.

【사용재료】

부품	규격	수량	비고
리드선	브레드보드용	1[m] 정도	
저항	50[Ω] (1/4[W]), 100[Ω] (1/4[W]), 200[Ω] (1/4[W]), 330[Ω] (1/4[W])	각 1개	색저항

【계측기 및 장비】

계측기 및 장비	용도	수량	비고
브레드보드	실험회로 구성용	1장	
오실로스코프	전압 및 전류 파형 측정	1대	
멀티 미터	전압 및 전류 크기 측정	1대	
전원 공급 장치	실험 회로 전원 공급	1대	

【회로도】

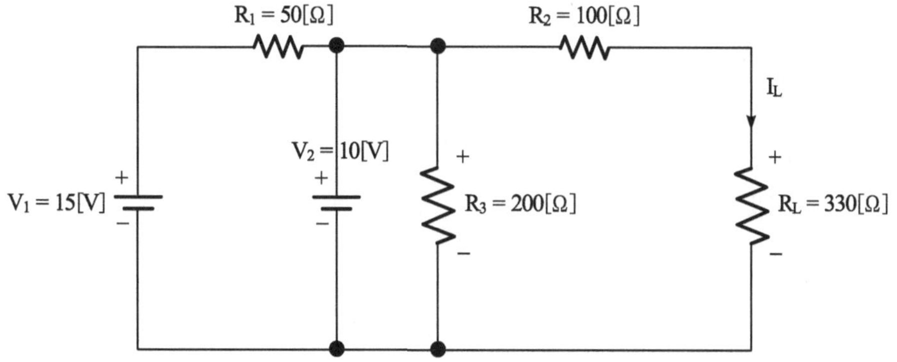

【그림 6-47】 노턴의 정리 실험 회로-1

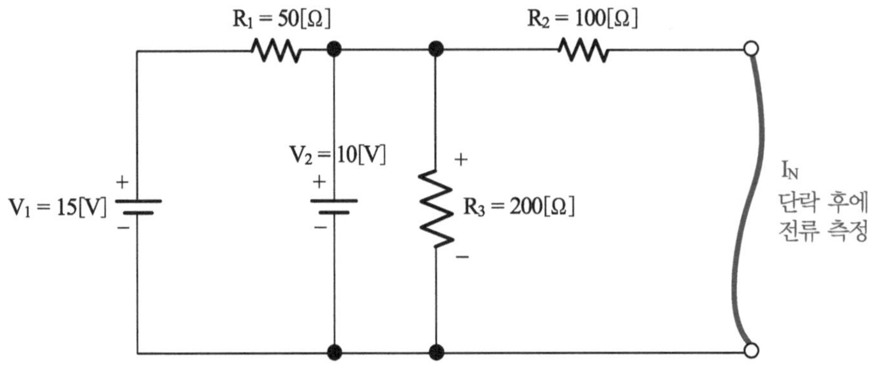

【그림 6-48】 노턴의 정리 실험 회로-2

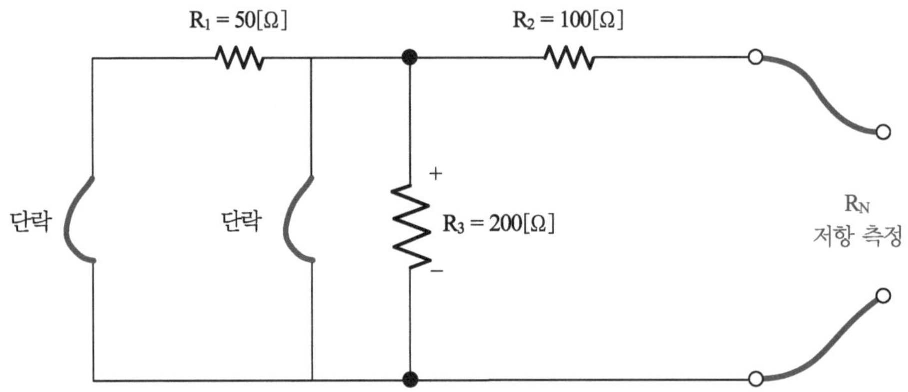

【그림 6-49】 노턴의 정리 실험 회로-3

【실험 순서】

1. 그림 6-47과 같은 실험 회로를 구성한다.
2. 부하저항 RL에 흐르는 전류 IL의 계산값 및 측정값을 표 6-3에 기록한다.
3. 그림 6-48과 같은 실험 회로를 구성한다.
4. 단락된 단자에 흐르는 전류 IN을 측정하여 표 6-3에 기록한다.
5. 그림 6-49와 같은 실험 회로를 구성한다.
6. 개방된 단자에 저항 RN를 측정하여 표 6-3에 기록한다.
7. 측정 데이터는 3번씩 측정하여 평균값을 구한다.

【표 6-3】 측정 데이터

전압원	I_L[mA]		I_N[A]	R_N[Ω]
	계산값	측정값		
V_1=15[V]				
	평균값			

【평가】

1. 표 6-3의 측정 데이터를 분석하여 노턴의 정리가 적용되는지 확인해 본다.

【심화 실험】

1. 그림 6-50과 같은 실험 회로를 구성한 후에 동일한 실험을 한다.

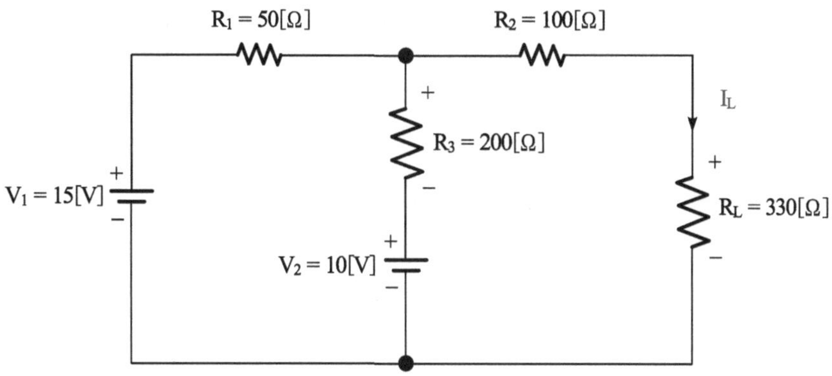

【그림 6-50】 노턴의 정리 실험 회로-4

2. 그림 6-50의 실험회로를 테브난의 등가전압을 측정하기 의한 회로와 등가저항을 측정하기 위한 회로로 변환한다.
3. 노턴의 정리로 변환한 등가회로와 테브난의 정리로 구한 등가회로를 통해 부하전류를 구하고 실험 결과와 동일함을 확인한다.

【실험 6-4】 최대전력 전달 정리

【실험 목표】

1. 최대전력 전달 정리를 설명할 수 있는 회로를 구성할 수 있다.
2. 부하에 최대전력을 공급하기 위한 전압원을 선정할 수 있다.
3. 전압원의 내부 저항에 의한 전력 손실을 설명할 수 있다.

【사용재료】

부품	규격	수량	비고
리드선	브레드보드용	1[m] 정도	
저항	가변 저항 1[kΩ]	각 1개	
저항	150[Ω] (1/4[W]), 300[Ω] (1/4[W])	각 1개	색저항

【계측기 및 장비】

계측기 및 장비	용도	수량	비고
브레드보드	실험회로 구성용	1장	
오실로스코프	전압 및 전류 파형 측정	1대	
멀티 미터	전압 및 전류 크기 측정	1대	
전원 공급 장치	실험 회로 전원 공급	1대	

【회로도】

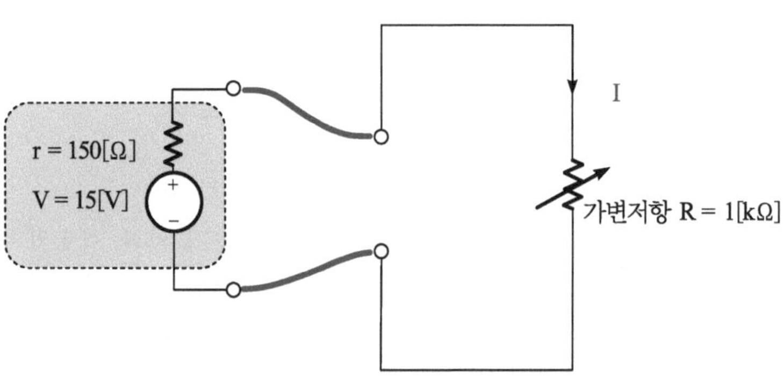

【그림 6-51】 최대전력 전달 정리 실험 회로-1

【실험 순서】

1. 그림 6-51과 같은 실험 회로를 구성한다.
2. 가변저항 R에 흐르는 전류 I를 측정하여 표 6-4에 기록한다.
3. 가변저항 R에 인가되는 전압 V_R를 측정하여 표 6-4에 기록한다.
4. 측정한 전압 및 전류로 전력 P를 계산하여 표 6-4에 기록한다.
5. 그림 6-51 회로에서 저항 r을 300[Ω]으로 교체한 후에 동일한 실험을 반복하고 그 결과를 표 6-5에 기록한다.

【표 6-4】 측정 데이터 - (R = 150[Ω])

R[Ω]	50	100	150	200	250	300	350	400	500	600
I[mA]										
V_R[V]										
P_R[W]										

【표 6-5】 측정 데이터 - (R = 300[Ω])

R[Ω]	50	100	150	200	250	300	350	400	500	600
I[mA]										
V_R[V]										
P_R[W]										

6. 표 6-4 및 표 6-5에 측정된 데이터를 사용하여 그림 6-52에 전력이 변화되는 그래프를 완성하여라. 여기서 그래프에 가로축은 부하저항 R과 전압원과 직렬로 접속된 저항 r과의 비율 $\frac{R}{r}$을 나타내며, 세로축은 표 6-4 및 표 6-5에서 측정한 전압과 전류로 계산한 전력의 최댓값 P_{MAX}와 부하저항 R을 변화시켰을 때 계산한 전력 PR의 비율 $\frac{P_{MAX}}{P_R}$을 나타내도록 한다.

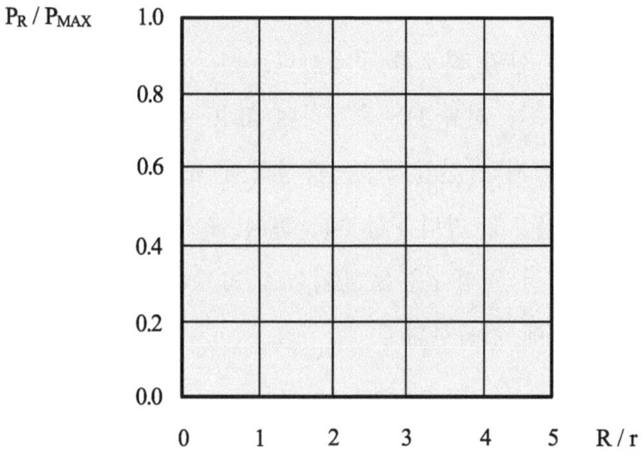

【그림 6-52】 최대전력 전달 곡선

【평가】

1. 표 6-4 및 표 6-5의 측정 데이터를 분석하여 최대전력 전달 정리가 적용되는지 확인해 본다.

【심화 실험】

1. 그림 6-53과 같은 실험 회로를 가변저항을 기준으로 2단자 테브난의 등가회로로 변환한 후에 동일한 실험을 한다.

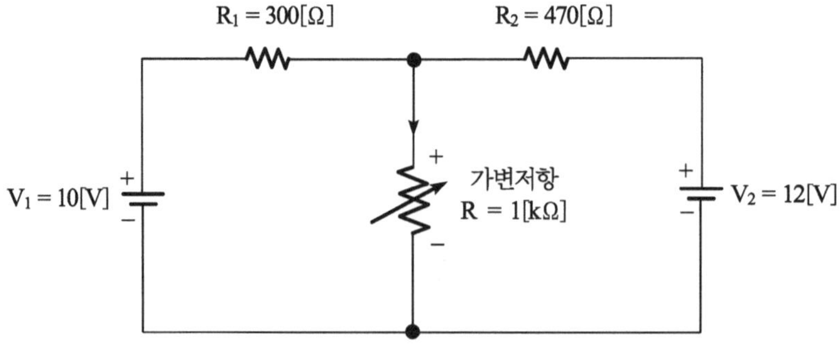

【그림 6-53】 최대전력 전달 정리 실험회로

1. 정전압원(Constant Voltage Source)은 전압이 일정하고 전류는 부하에 따라 변하는 전원 장치를 의미한다.
2. 정전류원(Constant Current Source)은 전류가 일정하고 전압는 부하에 따라 변하는 전원 장치를 의미한다.
3. 이상적인 전압원은 내부 저항이 "0"이고, 이상적인 전류원은 내부 저항이 "∞"이다.
4. 전압원을 전류원으로 변경하기 위해서는, 전압원 기호는 전류원 기호로 변경하고 전압원에 직렬로 접속된 내부 저항은 전류원에 병렬로 접속한다.
5. 전류원을 전압원으로 변경하기 위해서는, 전류원 기호는 전압원 기호로 변경하고 전류원에 병렬로 접속된 내부 저항은 전압원에 직렬로 접속한다.
6. 전기회로는 Homogeneity 또는 Scaling 및 Additivity가 성립하므로 선형 방정식으로 해석한다.
7. 중첩의 정리, 테브난의 정리, 노턴의 정리, 밀만의 정리 등은 전기회로의 선형적인 특성을 이용한 전기회로 해석 방법이다.
8. 저항 등과 같은 수동 소자로 구성된 선형성을 지닌 전기회로에서 임의의 소자 양단에 전압 또는 전류는, 회로에 포함된 독립된 전원 각각에 의해 해당 소자 양단에 전압 또는 전류 대수합과 동일하다.
9. 테브난의 정리는 다수의 전원 장치와 수동소자로 구성된 선형 특성을 지닌 복잡한 전기회로를 해석하기 위해서 사용된다.
10. 테브난 등가회로는 테브난의 등가전압 VTH와 테브난의 등가저항 RTH를 직렬로 연결한 것이다.
11. 노턴의 정리는 다수의 전원 장치와 수동소자로 구성된 선형 특성을 지닌 복잡한 전기회로를 해석하기 위해서 사용된다.
12. 노턴의 등가회로는 노턴의 등가전류 IN과 노턴의 등가저항 RN을 병렬로 연결한 것이다.
13. 노턴의 등가회로를 테브난의 등가회로로 변환하는 과정은 전류원을 전압원으로 변환하는 과정과 동일하다.
14. 테브난의 등가회로를 노턴의 등가회로로 변환하는 과정은 전압원을 전류원으로 변환하는 과정과 동일하다.

15. 부하에 전기 에너지를 공급하는 전원 장치는 자체의 내부 저항이나 부하의 변동에 따라서 부하전압이나 부하전류가 변동하고 그 결과로 부하에 공급되는 전력이 변하게 된다.

16. 전원 장치에 부하를 접속하는 경우에 부하에 최대로 전력을 공급할 수 있는 조건을 지니도록 설계를 하는 것이 필요하다.

【완성형】

1. 정전압원은 ( )이 일정하고 ( )는 부하에 따라 변하는 전원 장치를 의미한다.
2. 정전류원은 ( )이 일정하고 ( )는 부하에 따라 변하는 전원 장치를 의미한다.
3. 이상적인 전압원은 내부 저항이 ( )이고, 이상적인 전류원은 내부 저항이 ( )이다.
4. 전압원의 내부 저항은 전압원과 ( )로 접속한다.
5. 전류원의 내부 저항은 전류원과 ( )로 접속한다.
6. 저항 등과 같은 수동 소자로 구성된 선형성을 지닌 전기회로에서 임의의 소자 양단에 전압 또는 전류는, 회로에 포함된 독립된 전원 각각에 의해 해당 소자 양단에 전압 또는 전류 대수합과 동일함을 나타내는 정리는 ( )이다.
7. ( ) 정리는 테브난의 등가전압 VTH와 테브난의 등가저항 RTH를 직렬로 연결한 것으로 표현한다.
8. ( ) 정리는 노턴의 등가전류 IN과 노턴의 등가저항 RN을 병렬로 연결한 것으로 표현한다.
9. 전원 장치는 자체의 내부 저항이나 부하의 변동에 따라서 부하전압이나 부하전류가 변동하고 그 결과로 부하에 공급되는 ( )이 변하게 된다.

【서술형】

1. 그림 6-54 정전압원 회로를 정전류원 회로로 변환하고, 부하저항에 흐르는 전류를 구하여라.

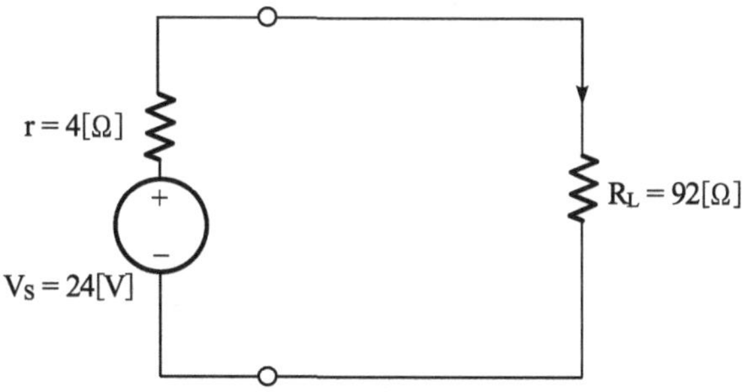

【그림 6-54】 정전압원 회로

2. 그림 6-55 정전류원 회로를 정전압원 회로로 변환하고, 저항 R3에 흐르는 전류를 구하여라.

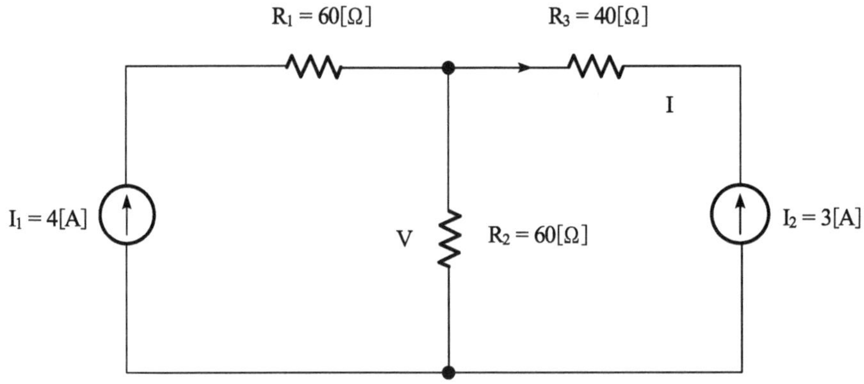

【그림 6-55】 정전류원 회로

3. 전기회로가 선형적인 특성을 지니기 위한 2가지 조건에 대하여 기술하여라.

4. 중첩의 정리를 사용하여 저항 R_2에 흐르는 전류를 구하여라.

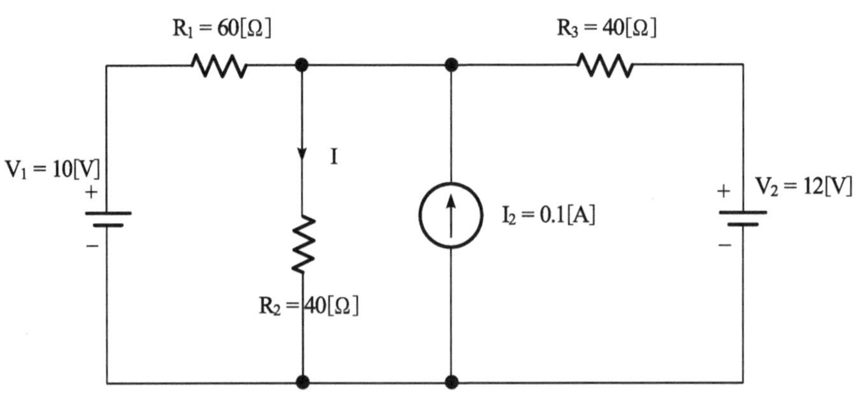

【그림 6-56】 중첩의 정리 응용 회로

5. 테브난의 등가회로로 변환한 후에 저항 RL에 흐르는 전류를 구하여라.

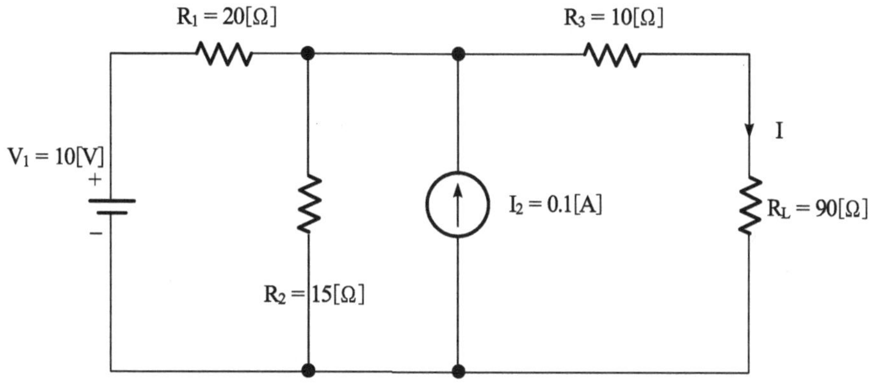

【그림 6-57】 테브난의 정리 응용 회로

6. 노턴의 등가회로로 변환한 후에 저항 R_L에 흐르는 전류를 구하여라.

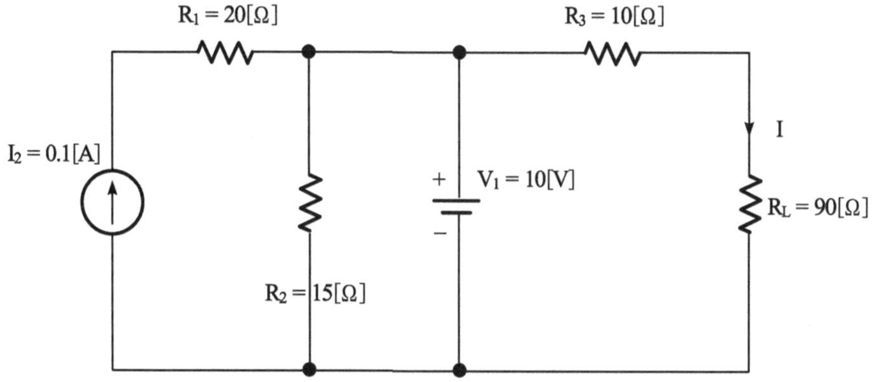

【그림 6-58】 노턴의 정리 응용 회로

7. 테브난의 정리와 노턴의 정리의 차이점을 기술하여라.

8. 그림 6-59의 회로에서 부하저항에 최대전력을 공급하기 위한 부하저항 R_L과 저항 R_3의 관계식을 구하여라.

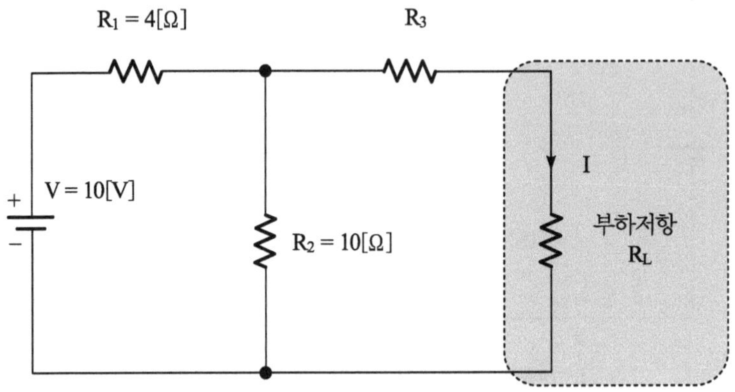

【그림 6-59】 최대전력 전달 정리 응용 회로

제7장

회로망 해석

이 단원에서는 회로 방정식을 풀이하는 데 필요한 회로망 기하학과 행렬식에 대한 학습을 한다. 또한, 전기 회로를 해석하는 방법인 노드 해석법(Nodal analysis)과 메쉬 해석법(Mesh analysis)의 개념을 이해하고 학습한다.

1. 회로망 기하학
2. 행렬식
3. 노드 해석법
4. 메쉬 해석법
5. 시뮬레이션

주요 용어

회로망 기하학, 행렬식, 노드 해석법, 메쉬 해석법

1. 회로망 기하학

학습 목표	1. 회로망 기하학의 용어를 이해한다. 2. 회로망 기하학의 용어를 설명할 수 있다.

가. 회로망 기하학

전기회로를 해석하는 일반적인 방법에는 메쉬 해석법(Mesh analysis)과 노드 해석법(Nodal analysis) 등이 있고, 사용되는 주요 용어는 노드(node), 지로(branch), 루프(loop), 메쉬(mesh) 등이 있다. 메쉬 해석법은 메쉬 전류를 구하고, 이를 이용하여 회로의 모든 저항의 전류와 전압을 구하여 회로를 해석할 수 있는 방법이고, 노드 해석법은 노드 전압을 구하고, 이를 이용하여 회로의 모든 저항의 전류와 전압을 구하여 회로를 해석할 수 있는 방법이다.

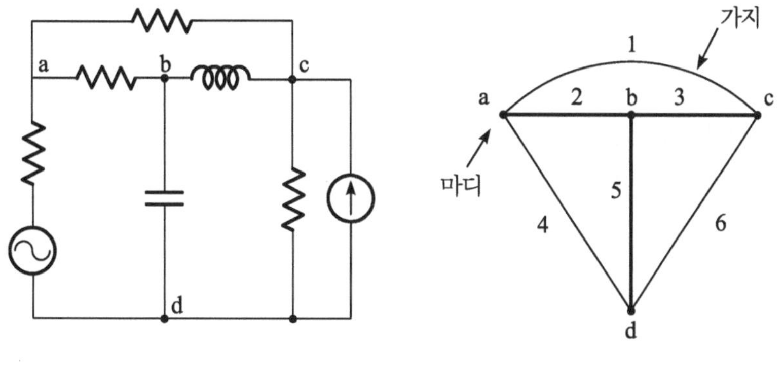

【그림 7-1】 회로망 기하학의 용어 정의

마디(절점, node)는 회로내에서 2개 이상의 회로소자가 연결되어 있는 점. 3개 이상의 회로 요소가 연결된 노드는 필수 노드(essential node)로 부르기도 하며, 노드 해석법에서의 노드는 필수 노드를 의미한다. 가지(지로, branch)는 마디(node)와 마디(node) 사이로 이루어지는 단일경로(path)를 말하며, 특히 다른 피수 노드를 중간에 통과하지 않고 2개의 필수 노드만을 연결하는 경로(path)를 필수 지로(essential branch)라고 한다. 접속점은 3개 이상의 소자가 연결되어 있는 절점을 말한다. 루프(loop, 폐로)는 시작 노드와 마지막 노드가 동일한 경로(path)를 말하며, 특정한 노드에서 출발해서 여러 지로를 경유한 후 시작 노드로 되돌아오는 경로를 뜻한다. 메쉬(mesh, 망)는 루프(loop) 안에 다른 루프를 포함하지 않는 루프를 말한다.

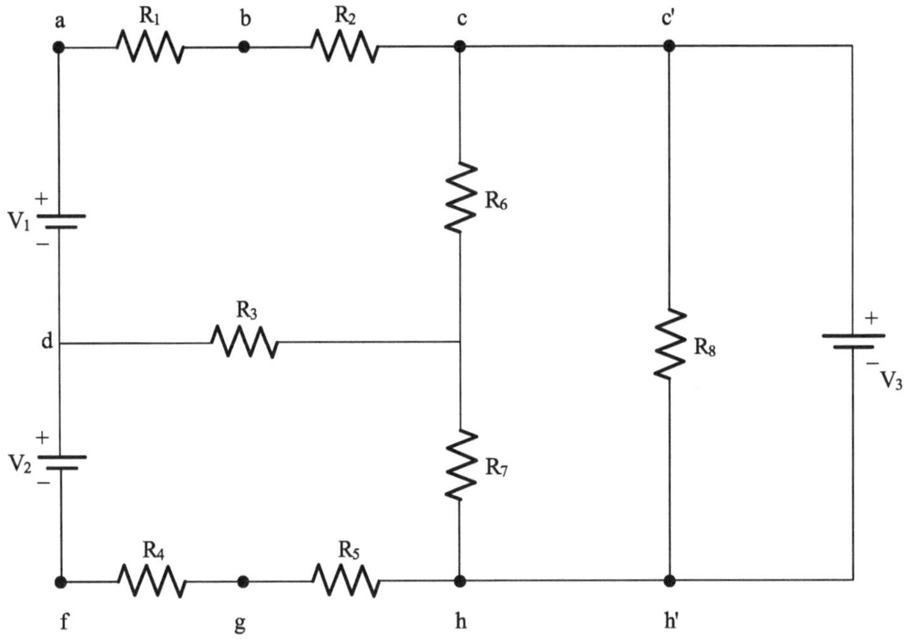

【그림 7-2】 메쉬로 구분되지 않은 회로망

그림 7-2 회로 내에서 2개 이상의 회로소자가 연결되어 있는 점이 노드(node, 마디)가 되므로 a, b, c, d, e, f, g, h가 노드(node)가 된다. [c′은 c와 동일점, h′은 h와 동일점으로 본다.) 3개 이상의 회로 요소가 연결된 노드는 필수 노드(essential node)로 부르는데, 그림 7-2 회로 내에서 c, d, e, h가 필수 노드가 된다.

그림 7-2 회로 내에서 마디(node)와 마디(node) 사이로 이루어지는 단일경로(path)가 지로(가지, branch)가 되므로 R_1, R_2, R_3, R_4, R_5, R_6, R_7, R_8, V_1, V_2, V_3가 지로(branch)가 된다. 다른 피수 노드를 중간에 통과하지 않고 2개의 필수 노드만을 연결

하는 경로(path)를 필수 지로(essential branch)라고 하고, 그림 7-2 회로 내에서 V_1-R_1-R_2, R_3, V_2-R_4-R_5, R_6, R_7, R_8, V_3가 필수 지로가 된다.

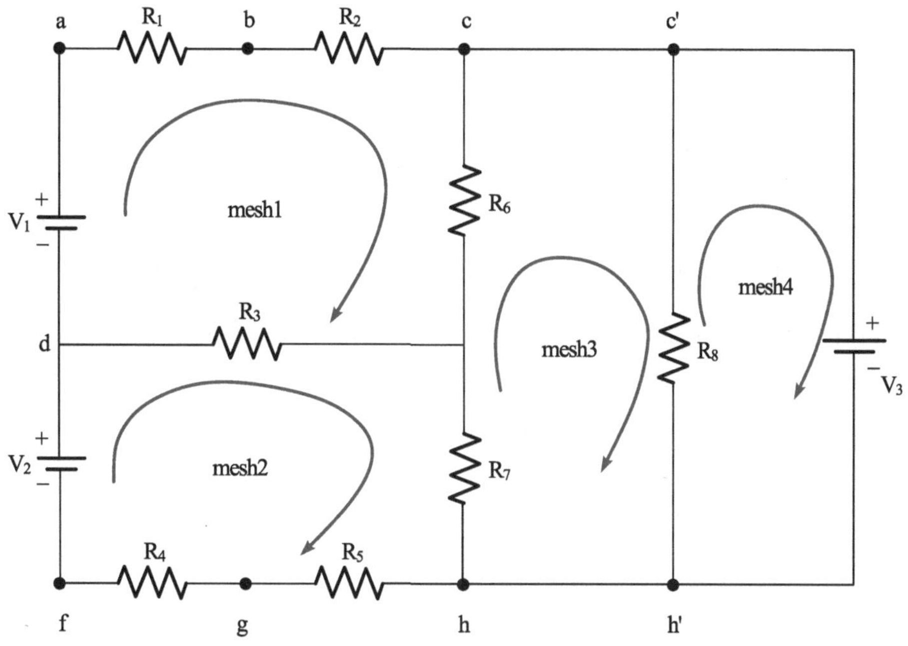

【그림 7-3】 메쉬로 구분된 회로망

루프는 특정한 노드에서 출발해서 여러 지로를 경유한 후 시작 노드로 되돌아오는 경로를 뜻하며, 그림 7-3 회로 내에서 노드 a에서 시작하는 루프는 $R_1-R_2-R_6-R_3-V_1$, $R_1-R_2-R_6-R_7-R_5-R_4-V_2-V_1$, $R_1-R_2-R_8-R_5-R_4-V_2-V_1$, $R_1-R_2-V_3-R_5-R_4-V_2-V_1$ 4개가 있다. 다른 루프로는 $V_2-R_3-R_7-R_5-R_4$, $R_6-R_8-R_7$, $R_6-V_3-R_7$, R_8-V_3 등 4개가 있다.

메쉬(mesh)는 루프(loop) 안에 다른 루프를 포함하지 않는 루프를 말하며, 그림 7-3 회로 내에서 $V_1-R_1-R_2-R_6-R_3$, $V_2-R_3-R_7-R_5-R_4$, $R_6-R_8-R_7$, R_8-V_3등 4개의 루프가 있다. 다른 루프를 포함하고 있으므로 $R_1-R_2-R_6-R_7-R_5-R_4-V_2-V_1$, $R_1-R_2-R_8-R_5-R_4-V_2-V_1$, $R_1-R_2-V_3-R_5-R_4-V_2-V_1$, $R_6-V_3-R_7$는 메쉬가 아닌 루프가 된다.

2. 행렬식

학습 목표	1. 행렬의 개념을 이해할 수 있다. 2. 행렬식의 계산과 방정식의 풀이를 할 수 있다.

가. 행렬

행렬은 매트릭스(matrix)라고도 하는데 가로 줄을 행(row), 세로 줄을 열(column)이라 한다. 행렬에는 결합법칙 및 배분법칙이 성립하며, 덧셈·뺄셈·곱셈의 연산이 성립한다. 그러나 곱의 교환법칙은 성립하지 않는다. 행렬은 이론적으로 매우 명쾌하며, 기호적으로도 간결하기 때문에 그 응용이 상당히 넓다.

연립방정식을 행렬을 이용하여 작성하면 편리할 때가 있다.

$$a_{11}x + a_{12}y + a_{13}z = b_1$$ (식 7–1)

$$a_{21}x + a_{22}y + a_{23}z = b_2$$

$$a_{31}x + a_{32}y + a_{33}z = b_3$$

위와 같은 삼원일차연립방정식이 있을 때 방정식의 계수들을 행렬로 표현할 수 있다.

$$\begin{pmatrix} a_{11} & a_{12} & a_{13} \\ a_{21} & a_{22} & a_{23} \\ a_{31} & a_{32} & a_{33} \end{pmatrix}$$ (식 7–2)

행렬을 구성하는 각 문자를 성분(Entry)이라고 한다. 이때 행×열 이 m×n인 행렬을 m×n 행렬이라 부르며, n×n 행렬을 n차 정사각 행렬이라 부른다.

그리고 (행,열)이 (i,j)일 때 간단히 a_{ij}라고 쓰고, 이 성분이 있는 행렬을 간단히, $A=(a_{ij})$처럼 쓸 수 있다.

나. 행렬식의 계산

행렬에서도 각종 사칙연산을 적용할 수 있다. 덧셈과 뺄셈은, 같은 행과 같은 열에 있는 성분을 각각 연산해 주는 것으로 행렬의 연산이 가능하다.

$$\begin{bmatrix} a_{11} & a_{12} \\ a_{21} & a_{22} \end{bmatrix} + \begin{bmatrix} b_{11} & b_{12} \\ b_{21} & b_{22} \end{bmatrix} = \begin{bmatrix} a_{11}+b_{11} & a_{12}+b_{12} \\ a_{21}+b_{21} & a_{22}+b_{22} \end{bmatrix} \qquad \text{(식 7-3)}$$

그러나 행렬이 같은 꼴에서만 덧셈 뺄셈을 할 수 있다는 단점이 있다.

행렬의 실수 배는 행렬 A와 실수 k에 대해 kA로 표기하며 A의 각 성분에 모두 k를 곱한다는 것을 나타낸다.

$$k \times \begin{bmatrix} a_{11} & a_{12} \\ a_{21} & a_{22} \end{bmatrix} = \begin{bmatrix} ka_{11} & ka_{12} \\ ka_{21} & ka_{22} \end{bmatrix} \qquad \text{(식 7-4)}$$

행렬의 곱셈과 나눗셈에서는 각 행렬의 성분들을 줄 세운 후, 각각 연산을 시행하여 새로운 행렬을 만드는 과정이기 때문에 (A의 열)=(B의 행)일때만 연산이 가능하다.

즉, $A(k,p) \times B(m,n) = C(k,n)$ (식 7-5)

(단, $p=m$이어야 곱셈이 가능하다.)

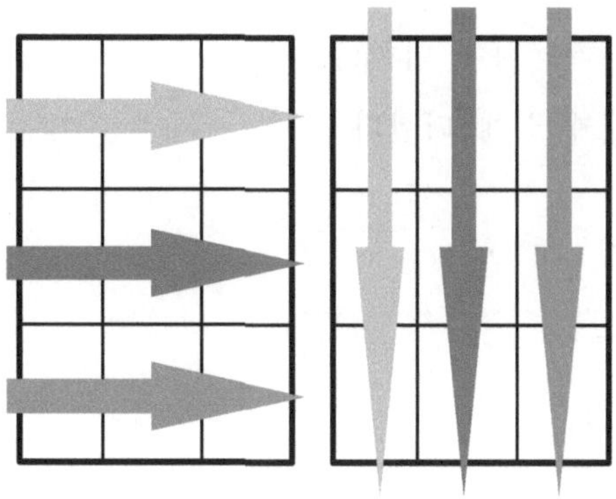

【그림 7-4】 행렬의 곱셈의 순서

그림 7-4와 같이 행렬의 곱셈의 순서는 앞의 행렬의 행과 뒤의 행렬의 열의 성분들을 곱하면 된다.

2×2행렬과 2×2행렬의 곱셈은 다음과 같다.

$$\begin{bmatrix} a & b \\ c & d \end{bmatrix} \times \begin{bmatrix} x & u \\ y & v \end{bmatrix} = \begin{bmatrix} ax+by & au+bv \\ cx+dy & cu+dv \end{bmatrix} \qquad \text{(식 7–6)}$$

2×2행렬과 2×1행렬의 곱셈은 다음과 같다.

$$\begin{bmatrix} a & b \\ c & d \end{bmatrix} \times \begin{bmatrix} x \\ y \end{bmatrix} = \begin{bmatrix} ax+by \\ cx+dy \end{bmatrix} \qquad \text{(식 7–7)}$$

연립 방정식의 해를 구하는 방법으로는 가우스 소거법, 크래머의 법칙, 역행렬법을 사용한다.

가우스 소거법(Gaussian elimination)은 선형대수학에서 일차 연립방정식을 풀기 위한 알고리즘이다. 행렬의 계수와 가역행렬(역행렬)이 존재한다. 가우스 소거법의 순서는 다음과 같다.

① 전진 소거법(Forward elimination)

$$\begin{aligned} 2u + v + w &= 5 \\ 4u - 6v &= -2 \\ -2u + 7v + 2w &= 9 \end{aligned}$$

- 첫째 식의 -2배를 둘째 식에 더한다.
- 첫째 식의 1배를 셋째 식에 더한다.

$$\begin{aligned} 2u + v + w &= 5 \\ -8v - 2w &= -12 \\ 8v + 3w &= 14 \end{aligned}$$

-둘째 식의 1배를 셋째 식에 더한다.

$$\begin{aligned} 2u + v + w &= 5 \\ -8v - 2w &= -12 \\ w &= 2 \end{aligned}$$

② 후진 대입법(Backward substitution)

$$\begin{aligned} 2u + v + w &= 5 \\ -8v - 2w &= -12 \\ w &= 2 \end{aligned}$$

- 셋째 식이 w = 2임을 말한다.
- w=2를 둘째 식에 대입하여 v를 구하면 v = 1이다.
- 마찬가지로 v, w를 첫째 식에 대입하여 u를 구하면 u= 1이다. 각 식 앞에 있는 $2u$, $-8v$, w의 계수인 2, -8, 1을 피벗(pivot)이라고 부른다.

크래머의 법칙(Cramer's rule)은 선형 연립방정식의 해를 행렬식으로 표현하는 선형대수학의 정리(theorem)이다.

2×2 행렬에서 공식을 적용해보면 주어진 연립방정식이 다음과 같을 때

$$\begin{aligned} ax + by &= e \\ cx + dy &= f \end{aligned} \qquad \text{(식 7-8)}$$

이 식은 $\begin{bmatrix} a & b \\ c & d \end{bmatrix}\begin{bmatrix} x \\ y \end{bmatrix} = \begin{bmatrix} e \\ f \end{bmatrix}$로 쓸 수 있다. (식 7-9)

공식을 적용하면

$$x = \begin{bmatrix} e & b \\ f & d \end{bmatrix} / \begin{bmatrix} a & b \\ c & d \end{bmatrix} = \frac{ed - bf}{ad - bc} \qquad \text{(식 7-10)}$$

$y = \begin{bmatrix} a & e \\ c & f \end{bmatrix} / \begin{bmatrix} a & b \\ c & d \end{bmatrix} = \dfrac{af - ec}{ad - bc}$가 된다.

3. 노드 해석법

학습 목표	1. 노드 해석법을 이해하고 설명할 수 있다. 2. 노드 해석법을 이용하여 회로 방정식을 풀이할 수 있다.

가. 노드 해석법

노드 해석법(nodal analysis)은 각 노드에 대해 키르히호프의 전류 법칙(KCL)을 적용하여 전류 방정식을 세우고, 노드 전압을 미지수로 하는 전류 방정식의 해를 연립 방정식의 해법을 이용하여 구함으로써 회로를 해석하는 방법이다.

노드 해석법을 이용한 회로 해석은 다음의 4단계에 따른다고 할 수 있다. 1단계에서 회로에 노드 전압을 표시한다. 회로에 존재하는 노드(필수 노드)의 수량을 파악하고, 노드 전압의 극성과 기호를 결정한다.

2단계로 각 노드에 대해 전류 방정식을 수립한다. 노드 전압을 미지수로 하는 전류 방정식을 수립하고, KCL을 이용하여 각 노드의 전류 방정식을 수립한다.

3단계로 연립 방정식 해법을 이용한 노드 전압을 해석한다. 미지수인 노드 전압의 개수 = 전류 방정식의 개수가 되므로 다양한 연립 방정식 해법을 이용하는 것이 가능하다.

4단계에서는 노드 전압을 이용하여 전기회로를 해석한다. 구한 노드 전압을 이용하여 각 회로 요소의 전류와 전압을 해석할 수 있다.

나. 노드 해석법에 의한 회로 해석

다음 회로는 5개의 저항, 2개의 전압원으로 이루어진 회로이다. 노드 해석법을 사용하여 각 저항의 전류, 전압을 구해보면 다음과 같다.

전기회로를 해석한다는 의미는 회로를 구성하는 모든 요소의 전압과 전류를 구하는 것으로 이해할 수 있으므로 그림 7-5의 전기회로를 해석한다는 것은 $R_1 \sim R_5$의 저항의 전류 $I_1 \sim I_5$와 전압 $V_1 \sim V_5$를 구하는 것이다.

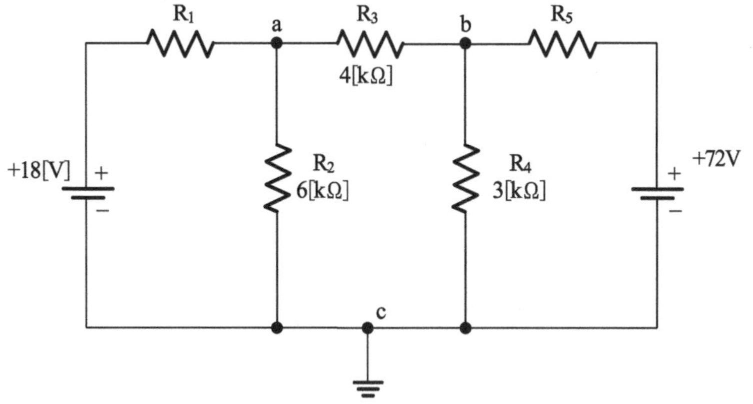

【그림 7-5】 노드 해석을 위한 회로도

노드 해석법의 첫 번째 단계는 노드(필수 노드) 전압을 설정하는 것이다.

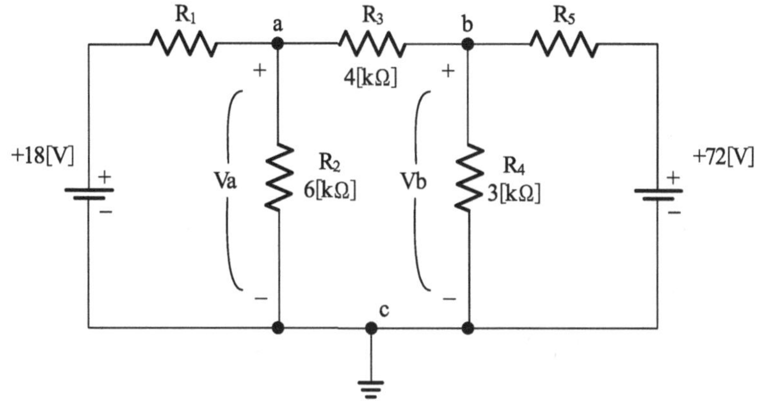

【그림 7-6】 노드 해석을 위한 회로도(노드 전압 설정)

그림 7-6의 전기회로에서의 노드는 a, b, c의 3개로 1개 노드를 기준 노드(reference node)로 설정하고, 2개의 노드에 대해 노드 전압을 설정한다.

그림7-6 회로에서 노드 c를 기준 노드, 노드 a와 기준 노드 c 사이의 노드 전압을 V_a, 노드 b와 기준 노드 c 사이의 노드 전압을 V_b로 설정하고, 회로도에 노드 전압을 표시하였다.

노드 해석법의 두 번째 단계는 각 노드에 대해 KCL을 이용하여 전류 방정식을 세우는 것이다.

a와 b의 노드에 대해 KCL을 이용하여 전류 방정식을 세운다.

$$\text{노드 } a: \frac{18-V_a}{R_1} = \frac{V_a}{R_2} + \frac{V_a-V_b}{R_3} \qquad \text{(식 7-11)}$$

$$\therefore \frac{18-V_a}{3} = \frac{V_a}{6} + \frac{V_a-V_b}{4} \rightarrow 9V_a - 3V_b = 72$$

$$\text{노드 } b: \frac{V_a-V_b}{R_3} = \frac{V_b}{R_4} + \frac{V_b-72}{R_5} \qquad \text{(식 7-12)}$$

$$\therefore \frac{V_a-V_b}{4} = \frac{V_b}{3} + \frac{V_b-72}{6} \rightarrow 3V_a - 9V_b = -144$$

노드 해석법의 세 번째 단계는 노드 전압에 대한 연립 방정식을 풀어 노드 전압 V_a와 V_b를 구한다.

$$V_a = 15[V] \qquad \text{(식 7-13)}$$

$$V_b = 21[V]$$

노드 해석법의 네 번째 단계는 구한 노드전압을 이용하여 회로를 해석한다. 노드 전압을 구하면 각 저항의 전류와 전압을 구할 수 있음을 입증하기 위해 노드 전압 V_a, V_b를 이용하여 각 저항의 전압을 계산한다.

R_1, R_2, R_3, R_4, R_5 저항에 걸리는 전압은 다음과 같다.

R_1 저항에 걸리는 전압 $V_1 = 18 - V_a = 18 - 15 = 3[V]$

R_2 저항에 걸리는 전압 $V_2 = V_a = 15[V]$

R_3 저항에 걸리는 전압 $V_3 = V_a - V_b = 15 - 21 = -6[V]$

R_4 저항에 걸리는 전압 $V_4 = V_b = 21[V]$

R_5 저항에 걸리는 전압 $V_5 = V_b - 72 = 21 - 72 = -51[V]$가 된다.

R_1, R_2, R_3, R_4, R_5 저항을 흐르는 전류는 다음과 같다.

R_1 저항을 흐르는 전류 $I_1 = \frac{V_1}{R_1} = \frac{3}{3} = 1[\mathrm{mA}]$

R_2 저항을 흐르는 전류 $I_2 = \frac{V_2}{R_2} = \frac{15}{6} = 2.5[\mathrm{mA}]$

R_3 저항을 흐르는 전류 $I_3 = \frac{V_3}{R_3} = \frac{-6}{4} = -1.5[\mathrm{mA}]$

R_4 저항을 흐르는 전류 $I_4 = \frac{V_4}{R_4} = \frac{21}{3} = 7[\mathrm{mA}]$

R_5 저항을 흐르는 전류 $I_5 = \frac{V_5}{R_5} = \frac{-51}{6} = -8.5[\mathrm{mA}]$가 된다.

4. 메쉬 해석법

학습 목표	1. 노드 해석법을 이해하고 설명할 수 있다. 2. 노드 해석법을 이용하여 회로 방정식을 풀이할 수 있다.

가. 메쉬 해석법

메쉬 해석법을 이용한 회로 해석은 다음의 4단계에 따른다. 1단계에서는 회로에 메쉬 전류를 표시한다. 회로에 존재하는 독립적인 메쉬의 수를 파악하고, 메쉬 전류의 방향과 기호를 결정한다. 2단계에서는 각 메쉬에 대해 전압 방정식을 수립한다. KVL을 이용하여 메쉬 전류를 미지수로 하는 전압 방정식을 수립한다. 3단계에서는 연립 방정식 해법을 이용한 메쉬 전류를 해석한다. 미지수인 메쉬 전류의 개수 = 전압 방정식의 개수이므로 다양한 연립 방정식 해법을 이용하는 것이 가능하다. 4단계에서는 메쉬 전류를 이용하여 전기회로를 해석한다. 구한 메쉬 전류를 이용하여 각 회로 요소의 전류와 전압을 해석한다.

메쉬 해석법이 편리한 점은 다음과 같다.

① 메쉬 전류를 구하기 위한 연립 방정식을 기계적으로 세울 수 있다.

② 크래머의 법칙 등을 이용한 메쉬 전류의 계산이 쉬우며, 이를 이용한 주어진 회로의 해석이 가능하다.

③ 복잡한 회로의 계산 시 값이 정확하고 손쉽게 해석이 가능하다.

나. 메쉬 해석법에 의한 회로 해석

그림 7-7 회로는 3개의 저항, 2개의 전압원으로 이루어진 회로이다. 메쉬 해석법을 사용하여 회로에 흐르는 전류를 구해보면 다음과 같다.

① 1단계에서는 회로에 메쉬 전류를 표시한다.
메쉬1에 흐르는 전류를 I_1, 메쉬2에 흐르는 전류를 I_2로 정한다.

② 2단계에서는 각 메쉬에 대해 전압 방정식을 수립한다.
KVL을 이용하여 메쉬 전류를 미지수로 하는 전압 방정식을 수립한다.

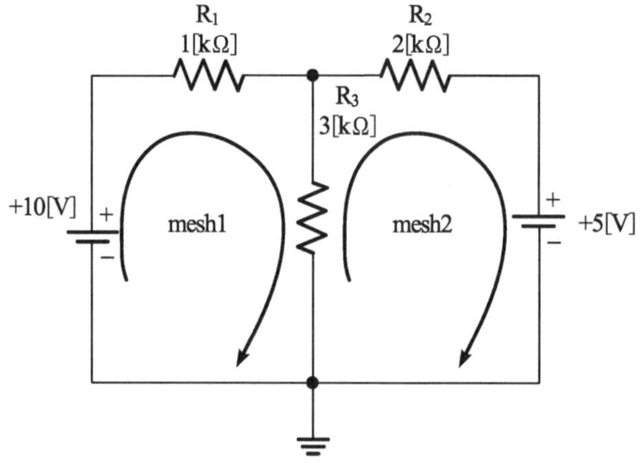

【그림 7-7】 메쉬 해석을 위한 회로도

메쉬1에서 전압방정식을 세우면

$$I_1 + 2(I_1 - I_2) = 10 \qquad \text{(식 7-14)}$$

메쉬 2에서 전압방정식을 세우면

$$3I_2 + 2(I_2 - I_1) = -5 \quad \text{(식 7-15)}$$

③ 3단계에서는 연립 방정식 해법 중 가우스 소거법을 이용한 메쉬 전류를 해석한다.

먼저 방정식을 정리하면 다음과 같다.

$$3I_1 - 2I_2 = 10 \quad \text{(식 7-16)}$$

$$-2I_1 + 5I_2 = -5 \quad \text{(식 7-17)}$$

식 7-16 × 2, 식 7-17 × 3 하면

$$6I_1 - 4I_2 = 20 \quad \text{(식 7-18)}$$

$$-6I_1 + 15I_2 = -15 \quad \text{(식 7-19)}$$

식 7-18+ 식 7-19하면

$$11I_2 = 5 \quad \text{(식 7-20)}$$

그러므로 $I_2 = \frac{5}{11}[A]$가 된다.

$I_2 = \frac{5}{11}$를 식 7-18에 대입하여 풀면 $I_1 = \frac{240}{66}[A]$가 된다.

5. 시뮬레이션

가. 메쉬 해석법

【시뮬레이션 목표】

1. 저항 회로를 구성할 수 있다.
2. 메쉬 해석법에 의한 회로의 동작을 설명할 수 있다.

【회로도】

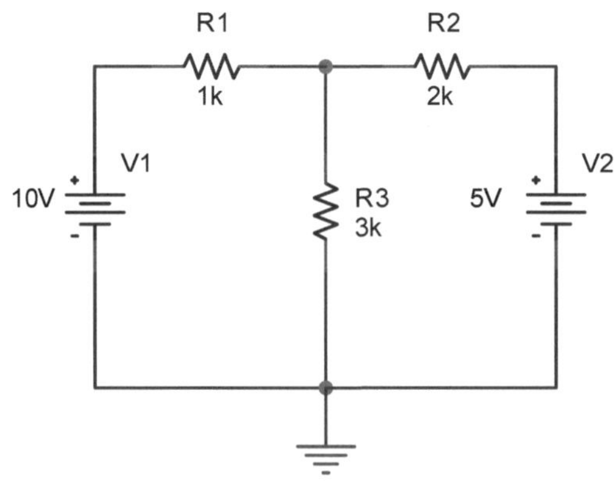

【시뮬레이션 순서】

1. 회로도를 완성한다.
2. 시뮬레이션 실행 시간은 3[ms]로 설정한다.

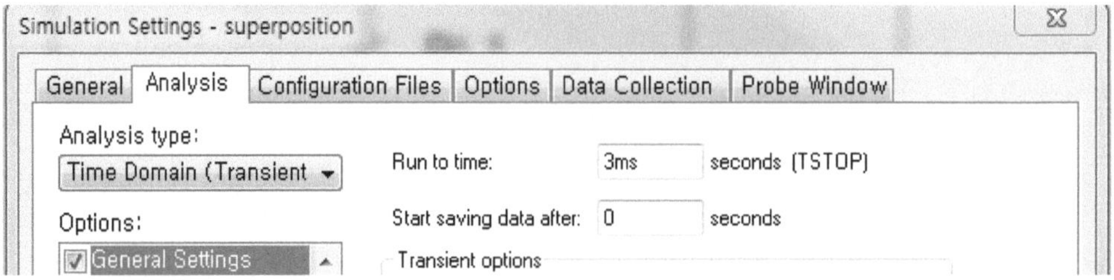

3. 프로그램을 실행하여 결과를 확인한다.

【시뮬레이션 결과】

(a) 회로 내 전류 계산

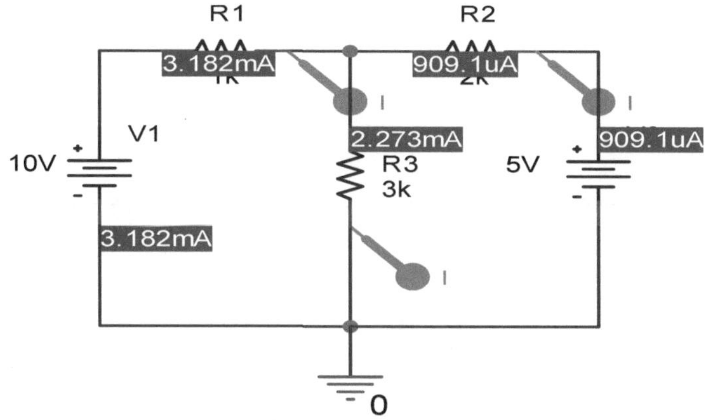

(b) 회로 내 전압 계산

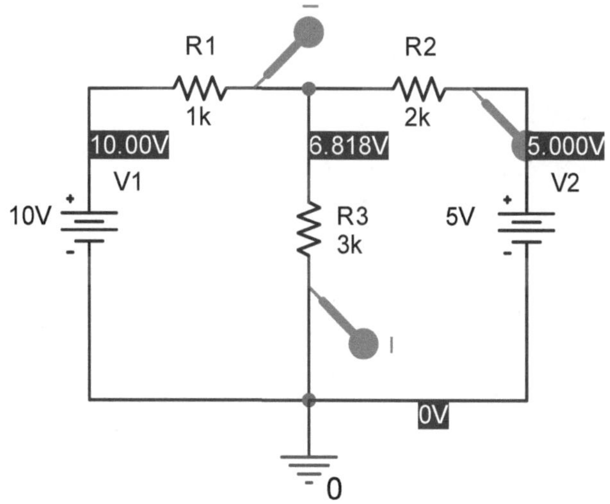

나. 노드 해석법

【시뮬레이션 목표】

1. 저항 회로를 구성할 수 있다.
2. 노드 해석법에 의한 회로의 동작을 설명할 수 있다.

【회로도】

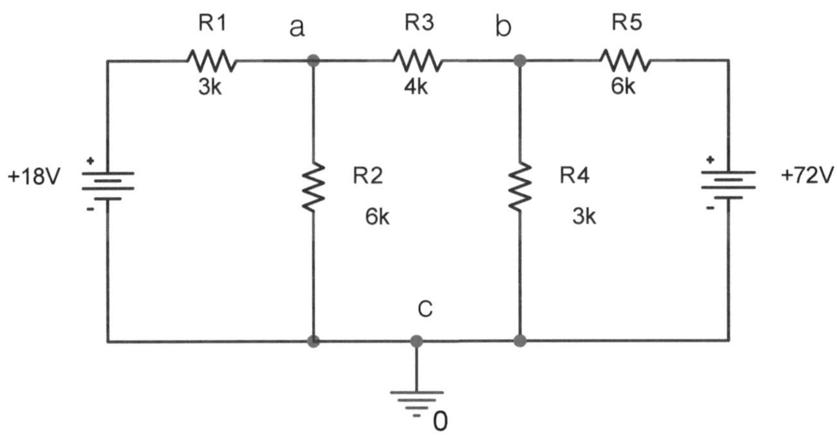

【시뮬레이션 순서】

1. 회로도를 완성한다.
2. 시뮬레이션 실행 시간은 3[ms]로 설정한다.

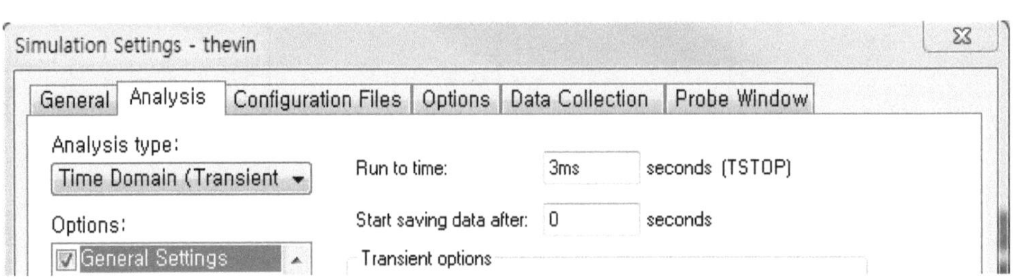

3. 프로그램을 실행하여 결과를 확인한다.

【시뮬레이션 결과】

(a) 회로 내 전압 계산

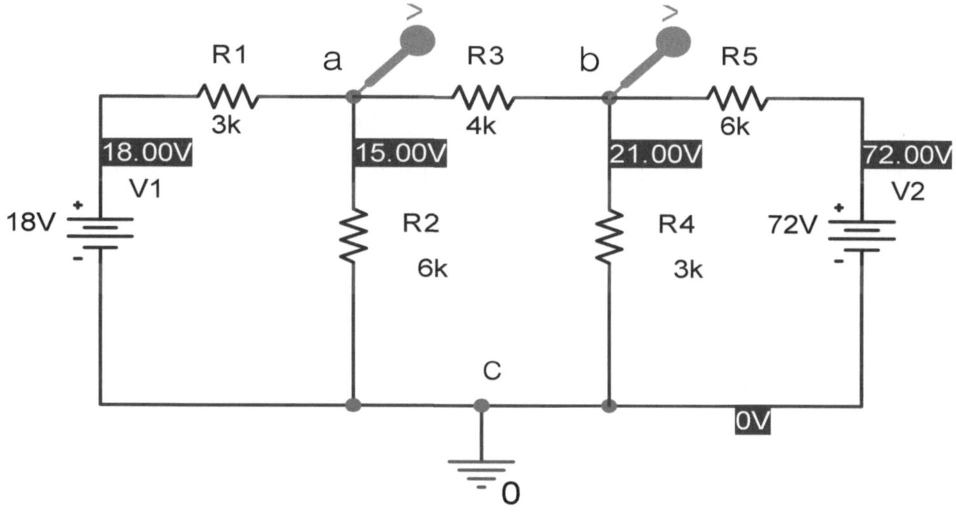

(b) 회로 내 전류 계산

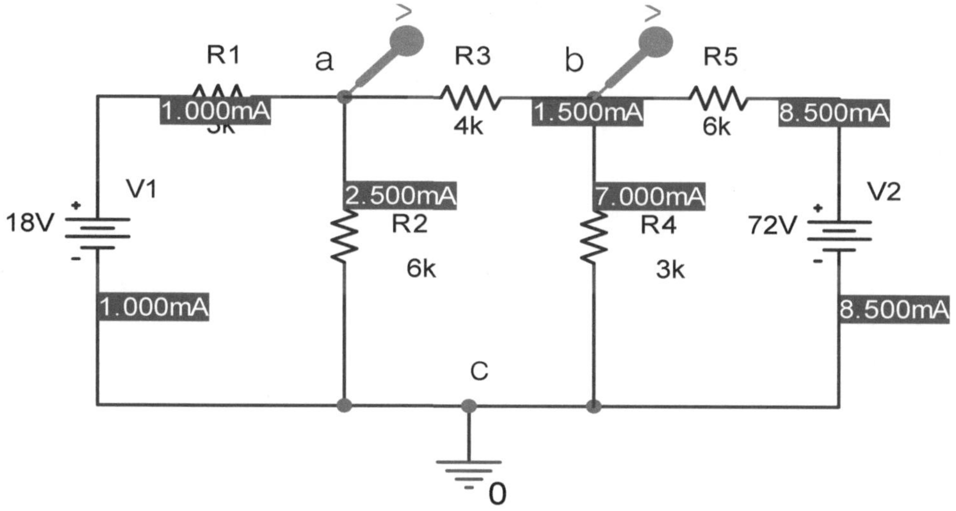

1. 선형회로(linear circuit)는 선형소자와 독립전원만을 포함하는 회로이다.
2. 선형회로의 해석은 KVL, KCL 및 소자 법칙에 의해 이루어진다.
3. 중첩의 원리(principle of superposition)에 따르면 하나 이상의 독립 전원이 있는 선형회로의 응답은 각각의 전원이 단독으로 동작할 때의 응답의 합과 같다.
4. 마디 해석법에서는 미지변수로 마디전압을 선정하고, 독립적인 KCL 방정식 (마디방정식)을 작성한 뒤 가우스 소거법, 크래머의 법칙, 역행렬법 등을 사용하여 해를 구한다.
5. N개의 마디가 있는 회로에는 $(N-1)$개의 비기준 마디가 있으며, 따라서 $(N-1)$개의 마디전압이 있다.
6. 마디해석법 적용이 가장 간단한 경우는 독립전류원과 수동소자들로 구성된 회로이다.
7. 마디해석법은 회로 내의 모든 비기준 마디에서 KCL 마디방정식(마디 회로에 대해 $(N-1)$개의 방정식)을 작성하여 마디전압을 구하는 것이다.
8. 마디해석법에서는 전압원의 수만큼 방정식의 수와 미지전압의 수가 감소한다.
9. 망로해석법(루프해석법)은 미지변수로 망로전류를 선정하고, 독립적인 KVL 방정식(망로방정식)을 작성한 뒤 해석하는 방법이다.
10. 루프(loop)는 회로 내에서 어떤 마디나 소자를 두 번 이상 지나지 않는 폐경로이고, 망로(mesh)는 그 안에 어떠한 소자도 포함하지 않는 루프를 말한다.
11. 망로해석법에서는 전류원의 수만큼 미지전류의 수가 감소한다.

【완성형】

1. 선형회로(linear circuit)는 (　　　)소자와 독립전원만을 포함하는 회로이다.
2. 선형회로의 해석은 (　　　), KCL 및 소자법칙에 의해 이루어진다.
3. 마디해석법에서는 미지변수로 마디전압을 선정하고, 독립적인 (　　　) 방정식 (마디방정식)을 작성한 뒤 가우스 소거법, 크래머의 법칙, 역행렬법 등을 사용하여 해를 구한다.
4. 마디해석법은 회로 내의 모든 비기준마디에서 KCL 마디방정식(마디 회로에 대해 (　　　)개의 방정식)을 작성하여 마디전압을 구하는 것이다.
5. 망로해석법(루프해석법)은 미지변수로 망로전류를 선정하고, 독립적인 (　　　)방정식(망로방정식)을 작성한 뒤 해석하는 방법이다.
6. 루프(loop)는 회로 내에서 어떤 마디나 소자를 두 번 이상 지나지 않는 폐경로이고, (　　　)는 그 안에 어떠한 소자도 포함하지 않는 루프를 말한다.

제8장

교류회로 입문

교류전압은 일정한 비율로 극성을 바꾸고 교류전류는 일정한 비율로 방향을 바꾼다. 정현파는 모든 다른 형태의 파형을 합성된 정현파로 분해할 수 있기 때문에 가장 보편적이고 기본적인 형태이다. 정현파는 일정한 간격으로 되풀이되는 주기 형태의 파형이다. 이것은 교류회로 해석에 기본적으로 매우 중요하기 때문에 본장에서 다루기로 한다.

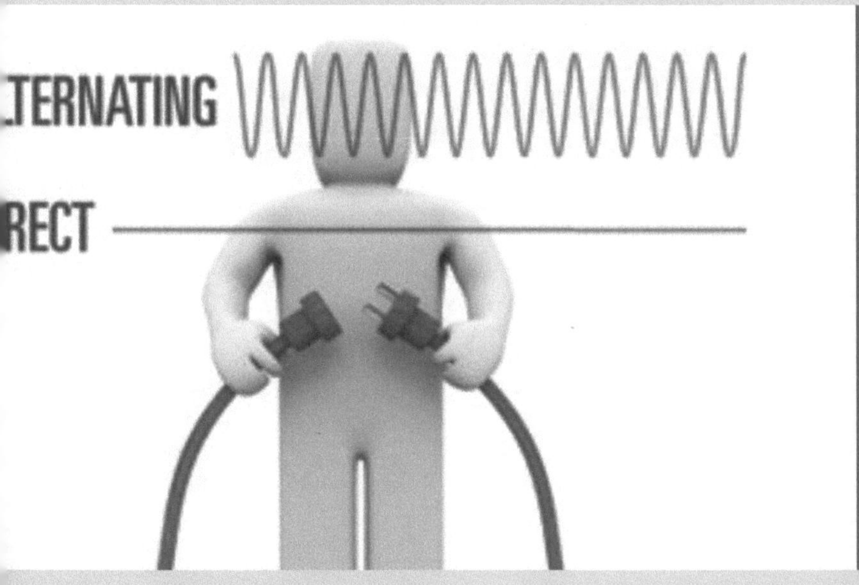

주요 용어

정현파, 주기, 주파수, 피크값, 실효값, 평균값, 순시값, 위상각, 펄스파형

1. 정현파 및 교류 발생원리

학습 목표	1. 정현파의 주기 그리고 주파수를 이해하고 설명할 수 있다. 2. 교류전압의 발생 원리를 이해하고 설명할 수 있다.

정현파는 교류전류와 교류전압의 일반적인 형태이다. 이것은 또한 사인파(sinusoidal wave) 또는 간단히 sinusoid라고 한다. 전력회사에 의해 제공된 상용전원은 정현파 전압과 전류이다.

가. 정현파

정현파는 두 가지 형태로 만들어진다. 즉 교류 발전기나 전자 발진회로이며, 이것은 전자 신호발생기라고 하는 기기이다. 그림 8-1은 이들 정현파 전원을 나타내는 데 사용되는 기호이다.

【그림 8-1】 정현파 전압원에 대한 기호

그림 8-2는 전압이 교대로 바뀌거나 전류가 바뀌는 정현파의 일반적인 모양을 나타낸다. 전압(또는 전류)이 시간에 따라 변화한다.

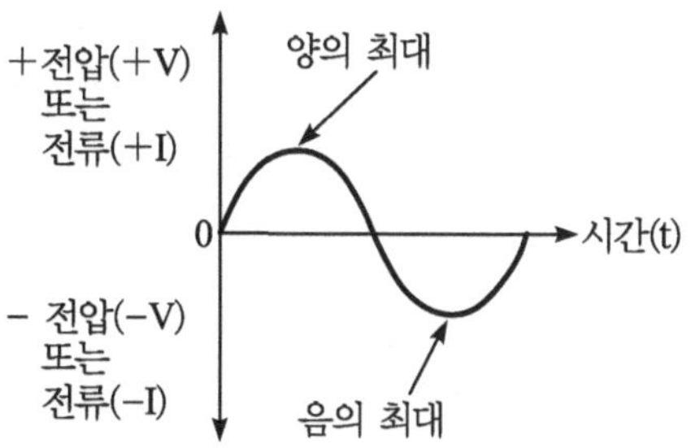

【그림 8-2】 정현파 전압(또는 전류)파형

0에서 시작하여 양의 최댓값까지 증가하고, 다시 0으로 되돌아오고 그리고 음의 최댓값까지 증가한 다음 0으로 되돌아오게 된다.

(1) 정현파의 극성

정현파는 0값에서 극성이 변한다. 즉 양의 값과 음의 값이 서로 바뀌게 된다. 정현파 전압(Vs)이 그림 8-3과 같이 저항회로에 가해졌을 때 교류정현파 전류가 생기게 된다. 전압의 극성이 바뀔 때 전류가 이에 대응해서 방향을 바꾼다.

가해진 교류전압 Vs가 양(positive)일 때, 전류는 그림 8-3(a)와 같은 방향이다. 가해진 교류전압이 음일 때, 전류는 그림 8-3(b)와 같이 반대 방향이 된다. 합성된 음과 양의 교번(alternation)이 정현파의 1사이클(cycle)을 만든다.

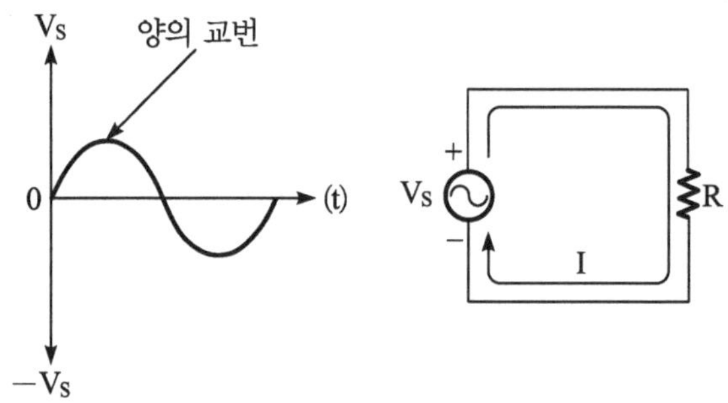

(a) 양의 전압

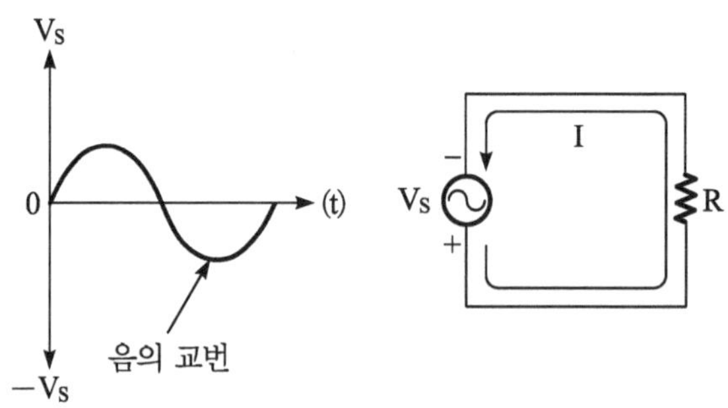

(b) 음의 전압

【그림 8-3】 교류전압 극성과 전류의 방향

(2) 정현파의 주기

정현파는 시간(t)에 따라 변화한다. 정현파가 하나의 완전한 사이클이 만들어지는데 요구되는 시간을 주기(T)라고 한다.

그림 8-4(a)는 정현파의 주기를 나타낸다. 특히 정현파는 그림 8-4(b)와 같이 같은 사이클로 그 자신이 되풀이 즉 교번을 계속한다. 되풀이 되는 정현파의 모든 사이클은 같기 때문에 주기는 주어진 정현파에 대해 항상 일정한 값이 된다. 따라서 정현파의 주기는 한 사이클의 시작과 끝인 0(Zero) 교차 사이에서만 측정해야 된다는 것은 아니다. 주어진 사이클의 어떤 최댓값에서 다음 사이클에서 대응된 최댓값까지 측정할 수 있다.

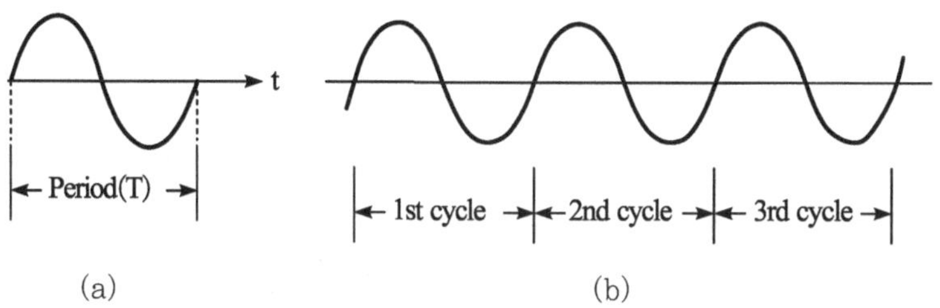

【그림 8-4】 정현파의 주기와 사이클

(3) 정현파의 주파수

주파수(frequency)는 1초 사이에 정현파가 만들 수 있는 사이클의 수이다. 1초에 만들어지는 사이클 수가 많을수록 주파수는 높아진다. 주파수(f)는 헬즈(Hertz)단위로 측정하고 약어는 Hz이다. 1헬츠는 1초당 1사이클과 같다. 즉 60Hz는 1초당 60사이클이다.

(4) 주파수와 주기와의 관계

주파수(f)와 주기(T)와의 관계는 매우 중요하다. 이 관계에 대한 공식은 다음과 같다.

$$f = \frac{1}{T} \qquad \text{(식 8-1)}$$

$$T = \frac{1}{f} \qquad \text{(식 8-2)}$$

f 와 T 사이의 관계는 서로 역수이다. 이 관계는 주기가 긴 정현파가 주기가 짧은 정현파보다 초당 사이클이 덜 통과된다는 뜻을 갖는다.

예제 8-1 그림 8-5와 정현파의 주기를 측정할 때 가능한 방법을 구하라. 구할 수 있는 사이클은 얼마나 될까?

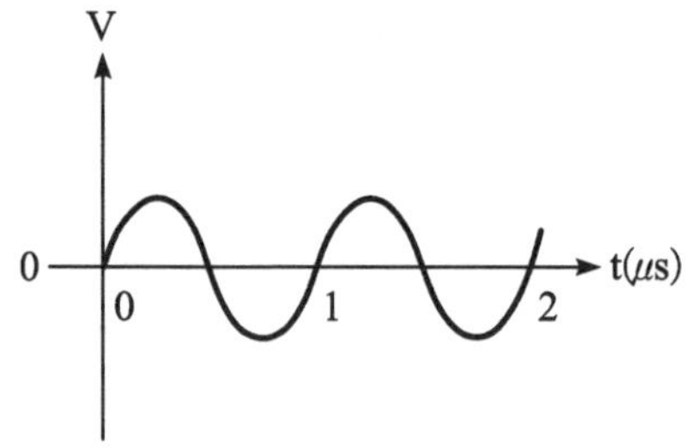

【그림 8-5】

풀 이

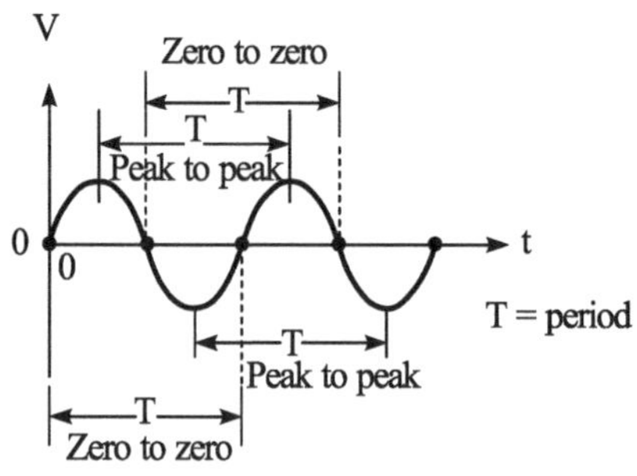

【그림 8-6】 정현파 주기 측정

방법 1) 주기는 0교차점에서 다음 대응된 0교차점까지 측정할 수 있다.

방법 2) 주기는 어떤 사이클의 양의 피크값에서 다음 사이클의 양의 피크값까지 측정할 수 있다.

방법 3) 주기는 어떤 사이클의 음의 피크값에서 다음 사이클의 음의 피크값까지 측정할 수 있다.

이 측정은 그림 8-6에 나타내었고, 정현파의 2사이클을 보여준다. 사용하려는 파형에서 대응된 피크들(peaks)이 어떤 것이든 간에 주기에 대해서 같은 값을 얻는다.

예제 8-2 그림 8-7(a), (b)에 있는 두 파형의 주기와 주파수를 구하라.

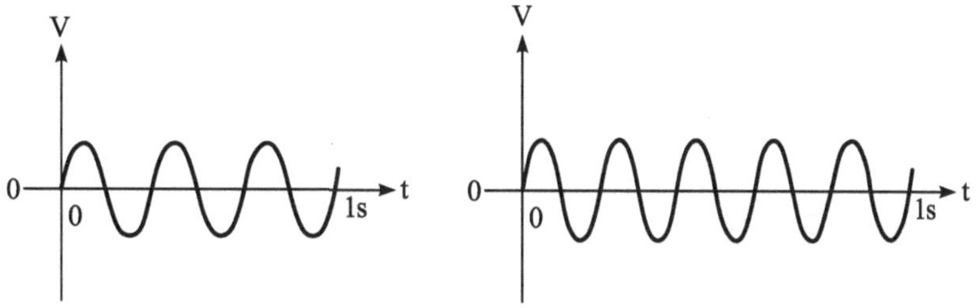

(a) (b)

【그림 8-7】

풀 이 그림 8-7(a)에서 3사이클은 1초 걸린다. 그러므로 1사이클은 0.333s 이다(1/3초). 이것은 주기이다.

$T = 0.333\,\text{s} = 333\,\text{ms}$

주파수는

$$f = \frac{1}{T} = \frac{1}{333\,\text{ms}} = 3\,\text{Hz}$$

그림 8-7(b)에서 5사이클은 1초 걸린다. 그러므로 1사이클은 0.2s(1/5초) 이것이 주기이다.

$T = 0.2\,\text{s} = 200\,\text{ms}$

주파수는

$$f = \frac{1}{T} = \frac{1}{200\,\text{ms}} = 5\,\text{Hz}$$

예제 8-3 가정용 교류전원의 주파수는 60Hz이다. 주기는 얼마인가?

풀 이 식 8-2를 이용하면 주기는 다음과 같이 구해진다.

$$T = \frac{1}{f} = \frac{1}{60\text{Hz}} = 16.7\,\text{ms}$$

나. 교류전압의 발생 원리

교류전압의 발생은 교류 발전기와 전자발진 회로에 의한 교류 신호 발생기를 통하여 이루어진다. 보통 교류라고 하는 정현파는 자기적으로 교류 발전기에 의해 생성된다.

(1) 교류 발전기

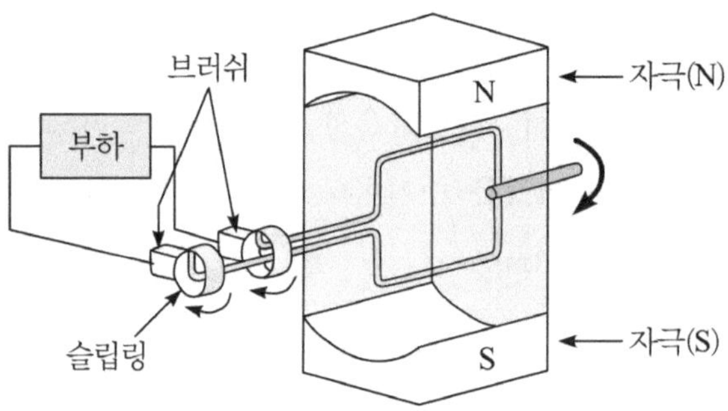

【그림 8-8】 기본 교류 발전기 구조

그림 8-8은 영구자석에 의한 자장이 형성되고 단일 도체로 구성된 기본교류 발전기의 구조를 보여준다. 도체의 각 끝단은 슬립링이라고 하는 분리된 전도성 도체 링에 접촉되어 있다. 도체가 자기장에서 돌게 되면 슬립링 또한 회전 하게 되고, 도체를 외부 부하에 연결해 주는 브러시를 접촉 문지르게 된다. 도체가 자기장 속을 움직일 때, 플레밍의 오른손 법칙에 따라 전압이 유도된다. 그림 8-9는 자기장내에 있는 도체가 회전될 때, 기본 교류 발전기에 의해 교류인 정현파가 어떻게 발생되는가를 설명한다. 전압 파형을 보기 위해 오실로스코프를 사용한다.

처음에 8-9 (a)는 1회전의 1/4을 회전하는 도체를 보여주고 있다. 이것은 유도전압이 0인 순시적인 수평지점으로부터 유도전압이 최댓값인 순시적인 수직 지점까지 진행된다. 수평 지점에서 도체는 순간적으로 자속선과 평행이 된다. 따라서 쇄교되는 자속선이 없고 유도전압은 0가 된다. 루프가 1/4 사이클 동안 회전함에 따라 자속선과 수직이 될 때까지 순간적으로 움직여서 자속선 쇄교를 증가시키고, 수직점에서 자속선의 쇄교는 최대가 된다. 이와 같이 유도전압은 1/4사이클 동안 0에서 최댓값으로 증가

된다. (a) 부분에서 보는 바와 같이 이 부분에서 회전하는 동안 도체의 유도전압이 0(Zero)에서 최댓값이 되므로 정현파 사이클의 1/4이 생성된다. 그림 8-9(b) 부분은 루프가 1/2 회전하는 것을 보여준다. 이 부분이 회전하는 동안 도체가 자속선 통과로 쇄교하는 비율이 감소함에 따라 전압은 최댓값에서 0으로 감소된다.

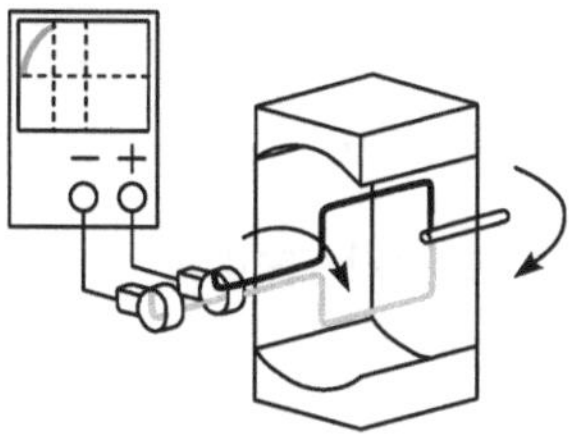

(a) 처음 1/4 사이클 [양(+) 변환]

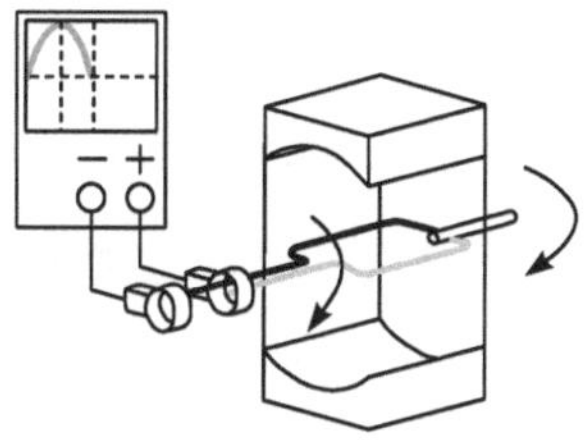

(b) 두 번째 음 1/4 사이클 [양(+) 변환]

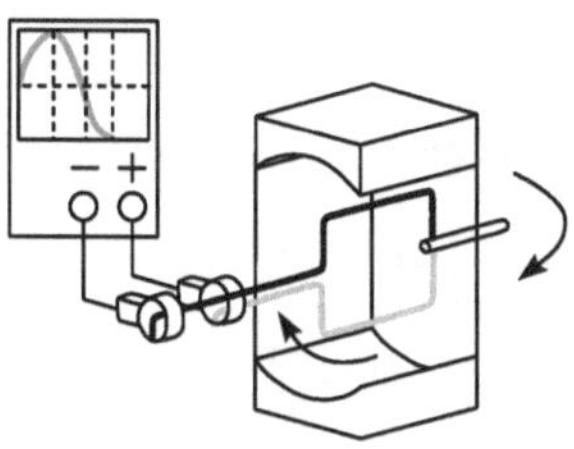

(c) 세 번째 1/4 사이클 [음(−) 변환]

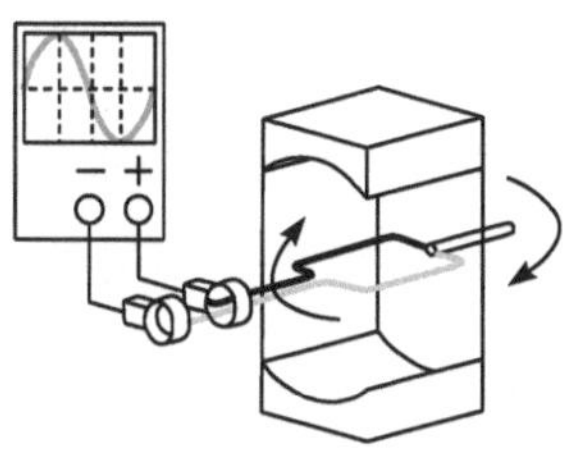

(d) 네 번째 1/4 사이클 [음(−) 변환]

【그림 8-9】 도체의 1회전에 의한 교류전압 발생원리

나머지 도체의 회전을 그림 8-9(c)와 그림 그림 8-9(d)에 설명했고, 도체가 반대 방향으로 자속을 쇄교하면 유도전압은 회전의 처음 1/2 동안에 발생된 유도전압과 반대 극성으로 생성된다.

기본 교류발전기에서 자기장 속의 도체의 1회전(또는 교번(alternator))은 유도된 교류전압의 1 사이클을 생성한다.

도체의 회전비율은 1사이클의 완성에 대한 시간을 결정한다. 예를 들면 도체가 1초 동안(rps)에 60회전하면 생성된 정현파의 주기는 1/60s이고, 60Hz의 주파수에 해당한다. 도체의 회전이 빠를수록 생성된 교류전압의 주파수는 그림 8-10과 같이 높아진다.

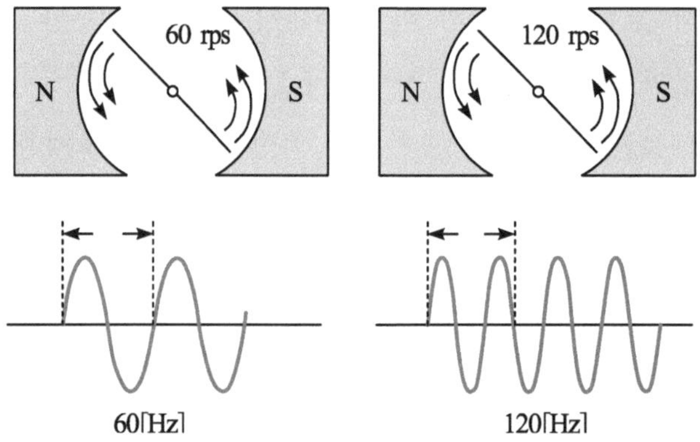

【그림 8-10】 도체의 회전비율과 교류전압 주파수

초당 회전수와 양극의 수에 대한 주파수 표현은 다음과 같다.

$$f = (\text{극수})(1\text{초당 회전수})[\text{Hz}] \tag{식 8-3}$$

도체에 유도전압은 자기장에 대한 변화율과 도체의 감은 횟수(N)에 달려 있다. 그러므로 도체의 회전 속도가 증가되면, 유도전압의 주파수뿐만 아니라 진폭도 증가시킨다. 주파수 값이 정상적으로 고정되어 있기 때문에 유도 전압량을 증가시키는 가장 보편적인 방법은 도체의 수를 증가시키는 것이다.

예제 8-4	4극 발전기는 100rps의 회전 속도를 갖는다. 출력전압의 주파수를 계산하라.
풀 이	식 8-3을 이용 $f = (\text{양극의 수})(1\text{초당 회전수}) = 2(100) = 200[\text{Hz}]$

2. 정현파 교류의 표현

학습 목표	1. 정현파 교류의 전압값 전류값을 표현하고 설명할 수 있다. 2. 정현파의 순시값과 위상을 이해하고 설명할 수 있다.

가. 정현파 교류의 전압 및 전류값

전압 또는 전류값으로 정현파 교류의 값을 나타내는 방법은 여러 가지가 있다. 순시값 피크값(peak), 피크값 대 피크값(peak-to-peak) 값, rms와 평균값이다.

(1) 순시값

그림 8-11은 정현파로 각각의 시간마다 각 점에서 전압(또는 전류)은 순시값을 갖는다고 설명한다. 이 순시값은 곡선에 따른 각 점에서 서로 다른 값을 갖는다. 순시값은 양의 교번동안 양의 값을 갖고, 음의 교번 동안 음의 값을 갖는다. 그림 8-11의 시간 1㎲에서 순시전압 3.1V, 2.5㎲에서 7.07V, 5㎲에서 10V, 10㎲에서 0V, 11㎲에서 −3.1V 등의 순시값을 나타낸다.

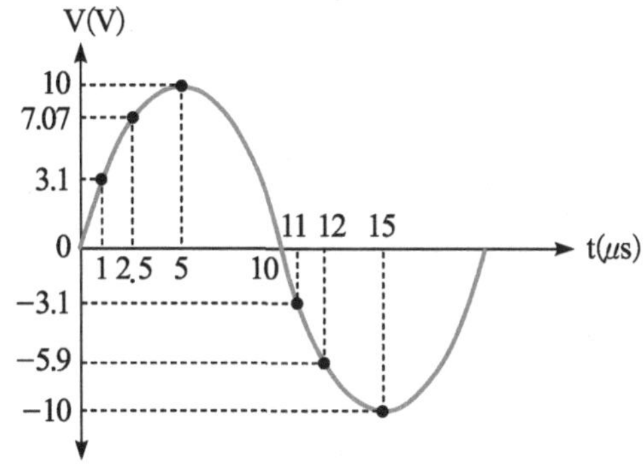

【그림 8-11】 순시값

(2) 피크값 (peak value)

정현파의 피크값(peak value)은 0에 대한 양의 최대 또는 음의 최대까지의 전압값이다. 피크는 진폭(magnitude)과 같기 때문에 정현파는 단일 피크값에 의해 특성화 된다. 이것을 그림 8-12에 설명했다. 주어진 정현파에 대하여 피크값은 일정하고 V_p와 I_p로 나타낸다.

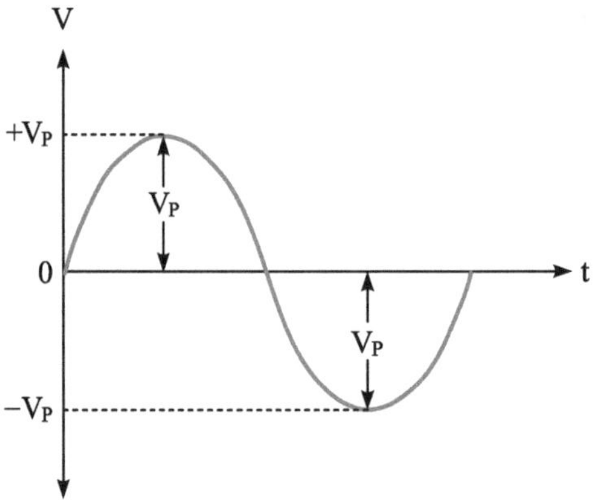

【그림 8-12】 피크값

(3) 피크 대 피크값 (peak to peak value)

정현파의 피크 대 피크값은 그림 8-13에 나타낸 바와 같이 양의 피크에서 음의 피크까지의 전류와 전압이다. 물론 피크 대 피크값은 다음과 같이 항상 피크값의 2배가 된다. 피크 대 피크값은 기호 V_{pp}와 I_{pp}로 표현된다.

$$V_{pp} = 2V_p \quad \text{(식 8–4)}$$

$$I_{pp} = 2I_p \quad \text{(식 8–5)}$$

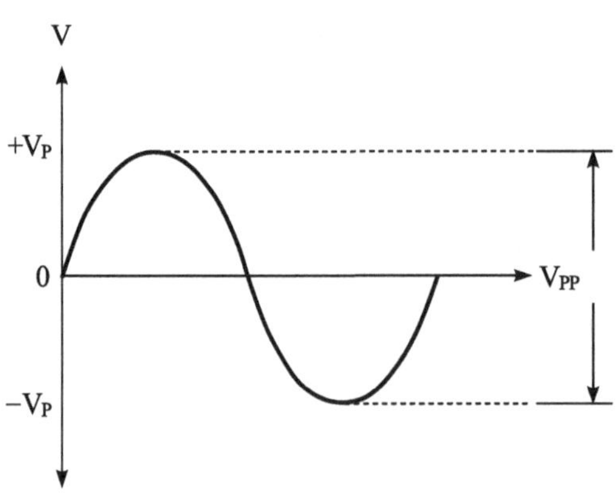

【그림 8-13】 피크값

(4) 실효값(rms value)

rms란 root mean square의 약자로서 교류에서 rms값은 또한 실효값(effective value)으로 간주한다.

대다수 교류모터는 rms 전압으로 나타낸다. 가정의 벽 콘센트에서의 220[V]는 실효값을 나타낸다.

정현파 교류의 rms값은 실질적으로 정현파의 열효율 측정값이다.

예를 들면 그림 8-14(a)와 같이 저항 양단에 교류전압원이 연결되었을 때, 전력에 의해 저항기에 열량이 발생한다. 그림 8-14(b)는 같은 저항으로 직류전압원을 연결되어 있는 것을 보여준다. 직류전압값은 교류전압원에 연결되었을 때 저항이 발열한 만큼 같은 발열량이 되도록 조정할 수 있다.

정현파 교류의 실효값 또는 rms값은 교류전압으로서 같은 열량을 생산해 낼 수 있는 동등한 직류전압을 말한다. 따라서 실효값이란 정현파 교류를 직류값으로 바꿔 나타낸 값이라 할 수 있다.

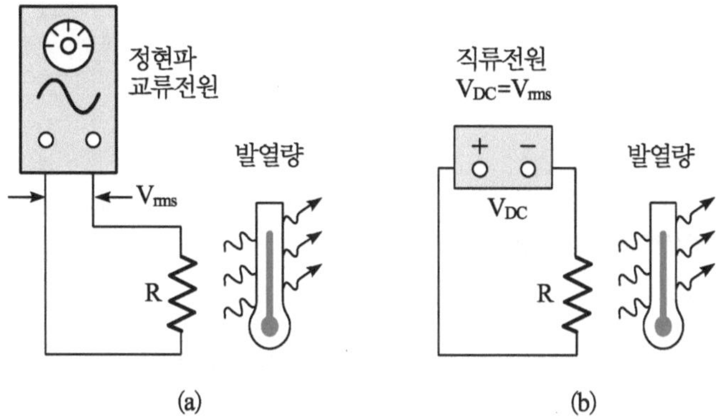

【그림 8-14】 정현파 교류의 실효값 의미

정현파의 피크값은 전압과 전류 모두 부록 C에 유도된 다음 관계를 사용해서 대응된 rms값으로 바꿀 수 있다.

$$V_s = 0.707\ V_p \qquad \text{(식 8-6)}$$

$$I_s = 0.707\, I_p \qquad \text{(식 8–7)}$$

이 공식을 사용해서 다음과 같이 알려진 rms값으로 피크값을 구할 수 있다.

$$V_p = \frac{V_s}{0.707}$$

$$V_p = 1.414\, I_{rms} \qquad \text{(식 8–8)}$$

이와 같이

$$I_p = 1.414\, I_{rms} \qquad \text{(식 8–9)}$$

피크 대 피크값을 얻기 위해 간단하게 피크값을 2배로 한다.

$$V_{pp} = 2.828\, V_{rms} \qquad \text{(식 8–10)}$$

그리고

$$I_{pp} = 2.828\, I_{rms} \qquad \text{(식 8–11)}$$

(4) 평균값 (average value)

완전한 1사이클인 정현파의 평균값은 항상 0이다. 그 이유는 (0교차점 위쪽) 양의 값은(0교차점 아래의) 음의 값으로 상쇄되기 때문이다.

따라서 정현파의 평균값은 전 사이클(full cycle)보다도 1/2사이클(half cycle)로 한정한다. 평균값은 수평축에 따라 곡선의 라디안 거리로 나누어진 1/2사이클 곡선의 아래쪽 총 면적이다. 전압과 전류 모두 다음과 같이 피크값으로 표현된다.

$$V_{avg} = \left(\frac{2}{\pi}\right) V_p$$

$$V_{avg} = 0.637\, V_p \qquad \text{(식 8–12)}$$

$$I_{avg} = \left[\frac{2}{\pi}\right] I_p$$

$$I_{avg} = 0.637\, I_p \qquad \text{(식 8–13)}$$

예제 8-5 그림 8–15 에서 정현파에 대해 V_p, V_{pp}, V_{rms}, V_{avg} 를 구하라.

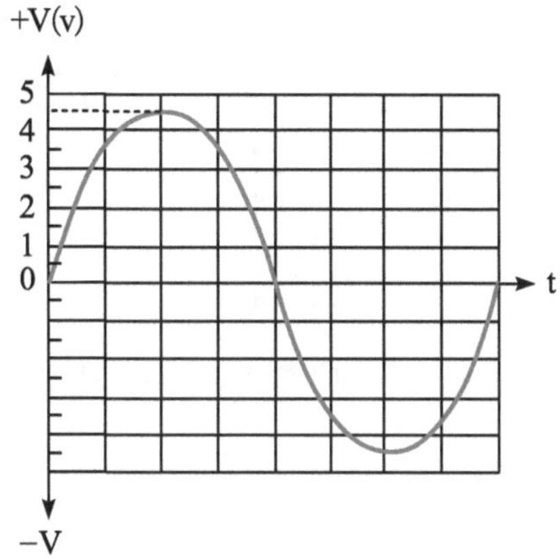

【그림 8–15】

풀 이 $V_p = 4.5\mathrm{V}$ 는 그래프로부터 직접 구해진다. 이것으로 다음 값을 구한다.

$V_{pp} = 2V_p = 2(4.5\mathrm{V}) = 9[\mathrm{V}]$

$V_{rms} = 0.707\,V_p = 0.707(4.5\mathrm{V}) = 3.18[\mathrm{V}]$

$V_{avg} = 0.637\,V_p = 0.637(4.5\mathrm{V}) = 2.87[\mathrm{V}]$

나. 정현파의 각도 측정

정현파는 시간 기준으로 수평축에 따라 측정할 수 있다. 그러나 완전한 1사이클의 실행 또는 1사이클의 어떤 부분에 대한 시간은 주파수에 종속된다. 이것은 가끔 각도 측정에서 정현파의 특정한 점을 각도나 라디안으로 표현하는 것이 유용할 때가 있다. 각도 측정은 주파수와 독립된 것이다.

정현파 교류전압은 교류발전기에 의해 생성할 수 있다. 교류발전기의 회전기가 완전 360° 회전하므로 주어진 출력전압은 정현파의 완전한 1사이클이 된다. 이와 같이 그림 8-16에서 보는 바와 같이 정현파의 각도측정은 발전기의 회전각과 관계가 있다.

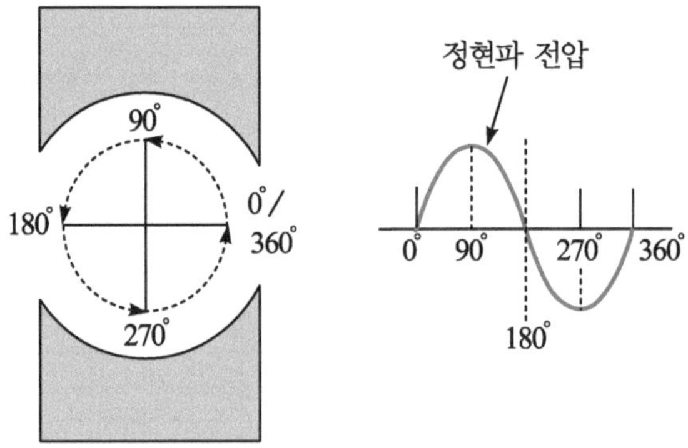

【그림 8-16】 교류발전기 회전과 발생된 정현파 전압

(1) 라디안의 정의

1도(degree)는 완전한 1회전 또는 1사이클의 1/360에 대응되어 측정된 각도이다. 라디안(radian)은 원의 회전 반경과 같은 원의 원주에 따라 측정된 각도로 정의된다. 1라디안은 그림 8-17에서 설명된 것과 같이 57.3°와 같다. 360° 회전에서는 2π 라디안이 된다. 여기서 파이(π)는 원의 지름에 대한 원주율이고 거의 3.1416인 상수값이다.

그림 8-18은 각도와 이에 대응하는 라디안을 설명했다.

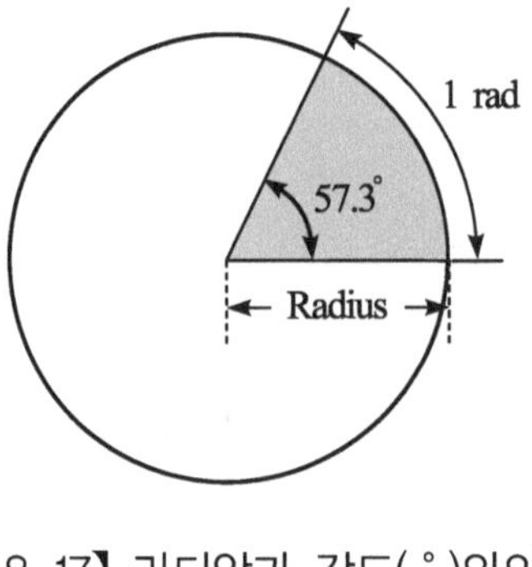

【그림 8-17】 라디안과 각도(°)와의 관계

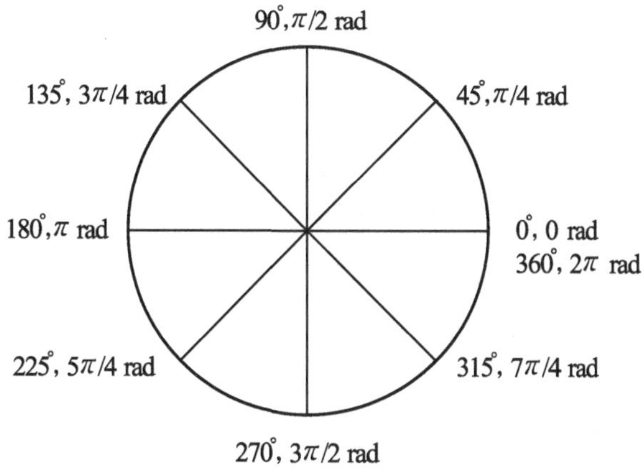

【그림 8-18】 각도(°) 와 라디안

(2) 라디안 /각도 변환

라디안은 식 8-14에 의해 각도로 바꿀 수 있다.

$$\text{rad} = \left(\frac{\pi\,\text{rad}}{180^\circ}\right) \times \text{각도} \qquad \text{(식 8-14)}$$

같은 방법으로 각도는 식 8-15에 의해 라디안으로 바꿀 수 있다.

$$\text{각도} = \left(\frac{180^\circ}{\pi\,\text{rad}}\right) \times \text{rad} \qquad \text{(식 8-15)}$$

예제 8-6	① 60° 를 라디안으로 바꿔라. ② $\frac{\pi}{6}$rad을 각도로 바꿔라.
풀 이	$V_p = 4.5\text{V}$ 는 그래프로부터 직접 구해진다. 이것으로 다음 값을 구한다. $V_{pp} = 2V_p = 2(4.5\text{V}) = 9[\text{V}]$ $V_{rms} = 0.707V_p = 0.707(4.5\text{V}) = 3.18[\text{V}]$ $V_{avg} = 0.637V_p = 0.637(4.5\text{V}) = 2.87[\text{V}]$

(3) 정현파의 각

정현파 각 측정은 완전한 1사이클에 대해 360° 또는 2π를 기초로 한다. 1/2사이클은 180° 또는 πrad이고 1/4사이클은 90° 또는 $\pi/2$rad이 된다. 그림 8-19(a)는 정현파의 완전한 1사이클에 대하여 각도로서 각을 나타낸다. 그림 8-19(b) 부분은 같은 점을 라디안으로 나타냈었다.

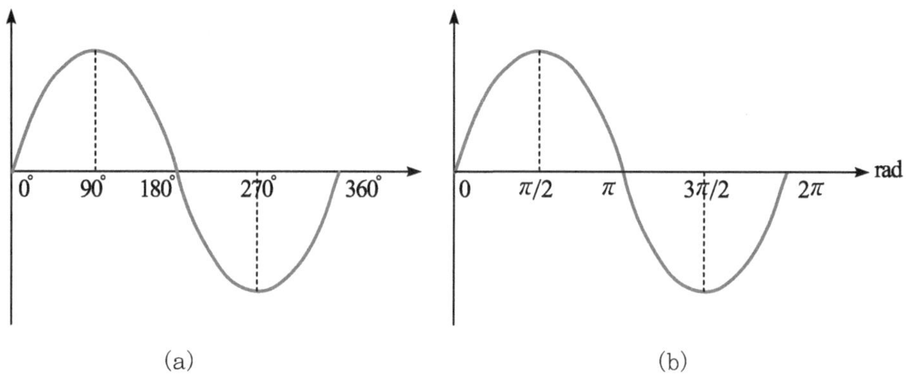

【그림 8-19】 정현파의 각

(3) 정현파의 위상

정현파의 위상은 기준에 관계된 정현파의 위치를 지정하는 각도 측정이다. 그림 8-20은 기준으로서 사용된 정현파의 1사이클을 보여준다. 수평축의 첫 번째 양(+) 방향 교차점(Zero crossing)은 0° (0 rad)가 되고 양의 피크는 90° (π/2 rad)가 된다. 음(-) 방향 0교차점은 180°(π rad)가 되고, 음의 피크는 270°(3π/2 rad)가 된다. 사이클이 360° (2π rad)에서 끝난다.

정현파가 기준점으로부터 왼쪽 또는 오른쪽으로 이동했을 때 위상이동(phase shift) 되었다고 한다. 그림 8-21은 위상이동을 설명한다. 그림의 (a)부분에서 정현파 B는 90° (π/2 rad)만큼 오른쪽으로 이동(shif)되었다.

따라서 정현파 A와 B 사이 90°위상각이 생긴다. 시간축으로 정현파 B의 양의 피크는 정현파 A의 양의 피크보다 늦어지게 된다. 왜냐하면 시간이 수평축에 따라 오른쪽 증가하기 때문이다. 이 경우 정현파 B는 정현파 A보다 90° 또 π/2 rad 만큼 뒤졌다

(lag)고 한다. 바꾸어 말하면, 정현파 A는 정현파 B보다 90°만큼 앞섰다.

그림 8-20(b)에서 정현파 B는 90°만큼 왼쪽으로 이동했음을 보여줬다. 그리고 또한 정현파 A와 정현파 B 사이는 90°만큼 위상각이 있다. 이 경우 정현파 B의 양의 피크는 정현파 A의 피크보다 시간적으로 일찍 발생한다. 그러므로 정현파 B는 90°만큼 앞섰다(lead)라고 한다. 기준점에 대하여 왼쪽으로 90°만큼 이동한 정현파는 코사인파(cosine wave)라고 한다.

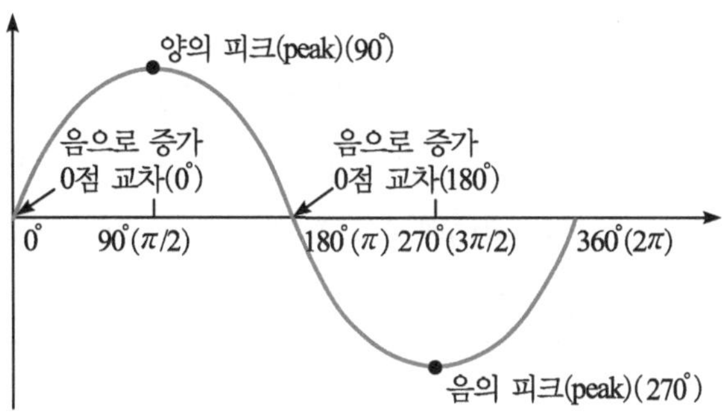

【그림 8-20】 위상기준

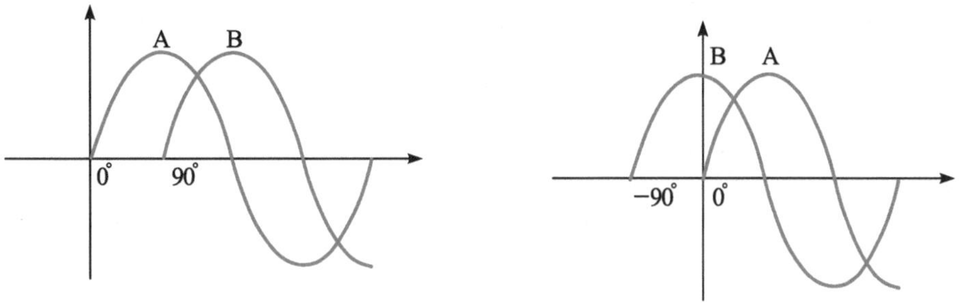

(A) A보다 B가 90°만큼 앞섰다.
또는 B는 A보다 90°만큼 뒤처져 있다.

(B) B는 A보다 90°만큼 앞섰다.
또는 A는 B보다 90°만큼 뒤처져 있다.

【그림 8-21】 위상이동 표현

예제 8-7 그림 8-22 (a)와 (b)에서 두 정현파 사이의 위상각은 얼마인가?

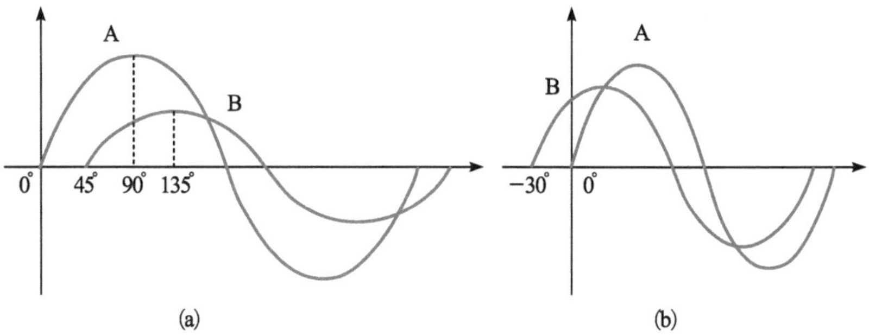

【그림 8-22】

풀 이 그림 8-22(a)에서 위상각은 45°이고 정현파 A는 정현파 B를 45°만큼 앞섰다. 그림 8-22(b)에서 위상각은 30°이고 정현파 A는 정현파 B보다 30°만큼 뒤졌다.

다. 정현파 교류의 표현

정현파의 1사이클의 일반적인 그래프를 그림 8-23에 보여준다. 진폭 A는 수직축으로 전압 또는 전류의 최댓값이고 각도 값은 수평축에 따라 이동한다. 변수 y는 주어진 각 θ에서 각 전압이나 전류를 나타내는 순시값이다.

정현파 곡선은 정의된 수학적인 공식에 따른다. 그림 8-23에서 정현파 곡선에 대한 일반적인 표현은

$$y = A\sin\theta \tag{식 8-16}$$

이 형식은 순시값(y)으로 나타내는 정현파에서 어떤 점은 그 점에서 각 θ인 사인(sine)곱하기 최댓값과 같다.

예를 들면 어떤 정현파 전압이 10[V]의 피크였다. 수평축에 따라 60°인 점의 순시전압은 다음과 같이 계산할 수 있다. 즉 $y=\nu$와 $A=V_p$ 놓는다.

$$\nu = V_p\sin\theta = 10\sin 60^\circ = 10(0.866) = 8.66\text{V}$$

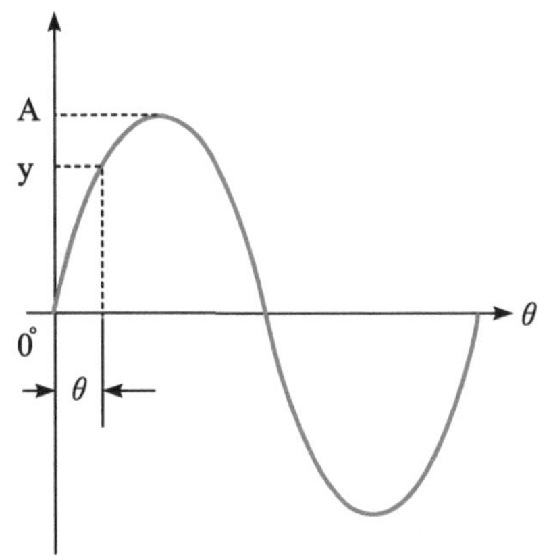

【그림 8-23】 정현파 교류의 크기와 위상

(1) 이동된 정현파에 대한 표현

정현파가 그림 8-24(a)에 설명한 바와 같이 기준점이 수직축이고 어떤 각 ϕ만큼 기준의 오른쪽으로 이동했을 때 일반적인 표현은

$$y = A\sin(\theta - \phi) \quad \text{(식 8-17)}$$

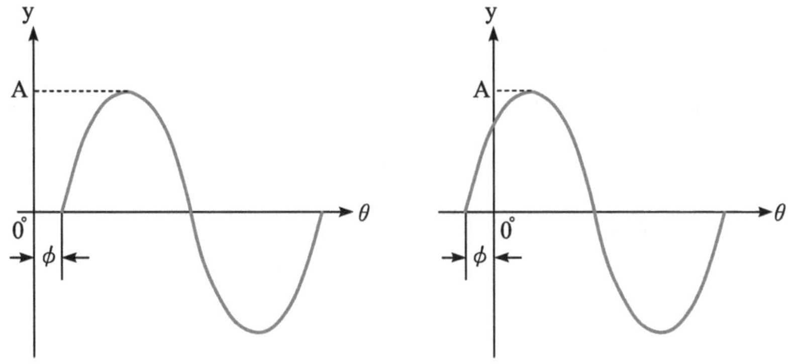

(a) 뒤짐 $y = A\sin(\theta - \phi)$ (b) 앞섬 $y = A\sin(\theta + \phi)$

【그림 8-24】 이동된 정현파

정현파가 그림 8-24(b)에서 나타낸 바와 같이 어떤 각 ϕ만큼 기준점의 왼쪽으로 이동했을 때 일반적인 표현은

$$y = A\sin(\theta + \phi) \quad \text{(식 8-18)}$$

이다.

예제 8-8 그림 8-25에서 각 정현파 전압에 대하여 수평축에서 90 ° 기준으로 순시값을 구하라.

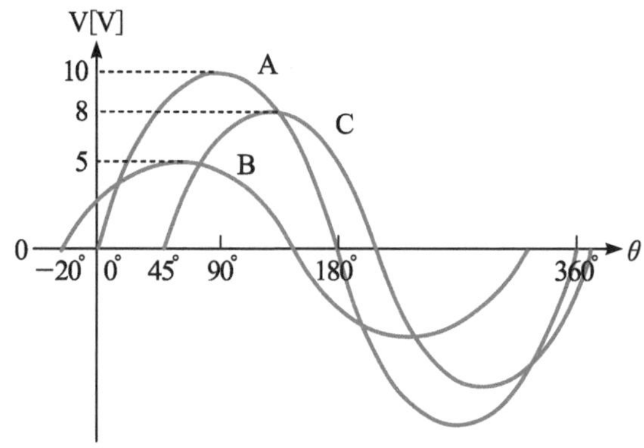

【그림 8-25】

풀 이 정현파 A가 기준이 된다. 정현파 B는 A에 대하여 왼쪽으로 20° 이동했기 때문에 앞선다. 파형 C는 A 에 대하여 오른쪽으로 45° 이동했기 때문에 뒤진다.

$\nu_A = V_p \sin\theta = 10\sin(90°) = 10(1) = 10[V]$

$\nu_B = V_p \sin(\theta + \phi_B) = 5\sin(110°) = 5(0.9397) = 4.70[V]$

$\nu_C = V_p \sin(\theta - \phi_C) = 8\sin(45°) = 8(0.7071) = 5.66[V]$

3. 교류회로 기초

학습 목표	1. 교류 저항회로에서 오옴의 법칙과 키르히호프의 법칙을 적용할 수 있다. 2. 중첩된 직류와 교류의 총전압을 구할 수 있다. 3. 기본 비정현 파형들의 특성을 이해하고 설명할 수 있다.

가. 교류회로에서 오옴과 키르히호프의 법칙

정현파와 같은 교류전압이 어떤회로에 적용될 때, 오옴법칙과 키르히호프법칙은 직류회로에 적용했던 방법과 같이 적용한다.

정현파전압이 저항회로에 가해질 때, 정현파전류가 발생한다. 전압이 0일 때, 전류가 0이 되고, 전압이 최대이면 전류도 최대가 된다. 전압의 극성이 바뀌면 전류는 방향이 바뀐다. 결과적으로 전압과 전류는 서로 동상(Inphase)이 된다.

교류회로에 옴의 법칙이 적용될 때 전류와 전압 모두 일정하게 표현해야 한다. 즉 모두 피크값, 모두 rms값, 모두 평균값으로 표현해야 한다.

직류회로와 마찬가지로 교류회로에서도 키르히호프의 전류와 전압법칙을 적용할 수 있다. 그림 8-26은 정현파 전압원인 저항회로에 키르히호프의 전압법칙을 설명하고 있다. 아는 바와 같이 전압원은 직류와 마찬가지로 저항에 걸린 모든 전압을 합한 것과 같다.

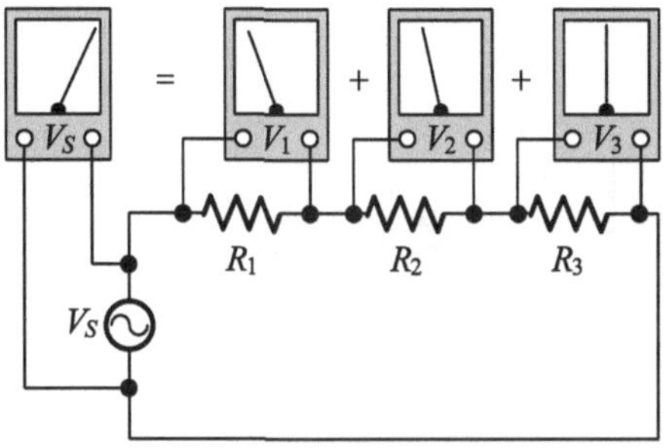

【그림 8-26】 정현파 교류 저항회로에서 키르히호프의 전압법칙

예제 8-9 그림 8-27에서 각 저항에 걸리는 rms전압과 rms전류를 구하라. 전압원은 rms값이다.

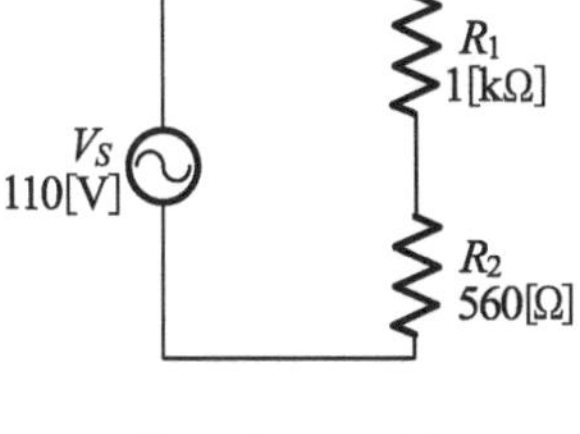

【그림 8-27】

풀 이

회로의 총 저항은

$R_T = R_1 + R_2 = 1[\text{k}\Omega] + 560[\Omega] = 1.56[\text{k}\Omega]$

옴의 법칙을 사용해서 rms 전류를 구한다.

$$I_{rms} = \frac{V_{s(rms)}}{R_T} = \frac{110\text{V}}{1.56\text{k}\Omega} = 70.5[\text{mA}]$$

각 저항에 걸리는 rms 전압은

$V_{1(s)} = I_{(s)}R_1 = (70.5\text{mA})(1\text{k}\Omega) = 70.5[\text{V}]$

$V_{1(rms)} = I_{rms} R_1 = (70.5\text{mA})(1\text{k}\Omega) = 70.5[\text{V}]$

$V_{2(rms)} = I_{rms} R_2 = (70.5\text{mA})(560\Omega) = 39.5[\text{V}]$

예제 8-10

(a) 그림 8-28(a)에서 미지의 피크전압을 구하라. 모든 값은 rms이다.

(b) 그림 8-28(b)에서 rms전류의 총 전류를 구하라. 모든 값은 rms이다.

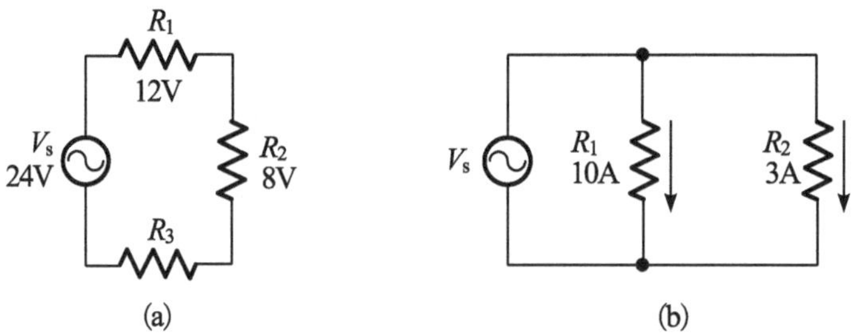

【그림 8-28】

풀 이

(a) 키르히호프의 전압법칙을 사용해서 V_3를 구하면

$V_s = V_1 + V_2 + V_3$

V_3 에 대해서 풀면

$V_{3(rms)} = V_{s(rms)} - V_{1(rms)} - V_{2(rms)} = 24[\text{V}] - 12[\text{V}] - 8[\text{V}] = 4[\text{V}]$

rms를 피크로 바꾼다 .

$V_{3(p)} = 1.414V3(rms) = 1.414V[4V] = 5.66[\text{V}]$

(b) 키르히호프의 전류법칙을 사용해서 I_{tot} 를 구한다.

$I_{tot(rms)} = I_{1(rms)} + I_{2(rms)} = 10[\text{A}] + 3[\text{A}] = 13[\text{A}]$

나. 중첩된 직류와 교류전압

그림 8-27은 직렬로 연결된 직류전압원과 교류전압원을 보여준다. 이 두 전압은 대수적으로 저항 양단을 측정한 것처럼 직류 레벨(level) 위에 더해진 교류전압을 생성하도록 가해진다.

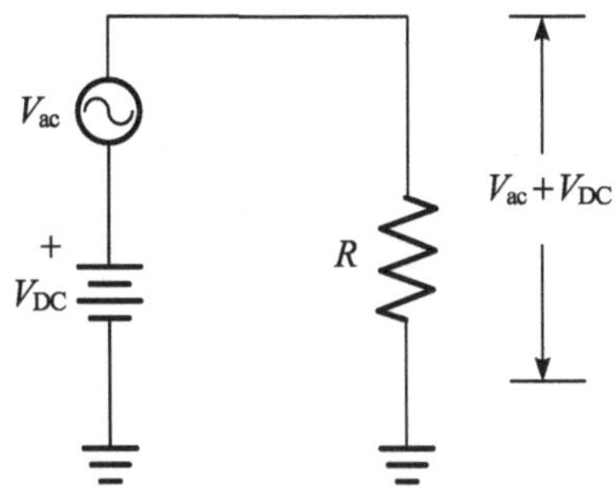

【그림 8-29】 중첩된 직류와 교류전압

VDC 가 정현파의 피크값보다 클 때, 결합된 전압이 극성이 결코 바뀌지 않는 정현파이고, 그러므로 비선형이다. 즉 그림 8-30(a)에 보인 것같이 직류 레벨 위에 올라탄 정현파를 얻는다. 만약 VDC가 정현파의 피크전압보다 작을 경우 정현파는 그림 8-30(b)와 같이 낮은 반주기 부분 동안 음(−)이 될 것이고 그러므로 교번된다. 두 경우에 정현파는 VDC+Vp와 같은 최댓값에 이를 것이며, VDC−Vp와 같은 최솟값에 이르게 된다.

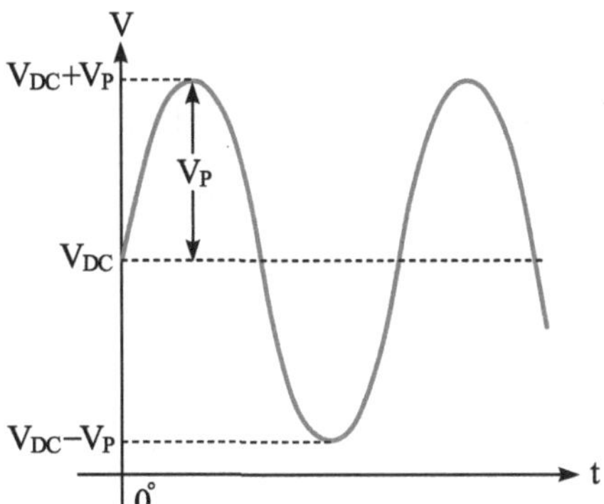

(a) $V_{DC}>V_P$, (−)이 되지 않는 정현파

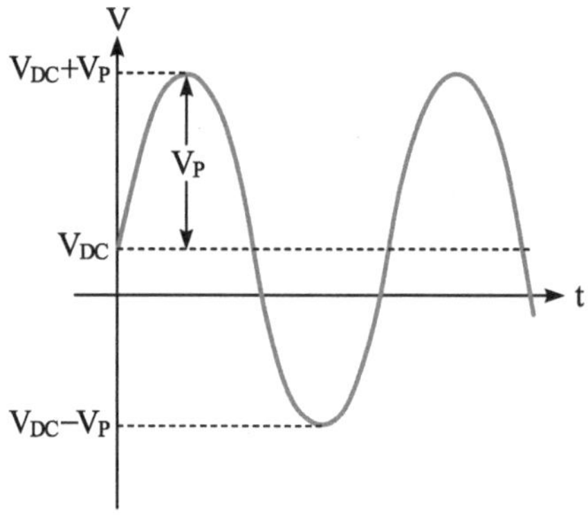

(b) $V_{DC} > V_P$,이 사이클 부분에서는 정현파의 극성이 바뀐다.

【그림 8-30】 직류레벨인 정현파

예제8-11 그림 8-31(a), (b)에서 총 전압강하를 구하라.

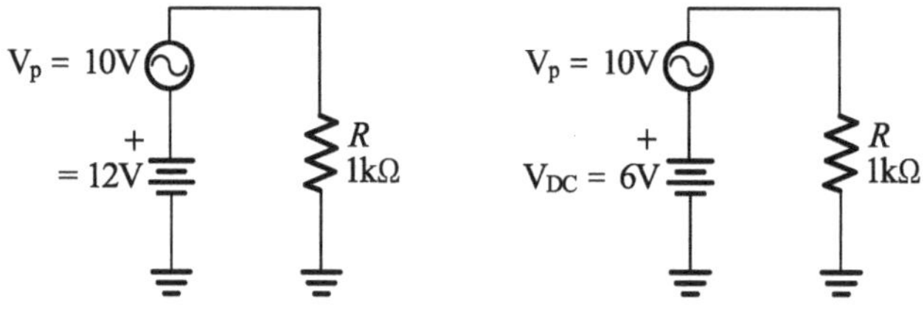

【그림 8-31】

풀 이 그림 8-31(a)에서 R 양단 최대전압을 구하면

$V_{max}=V_{DC}+V_p=12[V]+10[V]=22[V]$

R 양단 최소전압은

$V_{min}=V_{DC}-V_p=12[V]-10[V]=2[V]$

그러므로 $V_{R(tot)}$는 그림 8-32(a)와 같이 +22[V]에서 +2[V]까지 변하는 비교번 정현파이다.

그림 8-31(b)에서 R 양단 최대전압을 구하면

$V_{max}=V_{DC}+V_p = 6[V]+10[V] = 16[V]$

R 양단 최소전압은

$V_{min} = V_{DC} - V_p = \ -4[V]$

그러므로 $V_{R(tot)}$는 그림 8-32(b)와 같이 +16[V]에서 −4[V]까지 변하는 비교번 정현파이다.

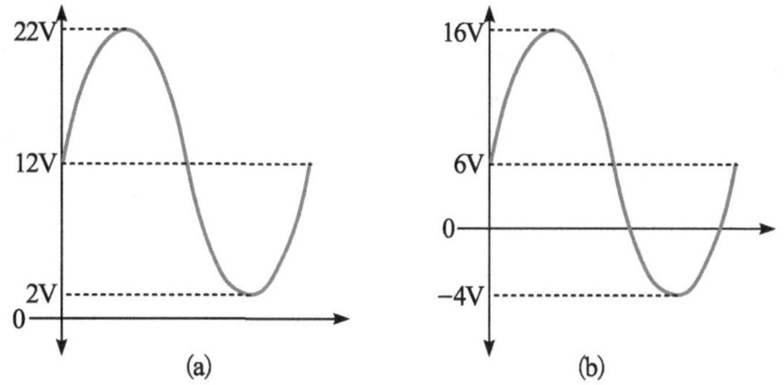

【그림 8-32】

다. 비정현파

교류의 대표적인 파형 중 앞서 배운 정현파는 전기나 전자회로에서 매우 중요하지만 교류 파형의 다른 2가지 형태, 즉 펄스파형과 삼각파형도 아주 중요하다고 할 수 있다.

(1) 펄스 파형

기본적으로 펄스(pulse)는 어떤 전압 또는 전류의 기준 레벨(baseline)에서 다른 레벨까지 매우 빠른 변화점(leading edge)으로 말할 수 있다. 그리고 어떤 시간에 매우 빠른 변환점(trailing edge)에서 원래의 기준 레벨로 되돌아오게 된다. 레벨로 변환하는 것을 스텝(step)이라고 한다. 이상적인 펄스는 같은 크기의 진폭인 2개의 반대 방향으로 진행되는 스텝으로 구성된다. 선두(leading) 에지 또는 트레일링(trailing) 에지가 양(+)의 방향으로 진행될 때 이것을 상승 에지(rising edge)라고 한다. 선두(lending) 또는 트레일링 에지(trailing edge)가 음(-)의 방향으로 진행될 때 이것을 강하 에지(falling edge)라고 한다.

그림 8-33(a)에서 이상적인 양(+)방향 진행 펄스가 펄스폭(pulse width)이라는 시간

간격으로 분리된 크기는 같고 방향이 반대인 2개의 순시 스텝으로 이루어졌다는 것을 보여준다. 그림 8-33(b)는 이상적인 음(-)방향 진행펄스를 보여준다. 기준 라인으로부터 측정된 펄스의 높이는 전압(전류)의 진폭이 된다.

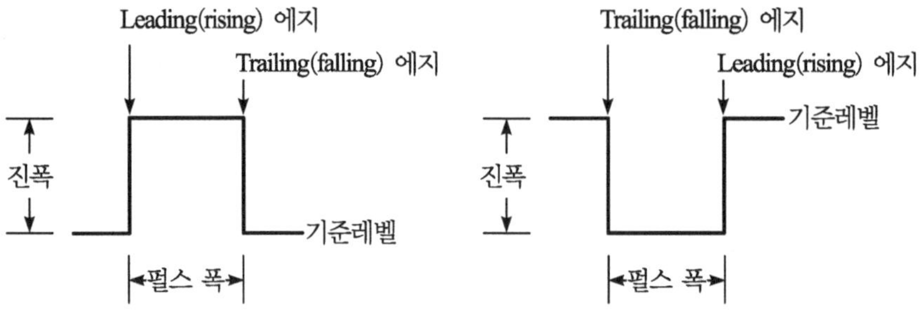

(a) 양(+)방향 진행 펄스 (b) 음(-)방향 진행 펄스

【그림 8-33】 이상적인 펄스 파형

많은 응용 분야에서 모든 펄스를 이상적인 펄스로 간주하여 해석한다. 그러나 실제 펄스들은 이상적이 아니다. 모든 펄스는 이상적인 펄스와 다른 특성을 지닌다. 실제로 펄스는 어떤 레벨에서 다른 레벨로 순간적으로 변화할 수 없다. 8-34(a)에서와 같이 변환(step)하기 위해서 항상 시간이 필요하기 때문이다. 알다시피 펄스가 낮은 값에서 높은 값으로 진행되는 상승 에지(rising edge) 동안 시간의 간격이 생긴다. 이 간격을 상승시간(t_r)이라고 한다.

상승시간은 전 진폭의 10%에서 90%까지 진행되는 펄스에 대해 요구되는 시간이다.

펄스가 높은 값에서 낮은 값으로 진행되는 하강 에지(falling edge) 동안의 시간 간격을 하강시간(t_f)이라고 한다.

하강시간은 전 진폭의 90%에서 10%까지 진행되는 펄스에 대해 요구되는 시간이다.

펄스의 폭 t_W는 또한 상승 에지와 하강 에지가 수직이 아니기 때문에 이상적이 아닌 펄스에 대해 정확한 정의가 요구된다.

펄스의 폭은 상승 에지에서 전 진폭의 50%되는 점과 하강 에지에서 전 진폭의 50%되는 점 사이의 시간이다.

펄스의 폭은 그림 8-34(b)에 나타내었다.

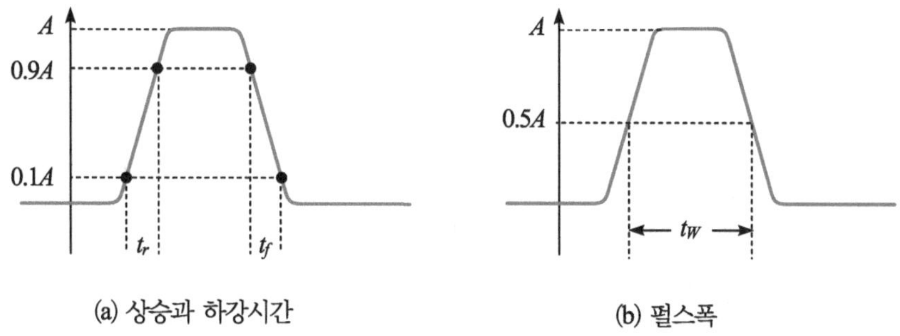

【그림 8-34】 실제 펄스 파형

(2) 반복 펄스

일정한 간격으로 그 자신을 반복하는 어떤 파형을 주기적(periodic)이라고 한다.

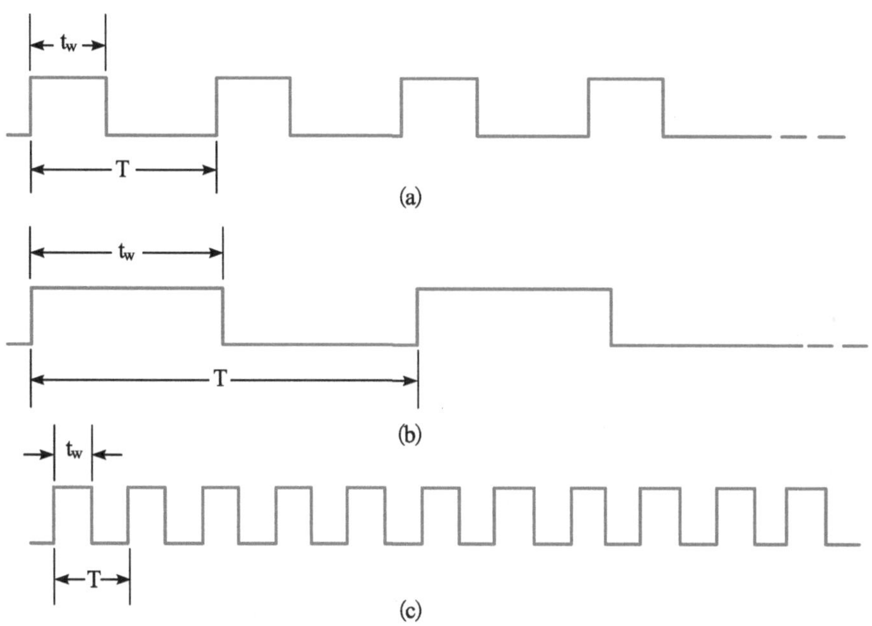

【그림 8-35】 반복 펄스 파형

그림 8-35에 주기적인 파형의 예를 보여준다. 각 경우에 펄스는 구형 간격으로 반복된다는 데 주의해야 한다. 펄스의 반복 비율을 펄스 반복률(pulse repetition frequency)이라고 하고, 파형의 기본 주파수가 된다.

주파수는 초당 펄스 또는 헬츠로 나타낸다. 어떤 펄스에서 다음 펄스의 대응된 지점까지 시간이 주기 T 이다. 주기와 주파수와의 관계는 정현파와 같다($f = \frac{1}{T}$).

반복 펄스파형의 매우 중요한 특성을 반복 사이클(duty cycle)로 나타낸다.

반복 사이클(duty cycle)은 펄스폭(tW)과 주기(T)와의 비율이고, 항상 퍼센트(%)로 나타낸다.

$$\text{퍼센트 반복 사이클} = \left(\frac{t_W}{T}\right) \times 100\% \qquad \text{(식 8-19)}$$

예제8-12 그림 8-36에서 펄스 파형에 대해서 반복 사이클(duty cycle)과 주기, 주파수를 구하라

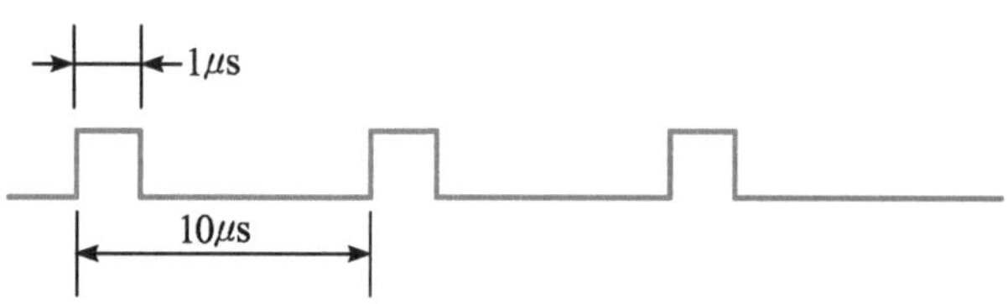

【그림 8-36】

풀 이 주기 $T = 10[\mu s]$

주파수 $f = \frac{1}{T} = \frac{1}{10\mu s} = 100[kHz]$

$$\text{퍼센트 반복 사이클} = \left(\frac{1\mu s}{10\mu s}\right)100\% = 10[\%]$$

(3) 구형파

구형파는 반복 사이클이 50%인 펄스파형이다. 이와 같이 펄스폭이 주기의 1/2과 같다. 구형파는 그림 8-37에 나타냈다.

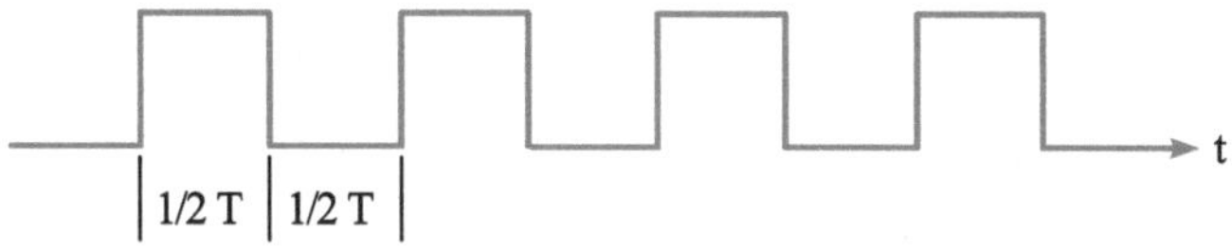

【그림 8-37】 구형파

(4) 펄스파형의 평균값

펄스파형의 평균값(V_{avg})는 기준 레벨 더하기 반복 사이클 곱하기 진폭과 같다. 양(+)방향 파형의 낮은 레벨이나 음(-)방향 파형의 높은 레벨을 기준 레벨로 간주한다. 이 식은 다음과 같다.

$$V_{avg} = \text{기준 레벨} + (\text{반복 사이클}) \times (\text{진폭}) \qquad (\text{식 } 8\text{–}20)$$

예제8-13 그림 8-38에서 펄스 파형에 대해서 반복 사이클(duty cycle)과 주기, 주파수를 구하라

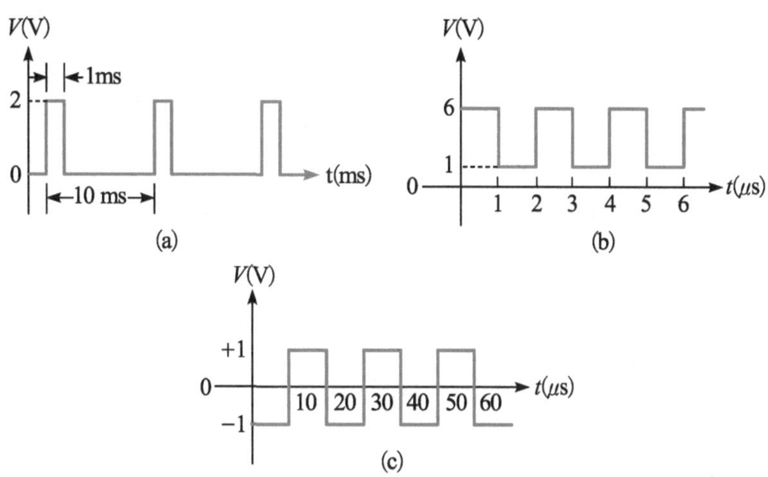

【그림 8-38】

풀 이 그림 8-38(a)에서 기준 레벨 0V이고, 진폭은 2V, 반복 사이클은 10%이다. 평균값은

$$V_{avg} = \text{기준 레벨} + (\text{반복 사이클})(\text{진폭})$$

$$= 0\text{V} + (0.1)(2\text{V}) = 0.2[\text{V}]$$

그림 8-38(b)에서 파형은 +1V가 기준 레벨이고, 5V의 진폭, 50%의 반복 사이클이다. 평균값은

$$V_{avg} = \text{기준레벨} + (\text{반복사이클})(\text{진폭})$$

$$= 1\text{V} + (0.5)(5\text{V}) = 1\text{V} + 2.5\text{V} = 3.5[\text{V}]$$

이다.

그림 8-38(c)는 기준 레벨이고 -1V이고, 진폭이 2V인 구형파를 보여준다. 평균값은

$$V_{avg} \ \text{기준 레벨} + (\text{반복 사이클})(\text{진폭})$$

$$= -1\text{V} + (0.5)(2\text{V}) = -1\text{V} + 1\text{V} = 0[\text{V}]$$

이다.

이것은 교번 구형파이고 교번 정현파와 같이 평균값은 0이다.

(5) 삼각파와 톱니파

삼각파와 톱니파는 전압 또는 전류 램프(ramps)로 구성된다. 램프(ramps)는 전압 또는 전류를 선형으로 증가 또는 감소시킨다. 그림 8-39는 양(+)으로 진행되는 램프와 음(−)으로 진행되는 램프를 보여준다. 그림의 (a)부분에서 램프는 양(+)의 기울기이고, (b)부분에서 램프는 음(-)의 기울기이다. 전압램프의 기울기는 ±V/t이고 V/s단위로 나타낸다. 전류램프의 기울기는 ±I/t 이고 A/s단위로 나타낸다.

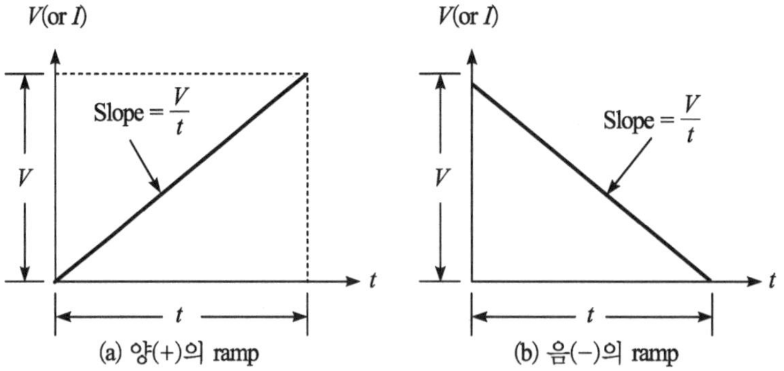

【그림 8-39】 램프

예제8-13 그림 8-40 (a), (b)에서 전압램프의 기울기는 얼마인가?

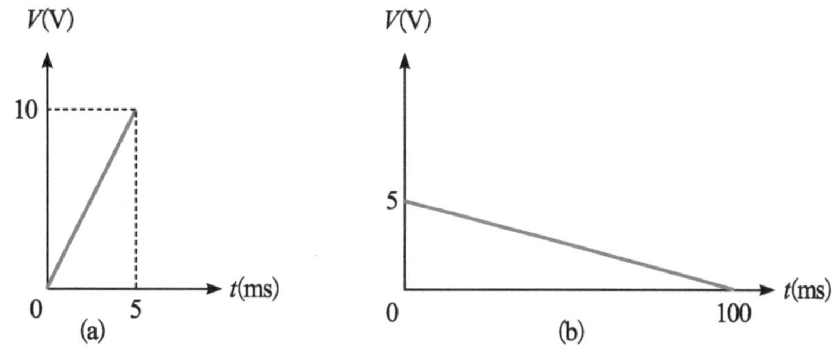

【그림 8-40】

풀 이 그림 8-40(a)에서 전압은 5ms 동안 0V에서 +10V로 증가한다. 이때 t=5ms이고 V=10[V]이다. 기울기는

$$\frac{V}{t} = \frac{10\mathrm{V}}{5\mathrm{ms}} = 2\mathrm{V/ms} = 2[\mathrm{kV/s}]$$

이다.

그림 8-40(b)에서 전압은 100ms 동안 +5V에서 0V로 감소한다. t=100ms이고 V=-5V이다. 기울기는

$$\frac{V}{t} = \frac{-5\mathrm{V}}{100\mathrm{ms}} = -0.05\mathrm{V/ms} = -50[\mathrm{V/s}]$$

이다.

그림 8-41은 기울기가 같은 양(+)으로 진행되는 램프와 음으로 진행되는 램프로 구성된 삼각파(triangular waveform)이다. 이 파형의 주기는 설명한 바와 같이 어떤 피크에서 다음 대응된 피크까지이다. 이 특수한 삼각파는 교번하고, 평균값은 0(Zero)가 된다.

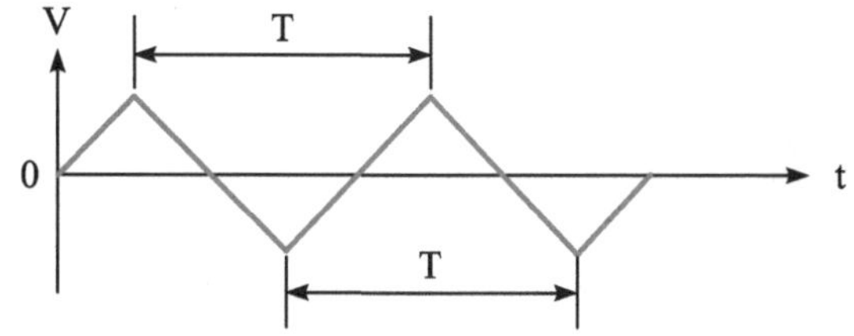

【그림 8-41】 0 평균값으로 교번하는 삼각파

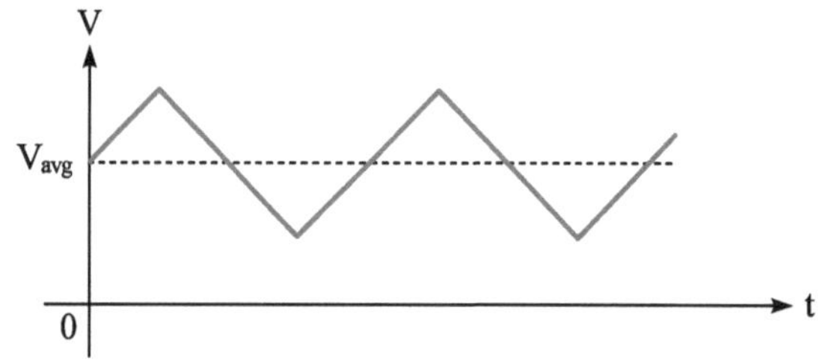

【그림 8-42】 0 평균값으로 교번하지 않는 삼각파

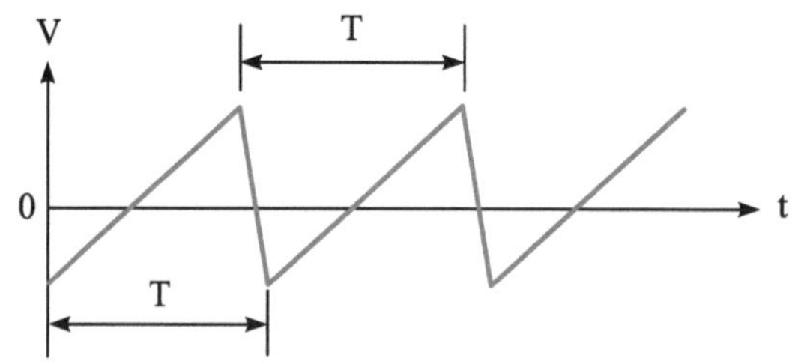

【그림 8-43】 교번하는 톱니파

그림 8-42는 평균값이 0이 아닌 삼각파를 보여주고 있다. 삼각파의 주파수는 정현파와 같은 방법인 f=1/T로 구한다. 톱니파 톱니파는 사실 하나가 다른 것보다 긴 구간으로 된 2개의 램프로 구성된 삼각파의 특별한 경우이다. 톱니파는 보편적으로 많은 전자 시스템에 사용된다. 예를 들면 화상을 생성하는 TV수신기의 스크린을 관통하는 전자빔은 톱니파 전압과 전류에 의해 제어된다. 하나의 톱니파는 수평으로 빔 운동을 하게 하고 다른 하나는 수직으로 빔 운동하게 한다. 톱니파 전압을 스위프(sweep)전압이라고도 한다. 그림 8-43은 톱니파의 예이다. 양(+)으로 진행되는 램프의 긴 구간과 상대적으로 음(-)으로 진행되는 램프의 짧은 구간으로 구성되어 있다는 데 주의해야 한다.

4. 실험 및 실습

【실험 8-1】 정현파 교류전압 및 주파수 측정 실험

【실험 목표】

1. 오실로스코프를 사용하여 정현파교류의 전압 측정 방법을 익힌다.
2. 오실로스코프를 사용하여 정현파교류의 주기 및 주파수를 측정하는 방법을 익힌다.

【사용재료】

부품	규격	수량	비고
저항	1[kΩ](1/4[W]), 4.7[kΩ](1/4[W])	각 2개	
리드선	브레드보드용	1[m] 정도	

【계측기 및 장비】

계측기 및 장비	용도	수량	비고
오실로스코프	전압 및 전류 파형 측정	1대	
멀티 미터	전압 및 전류 크기 측정	1대	
신호 발생기	입력 전압 신호 발생	1대	
전원 공급 장치	실험 회로 전원 공급	1대	
브레드보드	실험회로 구성용	1장	

【회로도】

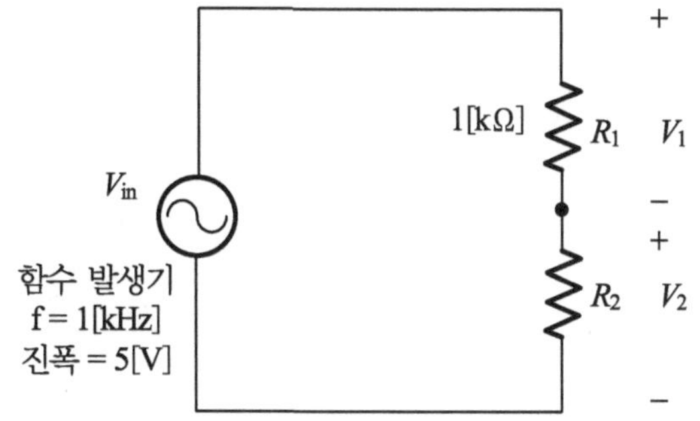

【그림 8-44】 정현파 교류 측정 실험 회로도

【실험 순서】

1. 그림 8-44와 같이 저항 직렬 회로를 구성한다.
2. V_{in} 정현파 교류를 만들기 위하여 함수발생기를 사용 출력신호를 사인파를 선택하고, 전압 크기(진폭)는 5V, 주파수는 1KHz로 조정한다.
3. 오실로스코프로 전원전압 V_{in}를 채널 1으로 R_2저항 양단에 걸린 전압 V_2를 채널 2로 측정할 수 있도록 결선한다.
4. 오실로스코프에 나타난 파형인 전원전압 V_{in}과 R_2저항 양단 전압 V_2의 1주기 파형을 그림 8-45에 그리고, 표 8-1과 표 8-2에 기록한다.

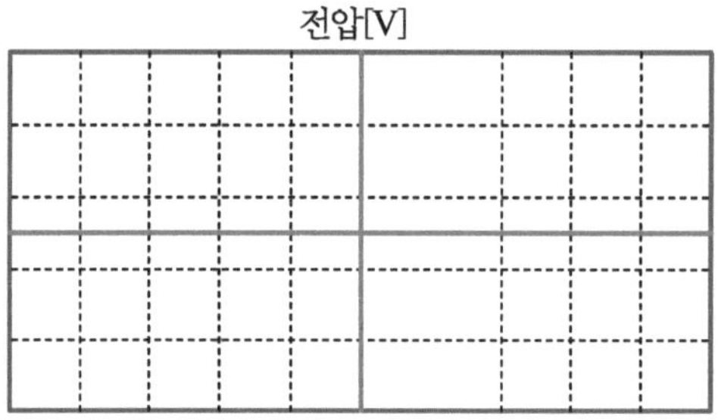

【그림 8-45】 측정한 V_{in}, V_2 파형

【표 8-1】 실험 결과 1

R_2저항	실효 전압값 [Vrms]		peak to peak 전압값 [Vpp]	
	V_{in}	V_2	V_{in}	V_2
1 [kΩ]				
4.7[kΩ]				

【표 8-2】 실험 결과 2

R_2저항	주기 T[ms]		주파수 f[Hz]	
	V_{in}	V_2	V_{in}	V_2
1 [kΩ]				
4.7[kΩ]				

【평가】

1. 표 8-1의 측정한 실효 전압값 [Vrms]의 데이터를 분석하여 교류회로에서도 키르히호프 전압 법칙이 적용되는지 확인해 본다.
2. 표 8-1과 표 8-2의 모든 측정값을 이론 계산값으로 바꿔 기록한다.
3. 평가 2번에서의 이론 계산값과 실험 측정값과의 오차를 계산하여본다.
4. 평가 3번 오차의 발생 이유를 설명하여 보자.

【심화 실험】

1. 그림 8-44와 같이 저항 직렬 회로에서 R_2저항값을 1 [kΩ], 4.7 [kΩ]으로 했을 때의 V_{in}, V_1, V_2의 정현파 교류전압을 디지털 멀티미터를 사용하여 측정하여 다음 표 8-3에 기록하여라.
2. 디지털 멀티미터로 측정한 정현파 교류전압값은 오실로스코프로 측정한 어떤 전압값과 같은지 판단하여 보자.
3. 그림 8-44회로에서 정현파 교류 입력 대신에 함수발생기의 출력신호호를 펄스파로 선택하여 실험 순서 3번과 4번을 반복한다.

【표 8-1】 실험 결과1

<table>
<tr><th rowspan="2">R_2저항</th><th colspan="2">주기 T[ms]</th></tr>
<tr><th>V_{in}</th><th>V_2</th></tr>
<tr><td>1 [kΩ]</td><td></td><td></td></tr>
<tr><td>4.7[kΩ]</td><td></td><td></td></tr>
</table>

1. 정현파는 시간 변화, 주기적인 파형이다.
2. 정현파는 통상 교류 형태이다.
3. 교류전류는 전압원의 극성을 바꾸므로 방향이 바뀌진다.
4. 교번 정현파의 1사이클은 양(+)의 교번과 음(-)의 교번으로 구성된다.
5. 정현파의 2개의 공통적인 전원은 전자기적인 교류발전기와 전자 발진회로이다.
6. 정현파의 피크값(peak value)은 0에 대한 양의 최대 또는 음의 최대까지의 전압값이다.
7. 정현파의 피크 대 피크값은 양의 피크에서 음의 피크까지의 전류와 전압이다.
8. 정현파의 rms값은 교류전압으로서 같은 열량을 생산해 낼 수 있는 동등한 직류전압을 말한다.
9. 평균값은 수평축에 따라 곡선의 라디안 거리로 나누어진 1/2 사이클 곡선의 아래쪽 총 면적이다.
10. 라디안(radian)은 원의 회전 반경과 같은 원의 원주에 따라 측정된 각도로 정의한다.
11. 정현파의 1사이클은 360° 또는 2π 라디안이고, 1/2사이클은 180° 또는 라디안이다. 1/4사이클은 90° 또는 π/2 라디안이다.
12. 정현파 전압은 자기장에서 회전하는 도체에 의해 발생된다.
13. 위상각은 2정현파 사이의 각도 또는 라디안의 차이(difference)다.
14. 페이저의 각도 위치는 정현파의 각을 나타내고, 페이저의 길이는 진폭을 나타낸다.
15. 기준선 레벨에서 진폭레벨까지 변환으로 구성된 펄스는 기준 레벨로 또 다른 변화가 뒤따른다.
16. 삼각 또는 톱니파는 양(+)방향 ramp와 음(-)방향 ramp로 구성되어 있다.

【완성형】

1. 교류(AC)는 ( )의 약어이다.
2. 각 사이클 동안, 정현파는 피크값에 ( )번 도달한다.
3. 12[kHz]의 주파수인 정현파의 주기는 ( )[sec] 이다.
4. 2[ms]의 주기인 정현파는 주파수가 ( )[Hz] 이다.
5. 정현파가 60Hz일 때 10s에서 ( ) 사이클을 통과하다.
6. 정현파의 피크값이 10[V]이면, 피크 대 피크값( )[V]이다.
7. 정현파의 피크값이 20[V]이면 rms값( )[V]이다.
8. 10[V] 피크 정현파가 1사이클의 평균값( )[V]이다.
9. 20[V] 피크인 정현파의 1/2사이클에서의 평균값( )[V]이다.
10. ( )는 0 교차점에서 극성이 바뀐다.
11. 어떤 정현파가 10°에서 양(+)방향 0교차점이고 다른 정현파는 45°에서 양(+)방향 0교차점이다. 이 두 파형 사이의 위상각( )이다.
12. 10[kΩ] 저항을 통과하는 rms전류가 5mA이면, 저항 양단에 걸리는 rms 전압 ( )[V]이다.
13. AC전원에 2개의 직렬 저항이 연결되어 있다. 만약 하나의 저항에 걸리는 전압은 6.5V이고 다른 하나는 3.2V이라면, 피크전원 전압은 ( )[V]이다.
14. 10[kHz] 펄스파형이 10[μs]폭으로 된 펄스이다. 이 반복 사이클( )%이다.
15. 구형파의 반복 사이클 ( )%이다.

【서술형】

1. 만약 정현파가 12초 동안 5사이클이 통과됐다면 주기는 얼마인가?
2. 양의 첫 번째 피크값이 1[ms]에서 일어나고 다음 피크값이 2.5[ms]에서 일어났다면 주기는 얼마인가?
3. 주어진 정현파의 음의 피크값 사이의 시간이 50[μs]이면 주파수는 얼마인가?
4. T = 15[μs]이면 f는 얼마인가?
5. 정현파 전압을 발행하기 위해 사용되는 2가지 기본 방법은 무엇인가?
6. 교류발전기에서 주파수와 회전속도는 어떤 관계인가?

7. 다음과 같을 때 Vpp를 구하라.

(a) V_P=1[V] (b) Vrms=1.414[V] (c) V_{avg}=3[V]

8. 다음과 같을 때 Vrms를 구하라.

(a) V_p=2.5[V] (b) V_{pp}=10[V] (c) V_{avg}=1.5[V]

9. 다음과 같을 때 Vavg를 구하라.

(a) Vpp=10V (b) Vrms=2.3V (c) Vpp=60 V

10. 정현파의 양(+)방향 0교차점이 0°였다면 다음 각 점에서는 몇(°)가 되는가?

(a) 양의 피크 (b) 음방향 0교차점

(C) 음의 피크 (d) 첫 번째 완전한 사이클의 끝 부분

11. 1/2사이클은 ( )° 이고 또는 ( )라디안이다.

12. 1사이클은 ( )° 이고 또는 ( )라디안이다.

13. 그림 8-46에서 두 정현파 사이 위상각을 구하라.

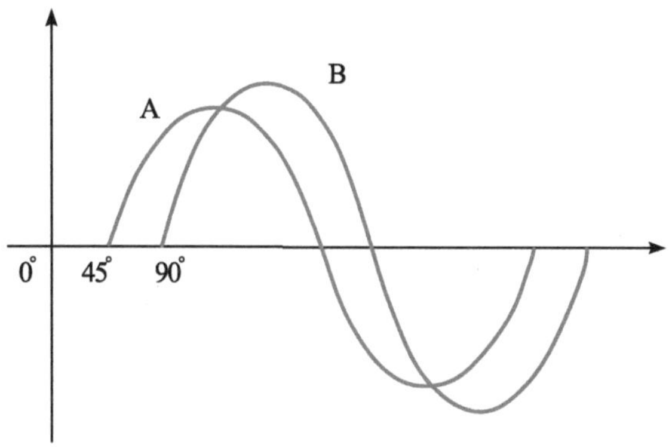

【그림 8-46】

14. 0기준점으로부터 왼쪽으로 10° 이동된 정현파의 45° 된 점의 순시값을 구하라.(V_p =10[V]).

15. 0기준점으로부터 오른쪽으로 25° 이동된 정현파의 90° 된 점의 순시값을 구하라 (V_p = 5[V]).

16. 12.5[V]의 1/2 사이클 평균값인 정현파전압이 330[Ω]의 저항회로에 가해졌다. 전류의 피크값은 얼마인가?

17. 직렬 저항회로에서 피크 전압강하가 6.2V, 11.3V, 7.8V이다. 전원전압의 rms 값을 구하라.

어떤 펄스 파형이 200kHz의 주파수이고, 펄스폭이 0.25[㎲]이다. 반복 사이클 (duty cycle)을 구하라.

18. 어떤 전압램프가 +12V/㎲기울기이다. 만약 램프가 0에서 시작된다면, 0.01[ms]에서 전압은 얼마인가?

제9장

복소수와 페이저

이 단원에서는 교류 전원을 사용하는 전기회로를 해석하기 위한 수학적인 표현법인 복소수와 페이저에 대하여 학습한다.

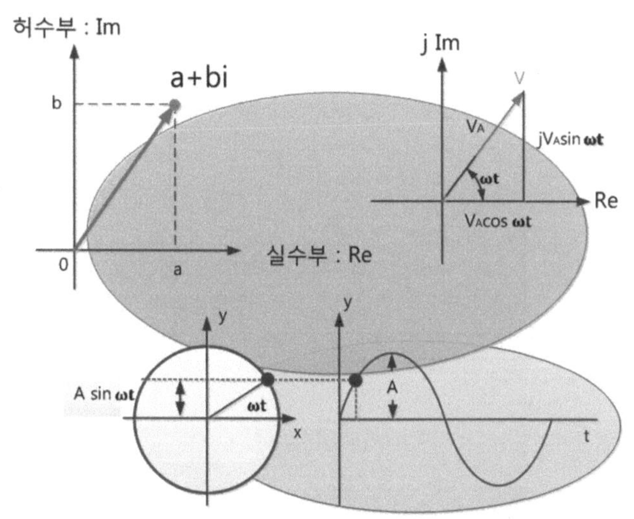

1. 복소수
2. 페이저

주요 용어

허수, 복소수, 켤레 복소수, 복소 평면, 위상, 페이저

1. 복소수

학습 목표	1. 복소수의 표현 방식을 설명할 수 있다. 2. 복소 평면을 설명할 수 있다.

가. 복소수

복소수(Complex Number)는 실수(Real Number)와 허수(Imaginary Number)를 동시에 표현할 수 있는 수로 정의하며, 수학적인 표현 방식은 식 9-1과 같다.

$$a+bi \qquad \text{(식 9-1)}$$

이 수식에서 "a" 및 "b"는 실수를 나타내고, "i"는 허수 단위를 나타내며 $i^2=-1$ 조건을 만족한다. 예를 들어 "$-4+i3$"로 표현되는 복소수의 실수부 및 허수부는 식 9-2와 같이 구할 수 있다.

실수부 : $\mathrm{Re}(-4+i3)=-4$

허수부 : $\mathrm{Im}(-4+i3)=3$ (식 9-2)

예제 9-1	실수부가 -3이고 허수부가 +5인 복소수를 수식으로 나타내어라.
풀 이	복소수는 $a+bi$인 형식으로 표현되므로 $-3+5i$ 이다.

그림 9-1은 수학에서 사용되는 수의 체계를 표현한 것으로, 복소수는 실수와 허수로 구성되어 있으며 모든 수를 표현할 수 있는 가장 큰 범위의 수 집합임을 알 수 있다.

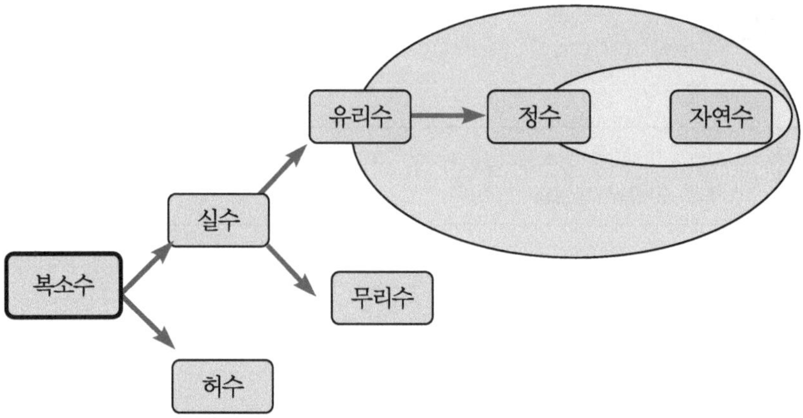

【그림 9-1】 수의 체계

켤레 복소수(Complex Conjugate) 또는 공액 복소수는 실수 부분은 같고 허수 부분의 부호만 다른 두 개의 복소수에서, 한 복소수를 다른 복소수에 비교하여 정의한 복소수를 표현하는 용어이다. 켤레 복소수의 특성을 이용하면 임의의 복소수에서 실수부 또는 허수부를 용이하게 분리할 수 있다. 예를 들어, $z = a + bi$인 복소수의 켤레복소수는 $\bar{z} = a - bi$이므로, 실수부 및 허수부는 식 9-3과 같이 구할 수 있다.

$$\text{실수부 : } \mathrm{Re}(z) = \frac{1}{2}(z + \bar{z}) = a$$

$$\text{허수부 : } \mathrm{Im}(z) = \frac{1}{2}(z - \bar{z}) = bi \qquad \text{(식 9–3)}$$

임의의 두 개의 복소수가 $z_1 = a + bi$, $z_2 = c + di$로 주어졌을 때, 복소수의 4칙 연산은 식 9-4와 같이 나타낸다.

$$z_1 + z_2 = (a + bi) + (c + di) = (a + c) + (b + d)i$$

$$z_1 - z_2 = (a + bi) - (c + di) = (a - c) + (b - d)i$$

$$z_1 \times z_2 = (a + bi) \times (c + di) = (ac - bd) + (bc + ad)i$$

$$\frac{z_1}{z_2} = \frac{(a + bi)}{(c + di)} = \frac{(a + bi) \times (c - di)}{(c + di) \times (c - di)} = \left(\frac{ac + bd}{c^2 + d^2}\right) + \left(\frac{bc - ad}{c^2 + d^2}\right)i \qquad \text{(식 9–4)}$$

예제 9-2	임의의 두 개의 복소수가 $z_1 = 1+2i$, $z_2 = 2-i$로 주어졌을 때, z_1+z_2 및 z_1-z_2를 구하여라.
풀 이	$z_1+z_2 = (1+2i)+(2-i) = (1+2)+(2-1)i = 3+i$ $z_1-z_2 = (1+2i)-(2-1i) = (1-2)+(2+1)i = -1+3i$

예제 9-3	임의의 두 개의 복소수가 $z_1 = 1+i$, $z_2 = 1-i$로 주어졌을 때, $z_1 \times z_2$ 및 $z_1 \div z_2$를 구하여라.
풀 이	$z_1 \times z_2 = (1+1i)\times(1-1i) = (1+1)+(1-1)i = 2$ $\frac{z_1}{z_2} = \frac{(1+1i)}{(1-i)} = \frac{(1+1i)\times(1+1i)}{(1-i)\times(1+1i)} = \frac{(1+1i)\times(1+1i)}{2} = i$

x축을 실수부, y축을 허수부로 표현한 2차원의 직각 좌표계(Cartesian coordinate system)를 복소 평면(Complex plane) 또는 가우스 평면이라 한다. 실수부와 허수부로 표현되는 복소수 $z = a+bi$를 복소 평면에 점으로 표현하면 그림 9-2와 같다.

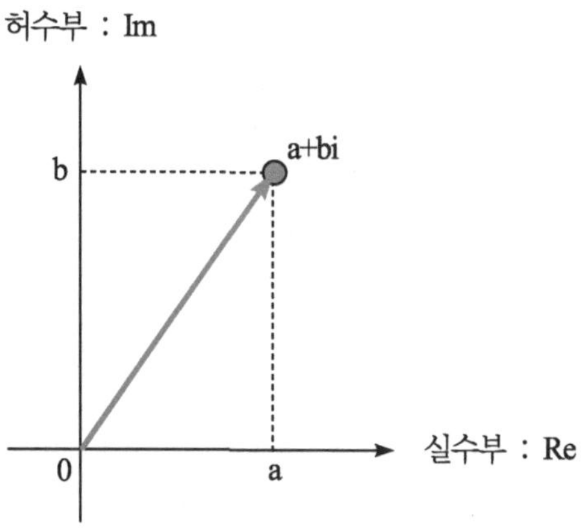

【그림 9-2】 복소 평면

예제 9-4 두 개의 복소수 $z_1 = 2+2i$, $z_2 = 3-i$를 복소 평면에 표시하여라.

풀 이

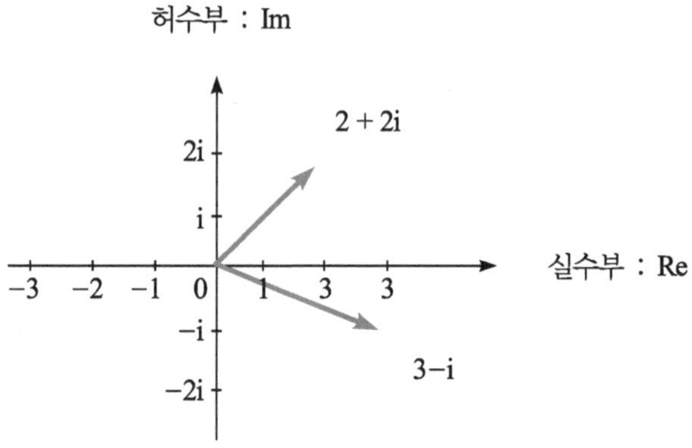

【그림 9-3】 복소 평면

예제 9-5 두 개의 복소수가 $z_1 = 1+i$, $z_2 = 1-i$로 주어졌을 때, $z_3 = z_1 + z_2$ 및 $z_4 = z_1 - z_2$를 구하고, z_1, z_2, z_3, z_4를 복소 평면에 표시하여라.

풀 이

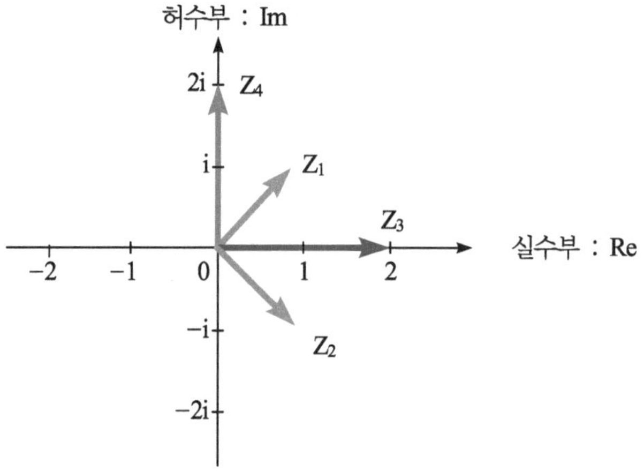

【그림 9-4】 복소 평면

$$z_3 = z_1 + z_2 = (1+i)+(1-i) = (1+1)+(1-1)i = 2$$

$$z_4 = z_1 - z_2 = (1+1i)-(1-1i) = (1-1)+(1+1)i = 2i$$

2. 페이저

학습 목표	1. 페이저의 표현 방식을 설명할 수 있다. 2. 복소 평면에 페이저를 표현할 수 있다.

가. 페이저

페이저(phasor : phase vector)란 어떤 전기적인 신호가 sin 함수 또는 cosin 함수 특성을 지니고 있을 때, 이 신호를 신호의 크기(Amplitude : A)와 신호의 위상(Phase : Θ)으로 표현한 복소수를 의미한다. 임의의 복소수 "$z = x + yi$"는 전기회로에서는 "$z = x + jy$"로 변경하여 사용한다. 따라서 변경된 복소수 표현 방식을 사용하면 페이저는 식 9-5와 같이 나타낸다.

$$\boldsymbol{z} = r\angle\theta,\ \boldsymbol{z} = re^{j\theta} \quad \text{(식 9-5)}$$

여기서 그림 9-5에 나타낸 것과 같이 $r = \sqrt[2]{x^2 + y^2}$, $\theta = \tan^{-1}\frac{y}{x}$로 정의된다.

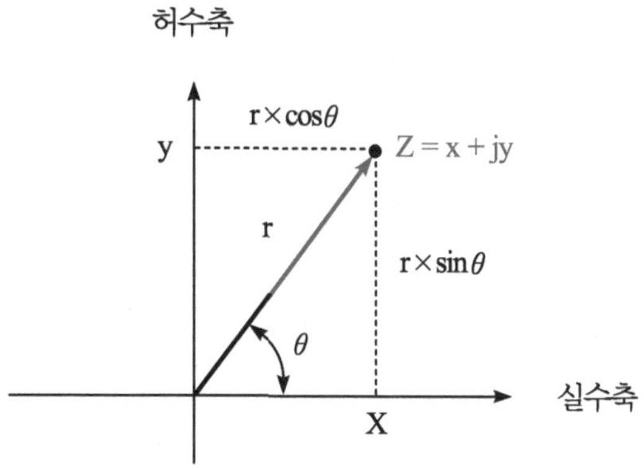

【그림 9-5】 페이저 표현

전기회로에서 시간 t의 함수인 전압원이 $v(t)= V_m \cos(\omega t+\theta)$일 때, 페이저로 표현하면 $\boldsymbol{V}= V_m \angle \theta$로 나타낸다. 또한 시간 t의 함수인 전압원이 $v(t)= V_m \sin(\omega t+\theta)$일 때, 페이저로 표현하면 $\boldsymbol{V}= V_m \angle \theta - 90°$로 나타낸다. 시간 t의 함수인 전압원을 복소 평면에 페이저로 나타내면 그림 9-6과 같다.

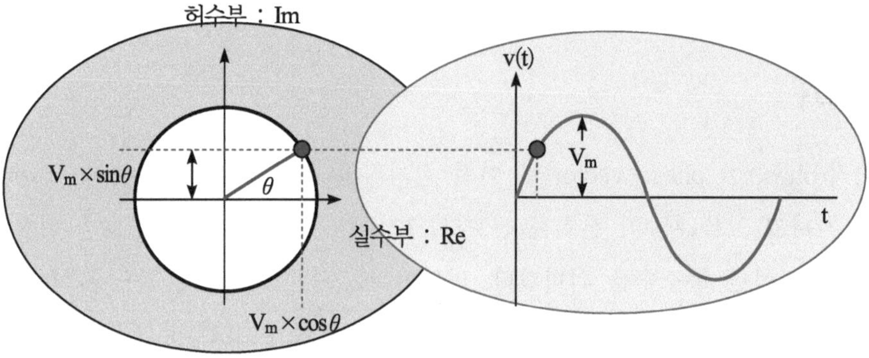

【그림 9-6】 sin 함수의 페이저 표현

임의의 두 개의 페이저가 $\boldsymbol{z_1}= r_1 \angle \theta_1$, $\boldsymbol{z_2}= r_2 \angle \theta_2$로 주어졌을 때, 4칙 연산은 식 9-6과 같이 나타낸다.

$\boldsymbol{z_1}+\boldsymbol{z_2}$: 복소수 연산과 동일

$\boldsymbol{z_1}-\boldsymbol{z_2}$: 복소수 연산과 동일

$\boldsymbol{z_1}\times\boldsymbol{z_2} = r_1 r_2 \angle \theta_1 + \theta_2$

$$\frac{\boldsymbol{z_1}}{\boldsymbol{z_2}} = \frac{r_1}{r_2} \angle \theta_1 - \theta_2 \qquad \text{(식 9-6)}$$

예제 9-6 복소수 $z = 1 + j1$를 페이저로 나타내어라.

풀 이 페이저는 $\boldsymbol{z}= r \angle \theta$ 형식으로 나타내므로

$r= \sqrt[2]{x^2+y^2} = \sqrt[2]{1^2+1^2}= \sqrt[2]{2}$

$\theta= \tan^{-1}\frac{y}{x}= \tan^{-1}\frac{1}{1}= 45°$ 이다.

따라서 $\boldsymbol{z}= r \angle \theta = 1.41 \angle 45°$ 가 된다.

예제 9-7	4개의 페이저가 $z_1 = 6\angle 30^\circ$, $z_2 = 3\angle 15^\circ$, $z_3 = 8\angle 30^\circ$, $z_4 = 1\angle 60^\circ$ 일 때, $z_1 \times z_2$ 및 $\frac{z_1}{z_2}$를 구하고, 복소 평면에 페이저로 나타내어라.

풀 이

식 9-6에 대입하여 구하면 다음과 같다.

$z_1 \times z_2 = r_1 r_2 \angle \theta_1 + \theta_2 = 6 \times 3 \angle 30^\circ + 15^\circ = 18\angle 45^\circ$

$\frac{z_1}{z_2} = \frac{r_1}{r_2}\angle \theta_1 - \theta_2 = \frac{8}{1}\angle 30^\circ - 60^\circ = 8\angle -30^\circ$

복소 평면에 페이저로 나타내면 그림 9-7과 같다.

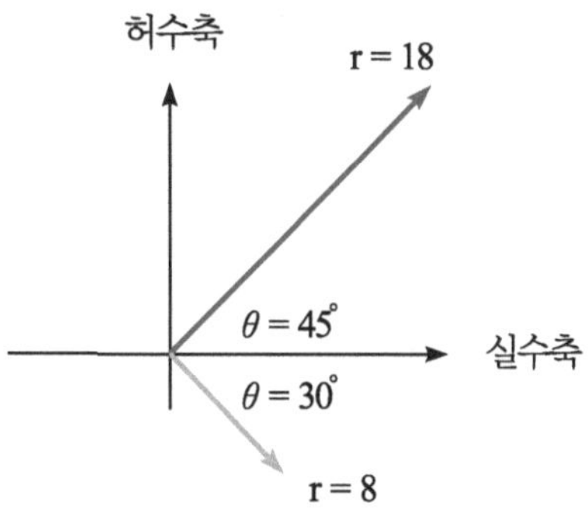

【그림 9-7】 페이저 표현

예제 9-8	그림 9-8 페이저를 $z = x + jy$ 형식으로 나타내어라.

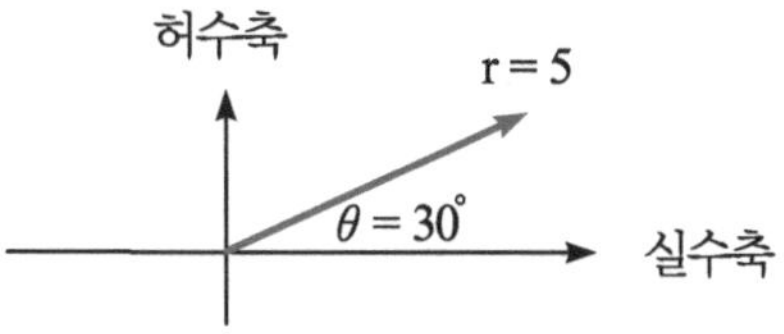

【그림 9-8】 페이저 표현

풀 이

$z = x + jy$에서

$x = r \times \cos\theta = 5 \times \cos 30^\circ = 2.5$

$y = r \times \sin\theta = 5 \times \sin 30^\circ = 4.33$이다.

따라서 $z = 2.5 + j4.33$가 된다.

1. 복소수는 실수와 허수를 동시에 표현할 수 있는 수이다.
2. 켤레 복소수, 또는 공액 복소수는 실수 부분은 같고 허수 부분의 부호만 다른 두 개의 복소수에서, 한 복소수를 다른 복소수에 비교하여 정의한 복소수를 표현하는 용어이다.
3. 켤레 복소수의 특성을 이용하면 임의의 복소수에서 실수부 또는 허수부를 용이하게 분리할 수 있다.
4. x축을 실수부, y축을 허수부로 표현한 2차원의 직각 좌표계를 복소 평면, 또는 가우스 평면이라 한다.
5. 페이저란 어떤 전기적인 신호가 sin 함수 또는 cosin 함수 특성을 지니고 있을 때, 이 신호를 신호의 크기(Amplitude : A)와 신호의 위상(Phase : θ)으로 표현한 복소수를 의미한다.
6. 전기회로에서는 복소수 표현 방식을 "$z = x + yi$"에서 "$z = x + jy$"로 변경하여 사용한다.

【완성형】

1. 복소수는 ( )와 ( )를 동시에 표현할 수 있는 수이다.

2. 켤레 복소수, 또는 ( )는 실수 부분은 같고 ( ) 부분의 부호만 다른 두 개의 복소수에서, 한 복소수를 다른 복소수에 비교하여 정의한 복소수를 표현하는 용어이다.

3. x축을 실수부, y축을 허수부로 표현한 2차원의 직각 좌표계를 ( ), 또는 가우스 평면이라 한다.

4. 전기회로에서는 복소수 표현 방식을 "$z = x + yi$"에서 ( )로 변경하여 사용한다.

5. 페이저는 복소수의 다른 형식의 표현 방법으로, 복소수를 복소 평면에 점으로 표현하였을 때, 그 복소수의 ( )와 ( )으로 나타낸다.

【서술형】

1. 그림 9-9는 수의 체계를 표현하고 있다. 빈 칸에 적합한 수를 채워라.

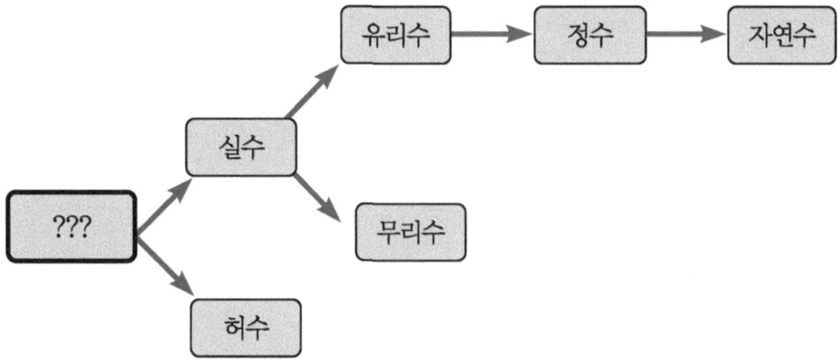

【그림 9-9】 수의 체계

3. 4개의 페이저가 $z_1 = 10\angle -120°$, $z_2 = 30\angle -25°$, $z_3 = 100\angle -30°$, $z_4 = 10\angle 60°$ 일 때, $z_1 \times z_2$ 및 $\frac{z_1}{z_2}$를 구하고, 복소 평면에 페이저로 나타내어라.

2. 그림 9-10의 복소 평면에 표시된 4개의 복소수를 $z = x + jy$ 형식으로 변환하여라.

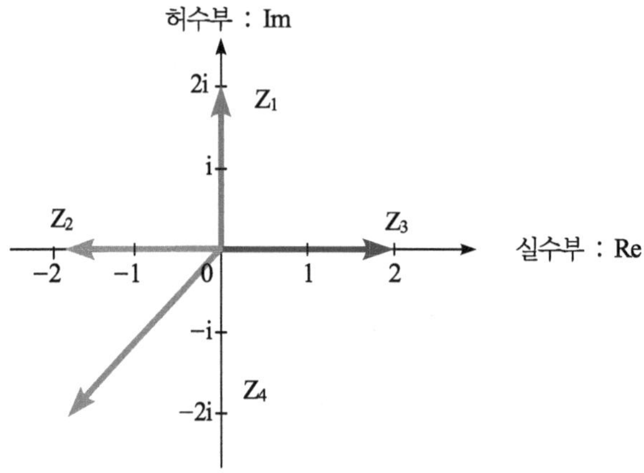

【그림 9-10】 복소수 표현

제10장

커패시터와 인덕터

이 단원에서는 커패시터의 특성, 인덕터의 특성을 이해하고 직렬, 병렬 연결 시의 동작을 학습한다. 또한, 직류 회로와 교류회로에서 커패시터와 인덕터의 동작을 이해함으로써 위상의 개념을 학습한다.

1. 커패시터의 특성 및 직렬, 병렬 커패시터 연결
2. 인덕터의 특성 및 직렬, 병렬 인덕터 연결
3. 교류 회로에서 커패시터와 인덕터
4. 시뮬레이션

주요 용어

커패시터, 인덕터, 교류, 직렬, 병렬 커패시터, 직렬, 병렬, 인덕, 임피던스

1. 커패시터의 특성 및 직렬, 병렬 커패시터 연결

학습 목표	1. 커패시터의 특성을 설명할 수 있다. 2. 직렬, 병렬 커패시터 회로를 해석할 수 있다. 3. 커패시터의 종류를 구분할 수 있다. 4. 커패시터의 값을 읽을 수 있다.

가. 커패시터의 특성

커패시터(capacitor)는 부도체(절연체 : insulator) 또는 유전체(dielectric)로 서로 분리된 두 도체로 구성된 2단자 소자이다.

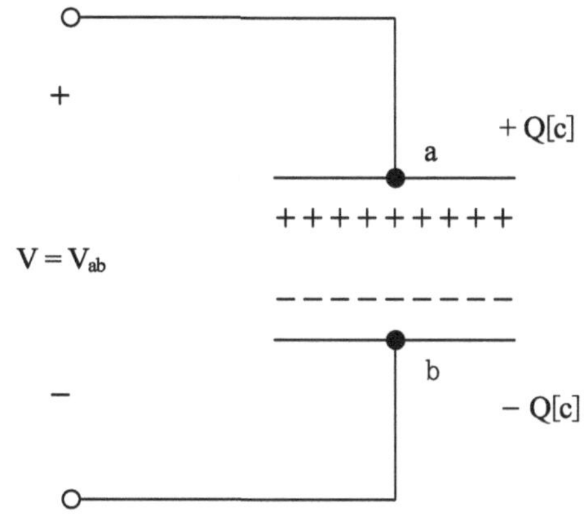

【그림 10-1】 평판 평행 커패시터(parallel-plate capacitor)

커패시터 내의 순 전하(net charge)는 항상 0이다.(한 단자에서 유출한 전하는 다른 단자로 유입한다) 커패시터 내의 평판 사이의 전위차는 한쪽 평판에서 외부회로를 통해 다른 쪽 평판으로 Q [coulomb]의 전하를 전달함으로써 충전된다.

두개의 전극판 사이에 유전체를 넣고 전압을 가하면 분극작용에 의하여 전극에는 정전기가 축적된다.

축적된 전하량은

$Q = CV[C]$ 이다. (식 10-1)

커패시터의 정전용량(Capacitance) C 는

$$C = \varepsilon \frac{A}{l} [\ F\ ] \quad \text{(식 10-2)}$$

(여기서, ε :유전율, A : 단면적, l : 길이)

커패시터는 마주 보는 금속 전극판 사이에 유전체를 넣어 양 전극 간 직류전압을 가하면 전하가 축적되는 기능을 가지며 유전체로는 기체, 액체 및 고체를 사용할 수 있으며 그 유전율에 의하여 커패시터의 정전용량이 다르게 된다. 또한, 전기회로에서 커패시터는 직류는 저지하며 교류는 차단하지 않는 성질을 가지며 직렬 또는 병렬접속함에 따라 저항과는 달리 정전 용량은 감소 또는 증가한다.

명칭은 국내에서는 '콘덴서'와 국제적으로 통용되는 'capacitor'를 혼용해서 사용하고 있다. 커패시턴스(capacitance)(C)의 단위는 $[C/V]$ 또는 영국 물리학자 Michael Faraday에서 유래된 $[F]$(패러드: Farad)을 사용한다. 1패러드는 콘덴서에 $1[V]$의 전압을 공급하여 1[coulomb]의 전하가 충전되는 콘덴서의 용량을 1패러드(Farad : F)라 정했다. 실용단위로서 $1[F]$는 너무 크기 때문에 μF, pF를 사용하고 있다.

그림 10-2와 같이 무극성, 유극성, 가변 등의 회로기호가 있다.

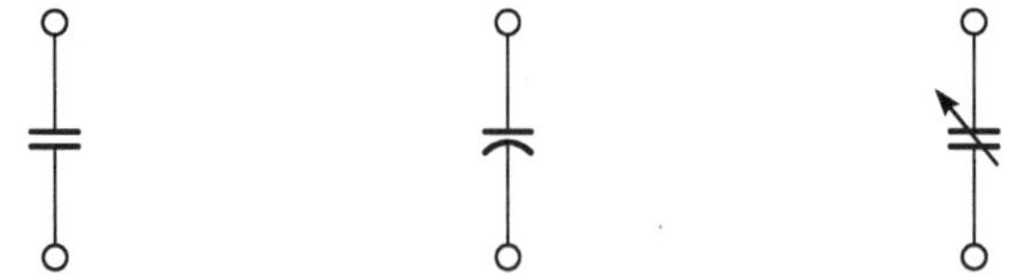

(a) 무극성 (b) 유극성 (c) 가변

【그림 10-2】 커패시터의 회로 기호

전해콘덴서, 세라믹콘덴서, 마이카콘덴서 등 콘덴서의 이름은 일반적으로 유전체의 이름으로 붙여진다.

커패시터를 통해 흐르는 전류는 전하의 시간 변화율로 정의한다. 다음 식은 커패시터의 전류-전압 관계식 또는 단자 법칙이다.

$$i = \frac{dq}{dt} = C\frac{dv}{dt} \qquad \text{(식 10-3)}$$

커패시터는 직류전압에 대해 개방(open)회로로 동작한다.

$$i = \frac{dq}{dt} = C\frac{dv}{dt} = 0[A]$$

예제10-1 다음과 같은 전압이 1 F 커패시터에 인가될 때 전류 I를 구하라.

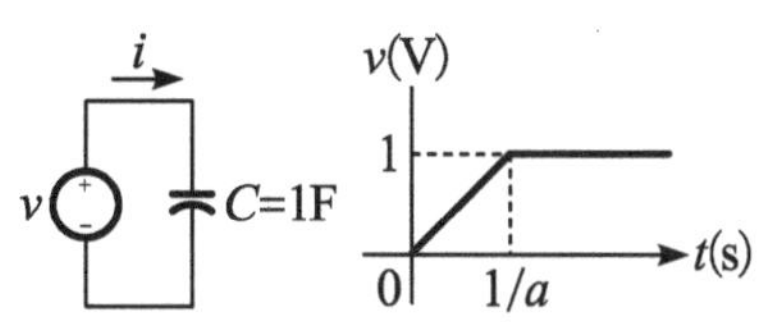

$$v = \begin{cases} 0, & t < 0 \\ at, & 0 \leq t \leq \frac{1}{a} \\ 1, & t > \frac{1}{a} \end{cases}$$

풀 이 (식 10-3)에 대입하면

$$i = C\frac{dv}{dt}$$

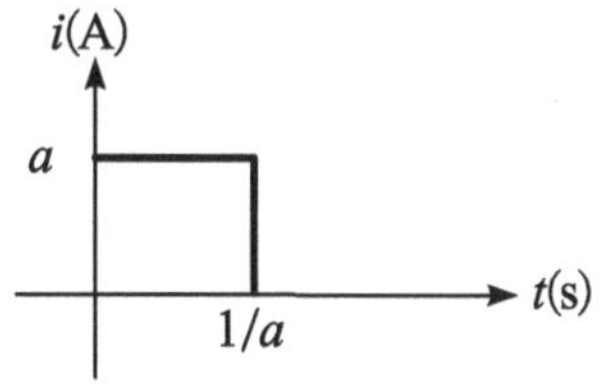

$$i = \begin{cases} 0, & t < 0 \\ a, & 0 \leq t \leq \frac{1}{a} \\ 0, & t > \frac{1}{a} \end{cases}$$

나. 직렬, 병렬 커패시터 연결

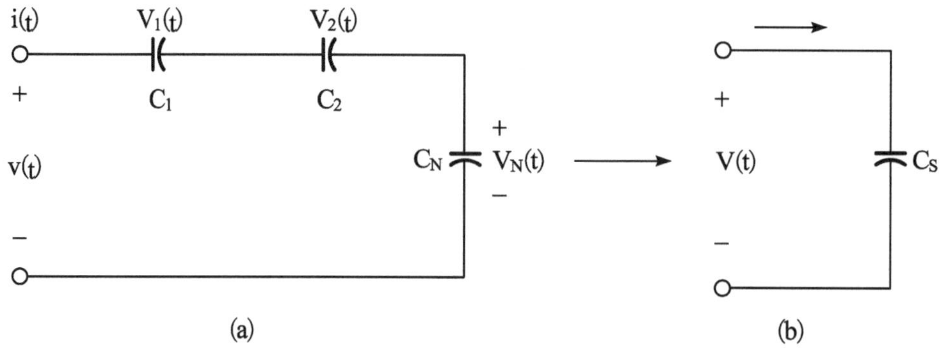

【그림 10-3】 N 개 커패시터의 직렬 접속

회로 (a)에서 KVL을 적용하고 단자법칙을 사용하면

$$v(t) = v_1(t) + v_2(t) + \cdots + v_N(t)$$

$$= \left(\frac{1}{C_1}\int_{t_0}^{t} idt + v_1(t_0)\right) + \left(\frac{1}{C_2}\int_{t_0}^{t} i\,d\tau + v_2(t_0)\right) + \cdots$$

$$+ \left(\frac{1}{C_N}\int_{t_0}^{t} idt + v_N(t_0)\right)$$

$$= \left(\sum_{n=1}^{N}\frac{1}{C_n}\right)\int_{t_0}^{t} idt + v(t_0)$$

또한, 회로 (b)에서 단자법칙을 사용하면 $v(t) = \frac{1}{C_s}\int_{t_0}^{t} idt + v(t_0)$가 된다. 두 단자 법칙이 동일하므로 다음 식이 성립하면 두 회로는 등가이다.

$$\frac{1}{C_s} = \sum_{n=1}^{N}\frac{1}{C_n} = \frac{1}{C_1} + \frac{1}{C_2} + \cdots + \frac{1}{C_N}$$

또는, $C_s = \dfrac{1}{\dfrac{1}{C_1} + \dfrac{1}{C_2} + \cdots + \dfrac{1}{C_N}}$ (식 10-4)

직렬 접속된 커패시터의 등가 커패시턴스의 역수는 각 커패시턴스의 역수의 합이 된다.

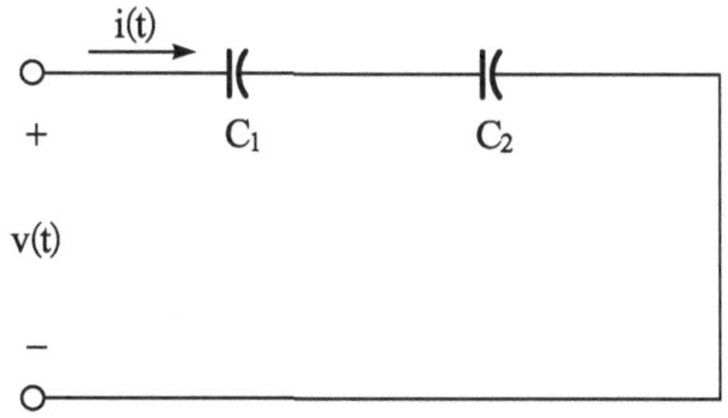

【그림 10-4】 커패시터 2개의 직렬 접속

$$C_s = \frac{1}{\dfrac{1}{C_1} + \dfrac{1}{C_2}} = \frac{C_1 C_2}{C_1 + C_2} \qquad \text{(식 10-5)}$$

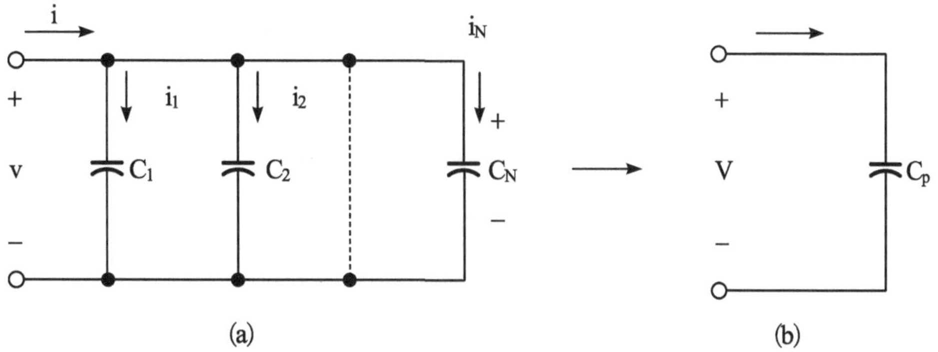

【그림 10-5】 N개 커패시터의 병렬 접속

회로 (a)에서 KCL을 적용하면

$$i = C_1\frac{dv}{dt} + C_2\frac{dv}{dt} + \cdots + C_N\frac{dv}{dt} = (C_1 + C_2 + \cdots + C_N)\frac{dv}{dt}$$

$$= \left(\sum_{n=1}^{N} C_n\right)\frac{dv}{dt}$$

회로 (b)에서 단자법칙을 적용하면 $i = C_p\dfrac{dv}{dt}$

두 단자법칙이 동일하므로 다음 식이 성립하면 두 회로는 등가가 된다.

$$C_p = \sum_{n=1}^{N} C_n = C_1 + C_2 + \cdots + C_N \qquad \text{(식 10–6)}$$

그러므로 병렬 접속된 커패시터의 등가 커패시턴스는 각 커패시턴스의 합이 된다.

예제 10-2 0.1[μF], 0.1[[μF] 2개의 커패시터를 직렬로 접속할 때와 병렬로 접속할 때의 합성용량[μF]을 구하시오.

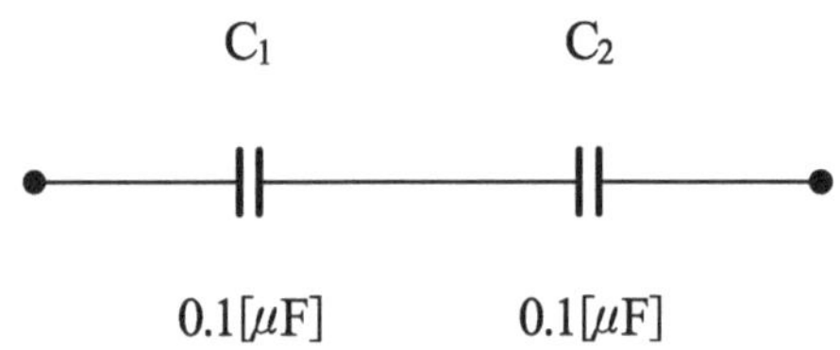

(a) 직렬 접속

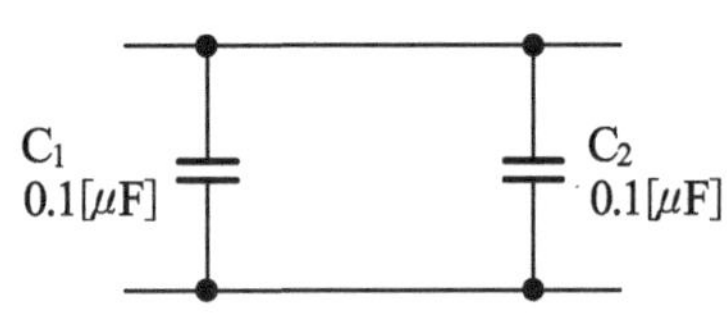

(b) 병렬 접속

풀 이 (a) 직렬 접속시 합성용량은 (식 10-5)에 대입하면

$$C_s = \frac{C_1 C_2}{C_1 + C_2} = \frac{0.1 \times 0.1}{0.1 + 0.1} = 0.05\,[\mu\text{F}]$$

(b) 병렬 접속시 합성용량은 (식 10-6)에 대입하면

$C_p = 0.1 + 0.1 = 0.2\,[\mu\text{F}]$ 가 된다.

다. 커패시터의 종류

콘덴서의 종류로는 수십 종류가 있으나, 대표적인 것들을 살펴보면 다음과 같다. 커패시터는 값이 고정된 고정 커패시터와 가변 할 수 있는 반고정 커패시터로 나누어진다. 정전용량 값을 가변시키는 반고정 커패시터는 동조회로 등에 많이 쓰이며, 고정 커패시터는 다양한 종류가 있다.

(1) 전해콘덴서(케미콘)

케미콘(Chemical condenser)이라고도 부른다. 이 콘덴서는 유전체로 얇은 산화막을 사용하고, 전극을 얇게 할 수 있어 콘덴서의 체적에 비해 큰 용량을 얻을 수 있다. 특징은 극성이 있다는 점이다. 또 허용전압, 용량도 표시하고 있다. 극성을 잘못 접속하거나, 전압이 너무 높으면 콘덴서가 파열되고 만다. 이 콘덴서는1㎌부터 수천㎌, 수만㎌ 까지의 비교적 큰 용량이 있으며, 주로 전원의 평활회로, 저주파 바이패스 등의 용도에 사용된다. 전해 콘덴서의 전극은 ⊖의 기호를 전극에 표시하고 있다.

【그림 10-6】 전해콘덴서(케미콘)

(2) 슈퍼 콘덴서

슈퍼 커패시터(Super Capacity)는 대용량의 0.47F (470,000μF) 초대용량 콘덴서이다. 이와 같은 대용량의 콘덴서를 전원회로 등에 사용할 때에는 각별한 주의가 필요하다. 충전이 안되어 있을 때 에는 전류가 계속 유입하므로 정류기(다이오드) 등이 과전류로 인해 파괴되는 경우가 있기 때문이다. 통상적인 전원회로의 평활 콘덴서는 1,000㎌ 정도로 순간적으로 충전되지만, 대용량 콘덴서를 사용하면 충전이 완료되기까지 회로가 쇼트 되어 있는 것과 같으므로 보호회로를 설치하지 않으면 위험하다.

【그림 10-7】 슈퍼 콘덴서

(3) 탄탈 콘덴서

탄탈 콘덴서(tantalum condenser)라고도 부르며, 전극에 탄탈륨이라는 재료를 사용하고 있는 전해 콘덴서이다. 온도 특성, 주파수 특성 모두 전해콘덴서보다 우수하다. 알루미늄 전해 콘덴서는 크라프트(Kraft)지 등에 전해액이 스며들게 한 것을 금속 알루미늄으로 삽입하여 감아 붙인 구조로 되어 있지만, 탄탈 전해 콘덴서의 경우는 Tantalum powder 를 소결하여 굳혔을 때에 나오는 빈틈을 이용하는 구조로 되어 있다. 이 콘덴서도 극성이 있으며, 전해 콘덴서와 달리 ⊕의 기호로 전극을 표시하고 있다.

【그림 10-8】 탄탈 콘덴서

(4) 스티롤 콘덴서

전극 간의 유전체로 폴리스티렌(polystyrene) 필름을 사용한다. 이 콘덴서는 필름을 감은 구조이므로 인덕턴스 성분이 크다. 따라서 고주파에는 사용할 수 없으며, 수백 kHz 이하의 필터 회로나 타이밍 회로 등에 흔히 사용된다.

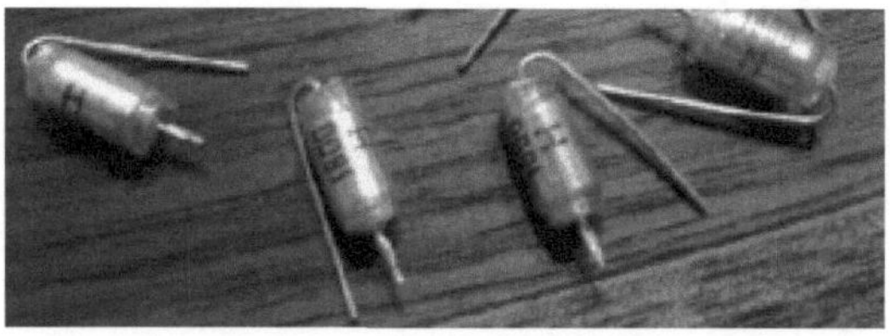

【그림 10-9】 스티롤 콘덴서

(5) 세라믹 콘덴서

세라믹 콘덴서는 유전체로 티탄산 바륨(Titanium-Barium)과 같은 유전율이 큰 재료가 사용되고 있다. 이 콘덴서는 인덕턴스가 적어 고주파 특성이 양호하다는 특징을 가지고 있어, 고주파의 바이패스회로에 많이 사용된다. 세라믹은 강유전체의 물질로 아날로그 신호계 회로에 사용하면 신호에 일그러짐이 나옴으로 이와 같은 회로에는 사용할 수 없다.

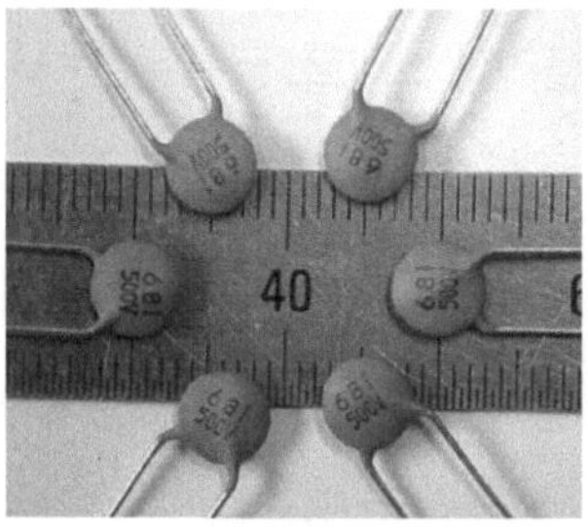

【그림 10-10】 세라믹 콘덴서

【그림 10-11】 적층 세라믹 콘덴서

(6) 적층 세라믹 콘덴서

이 콘덴서는 주파수 특성이 양호하고, 소형이라는 점 때문에 디지털회로에 바이패스용으로 많이 사용된다. 온도 특성도 양호하므로 온도 변화를 꺼려하는 회로에도 사용된다.

(7) 폴리에스테르 필름 콘덴서(마일러 콘덴서)

마일러(Mylar) 콘덴서라고도 하며, 얇은 폴리에스테르(polyester) 필름을 양측에서 금속으로 삽입하여, 원통형으로 감은 것이다. 저가격으로 사용하기 쉽지만, 높은 정밀도는 기대할 수 없다. 오차는 대략 ±5%에서 ±10% 정도이다. 전극의 극성은 없다.

【그림 10-12】 폴리에스테르 필름 콘덴서(마일러 콘덴서)

(8) 폴리프로필렌 콘덴서

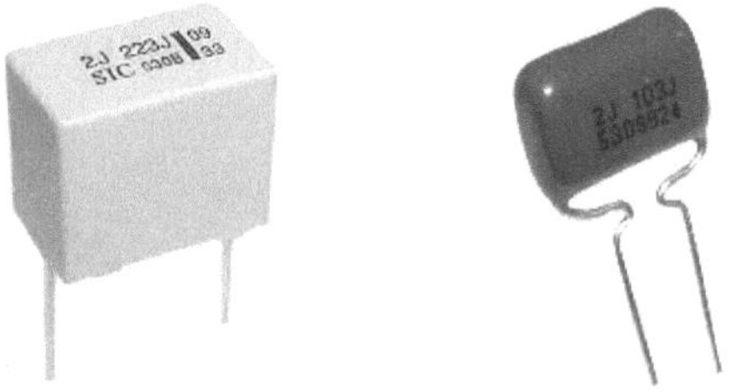

【그림 10-13】 폴리프로필렌 콘덴서

마일러 콘덴서보다 높은 정밀도가 요구되는 경우에 사용한다. 유전체 재료는 폴리프로필렌(polypropylene) 필름을 사용하며, 100kHz 이하의 주파수에서 사용하면 거의 용량의 변화가 없다.

(9) 마이카 콘덴서

작고 안정성이 우수하며, 주파수 특성도 양호하기 때문에, 고주파에서의 공진회로나 필터회로 등에 사용된다. 그리고 절연내압도 우수하여 고압회로에도 사용된다. 예전에는 진공관식 무선송신기 등에는 흔히 사용되었었다.

【그림 10-14】 마이카 콘덴서

(10) 메털라이즈 폴리에스테르 콘덴서(METARLIZED POLYESTER CONDENSER)

Polyester Film에 Aluminum을 증착한 것을 나선형으로 감고, 수지도료로 Taping한 구조로 되어 있다. 유전체 손실도 크기 때문에 대전류의 용도에는 좋지 않다.

【그림 10-15】 메털라이즈 폴리에스테르 콘덴서

(11) 가변 콘덴서(Variable Capacitance)

용량을 변화시킬 수 있는 콘덴서이며, 주파수 선국(조정) 등에 사용한다. 바리콘이라 부르는 가변용량 콘덴서는 라디오의 튜너 등에 사용되며, 트리머(trimmer)라 부르는 가변용량 콘덴서는 유전체로 세라믹(자기)를 사용하고 있다. 그 외에도 폴리에스테르 필름 등을 유전체로 사용한 것도 있다.

【그림 10-16】 가변 콘덴서(Variable Capacitance)

(12) 칩 콘덴서(Chip Capacitor)

칩 저항과 같이 칩 콘덴서도 제품의 소형화로 많이 공급되고 있으며 칩콘덴서의 종류도 필름형, 탄탈, 전해 콘덴서 등이 있다. 칩 콘덴서의 용량도 암호화하여 표기하였다. 아래의 위쪽 사진은 칩 콘덴서의 내부 구조와 탄탈과 전해 콘덴서의 사진이다.

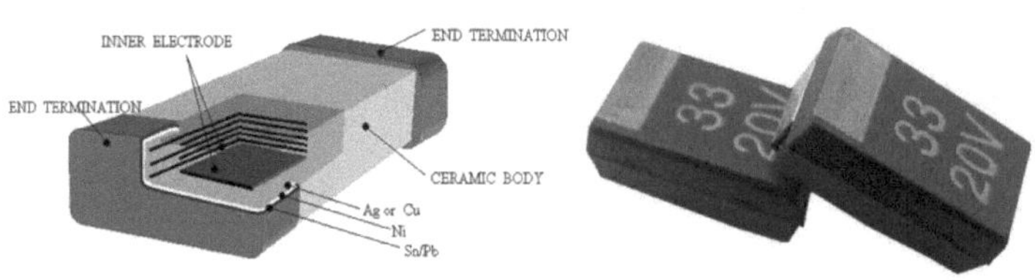

(a) 칩 콘덴서의 구조

(b) 칩 탄탈콘덴서

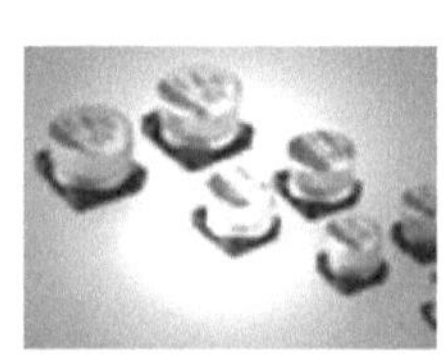

(c) 칩 전해콘덴서

【그림 10-17】 칩 콘덴서(Chip Capacitance)

라. 커패시터의 값 읽기

콘덴서 용량을 표기하는 방법은 몇 가지가 있다. 모양이 큰 전해 콘덴서의 경우는 용량을 직접 적는다. 가령 10uF/16V라든지 8200uF/80V로 표기가 되어 있다.

【그림 10-18】 전해 콘덴서의 용량 표시

그림 10-18의 전해콘덴서는 전압 25V, 용량 1000uF로 읽는다.

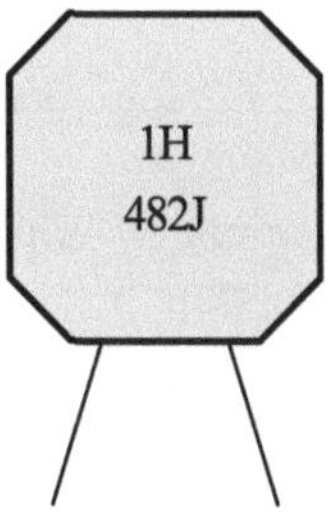

【그림 10-19】 마일러 콘덴서의 용량 표시

그림 10-19와 같이 숫자로 표시된 마일러 콘덴서의 1H는 정격전압, 482J에서 4, 8이 유효숫자이고 2는 10의 승수, J는 허용오차이다. 이때 콘덴서의 기본단위는 [pF]이다.

마일러 콘덴서는 1H=50[V], 482=48×102=4800[pF], J=±5%가 된다.

【표 10-1】 커패시터의 사용 전압(내압 코드)

	A	B	C	D	E	F	G	H	J	K
0	1	1.25	1.6	2.0	2.5	3.15	4.0	5.0	6.3	8.0
1	10	12.5	16	20	25	31.5	40	50	63	80
2	100	125	160	200	250	315	400	500	630	800
3	1000	1250	1600	2000	2500	3150	4000	5000	6300	8000

【표 10-2】 커패시터의 오차 코드

문자	B	C	D	F	G	J	K	M	N	V	X	Z	P
허용 오차 ±%	0.1	0.25	0.5	1	2	5	10	20	30	+20 -10	+40 -10	+80 -20	+100 0

2. 인덕터의 특성 및 직렬, 병렬 인덕터 연결

학습 목표	1. 인덕터의 특성을 설명할 수 있다. 2. 직렬, 병렬 인덕터 회로를 해석할 수 있다. 3. 인덕터의 종류를 구분할 수 있다. 4. 인덕터의 값을 읽을 수 있다.

가. 인덕터의 특성

인덕터(inductor : 유도소자)는 코아 주위에 감겨진 코일로 된 도선으로 이루어진 2단자 소자로 인덕터를 통해 흐르는 전류는 자속(magnetic flux)을 생성한다.

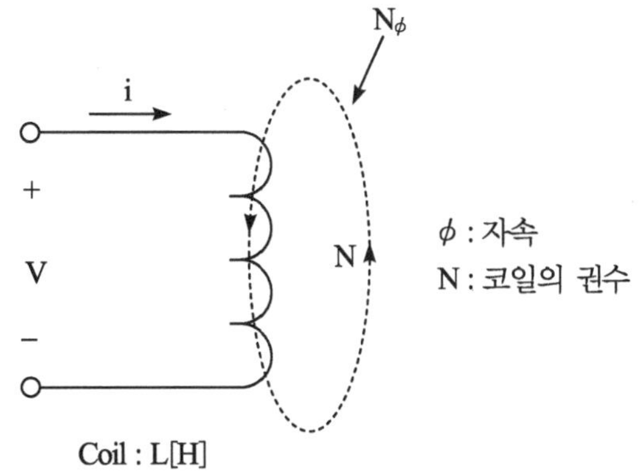

【그림 10-20】 인덕터에 흐르는 전류에 의한 자속 발생 현상

코일을 관통하는 자속 쇄교(Flux linkage)을 구하는 식은 다음과 같다.

$$\lambda = N\phi\,[\mathrm{Wb-turn}] \qquad \text{(식 10-7)}$$

여기서 N는 coil의 감긴 횟수[turn], φ는 자속[Wb]으로 독일 물리학자 Wilhelm Weber (1804-1891)에서 유래되어 자속의 단위는 [Wb](웨버, Weber)를 사용한다. 선형 인덕터에서 자속 쇄교(코일을 관통하는 전체 자속)은

$$\lambda = Li\,[\mathrm{Wb-turn}] \qquad \text{(식 10-8)}$$

여기서 L : 비례상수[Wb−turn/A]또는[H]

자속 쇄교의 단위는 미국 물리학자 Joseph Henry (1797-1878)에서 유래되어 [H](헨리, Henry)를 사용한다. 자속이 시간에 따라 변화하면 전압이 유기된다는 사실은 Henry가 최초로 발견하였으나 미 공표되었고, 전자기유도법칙은 Faraday가 발견하였다. Faraday 법칙에서 전압은 전체 자속의 시간 변화율과 같다.

$$v = \frac{d\lambda}{dt} = \frac{d(Li)}{dt} \qquad \text{(식 10-9)}$$

따라서 인덕터의 단자법칙은 다음과 같다.

$$v = L\frac{di}{dt} \qquad \text{(식 10-10)}$$

(식 10-10)에서 만약 전류 i가 일정하면(즉, 직류), 전압 v는 0이 된다. 따라서 인덕터는 직류전류에 대해서는 단락회로로 동작한다.

$$v = L\frac{di}{dt} = 0[V]$$

【그림 10-21】 인덕터의 기호

인덕터의 순간(불연속) 변화는 인덕터 단자에 무한대의 전압 요구로 불가능하다. 그러므로 인덕터를 통해 흐르는 전류는 항상 연속적이다. 전류 $i(t)$를 $v(t)$의 식으로 나타내면

$v(t) = L\frac{di(t)}{dt}$ 및 $i(-\infty) = 0$ 이므로,

$$i(t) = \frac{1}{L}\int_{-\infty}^{t} v(t)dt$$

$$= \frac{1}{L}\int_{-\infty}^{t_0} v(t)dt + \frac{1}{L}\int_{t_0}^{t} v(t)dt \qquad \text{(식 10-11)}$$

$$= \frac{1}{L}\int_{t_0}^{t} v(t)dt + i(t_0)$$

예제 10-3 다음과 같은 전류가 1[H] 인덕터에 인가될 때 유기되는 전압 $v(t)$를 구하라.

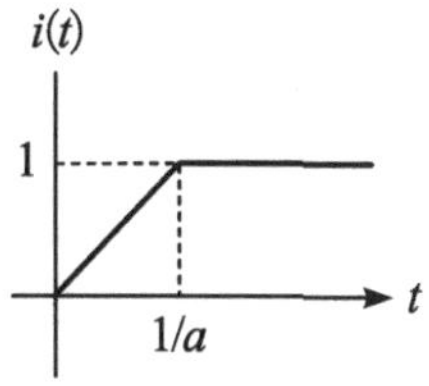

$$\text{전류 } i = \begin{cases} 0, & t < 0 \\ at, & 0 \leq t \leq \dfrac{1}{a} \\ 1, & t > \dfrac{1}{a} \end{cases}$$

풀 이 인덕터에 유기되는 전압($L = 1\,[\mathrm{H}]$)은
(식 10-10)에 대입하면

$$v = L\frac{di}{dt} = \frac{di}{dt} = \begin{cases} 0, & t < 0 \\ a, & 0 \leq t \leq \dfrac{1}{a} \\ 0, & t > \dfrac{1}{a} \end{cases} \text{ 가 된다.}$$

나. 직렬, 병렬 인덕터 연결

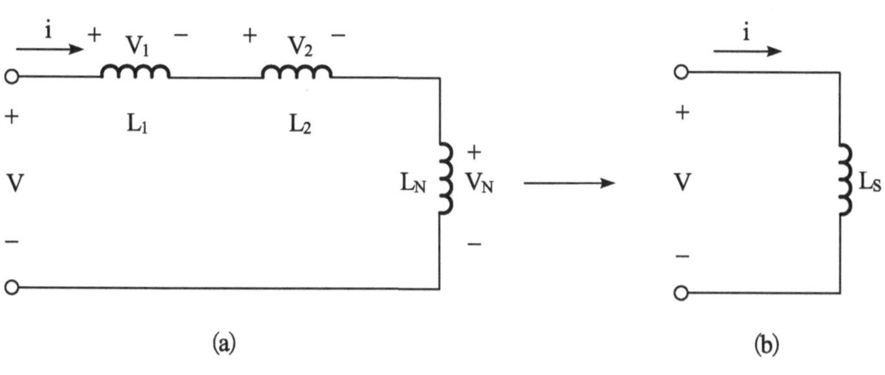

【그림 10-22】 N개 인덕터의 직렬 접속

회로 (a)에서 KVL을 적용하고 단자법칙을 사용하면

$v = v_1 + v_2 + \cdots + v_N = L_1 \dfrac{di}{dt} + L_2 \dfrac{di}{dt} + \cdots + L_N \dfrac{di}{dt}$ 가 된다.

$$= \left(\sum_{n=1}^{N} L_n \right) \frac{di}{dt}$$

또한, 회로 (b)에서 단자법칙을 사용하면 $v = L_s \dfrac{di}{dt}$ 가 된다.

두 단자법칙이 동일하므로 다음 식이 성립하면 두 회로는 등가이다.

$$L_s = \sum_{n=1}^{N} L_n = L_1 + L_2 + \cdots + L_N \qquad \text{(식 10-12)}$$

직렬 접속된 인덕터의 등가 인덕턴스는 각 인덕턴스의 합이 된다. 직렬 연결된 인덕터의 합성은 자속 방향이 같을 경우 가극성, 자속방향이 반대일 경우 감극성이 된다.

회로 (a)에서 KVL을 적용하고 단자법칙을 사용하면

$i(t) = i_1 + i_2 + \cdots + i_N$ 가 된다.

$$= \left(\frac{1}{L_1} \int_{t_0}^{t} v dt + i_1(t_0) \right)$$

$$+ \left(\frac{1}{L_2} \int_{t_0}^{t} v dt + i_2(t_0) \right) + \cdots$$

$$+ \left(\frac{1}{L_N} \int_{t_0}^{t} v dt + i_N(t_0) \right)$$

$$= \left(\sum_{n=1}^{N} \frac{1}{L_n} \right) \int_{t_0}^{t} v dt + i(t_0)$$

또한, 회로 (b)에서 단자법칙을 사용하면 $i(t) = \dfrac{1}{L_p} \displaystyle\int_{t_0}^{t} v dt + i(t_0)$ 가 된다.

병렬접속된 인덕터의 등가 인덕턴스의 역수는 각 인덕턴스의 역수의 합이 된다.

$$\frac{1}{L_p}=\sum_{n=1}^{N}\frac{1}{L_n}=\frac{1}{L_1}+\frac{1}{L_2}+\cdots+\frac{1}{L_N}$$ (식 10-13)

$$=\frac{1}{\frac{1}{L_1}+\frac{1}{L_2}+\cdots+\frac{1}{L_N}}$$

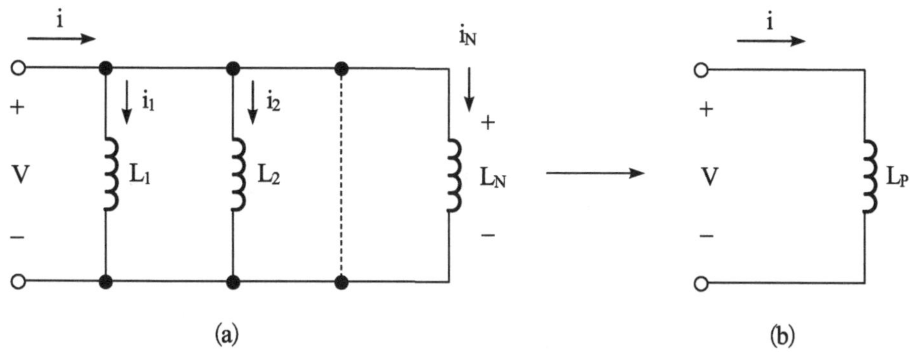

【그림 10-23】 N개 인덕터의 병렬 접속

두 개의 인덕터가 병렬 접속된 경우 합성 인덕턴스 용량은

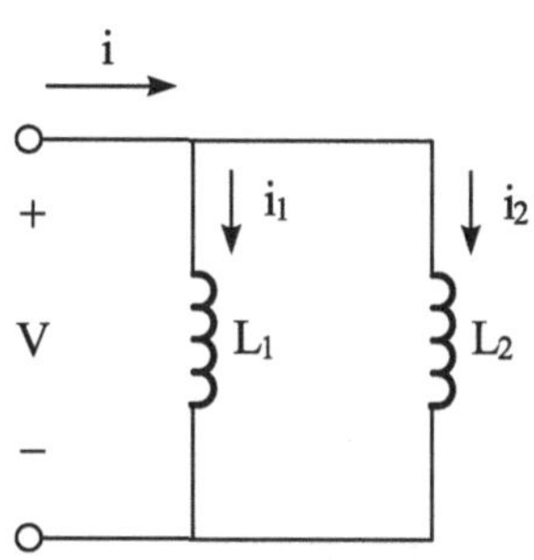

【그림 10-24】 인덕터 2개의 병렬 접속

$L=\frac{1}{\frac{1}{L_1}+\frac{1}{L_2}}=\frac{L_1L_2}{L_1+L_2}$가 된다. (식 10-14)

예제 10-4 15[mH], 20[mH] 2개의 코일(인덕터)을 직렬로 접속할 때와 병렬로 접속할 때의 합성 용량[mH]을 구하시오.

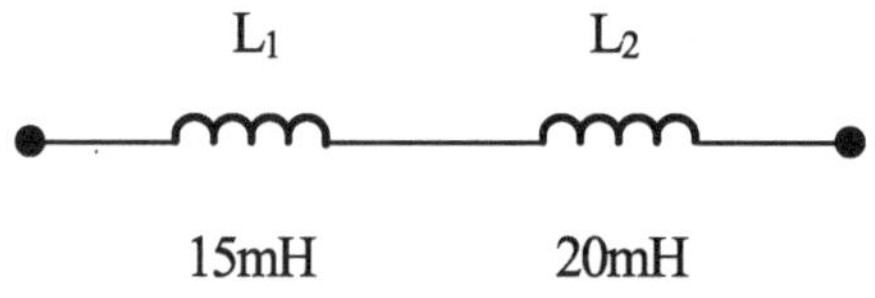

(a) 직렬 접속

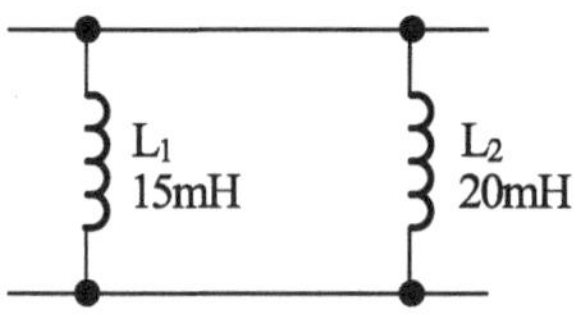

(b) 병렬 접속

풀 이 (a) 직렬 접속시 합성용량은 (식 10-12)에 대입하면

$L_s = L_1 + L_2 = 15 + 20 = 35\,[mH]$

(b) 병렬 접속시 합성용량은 (식 10-14)에 대입하면

$$L_p = \frac{L_1 L_2}{L_1 + L_2} = \frac{15 \times 20}{15 + 20} = 8.57\,[mH]$$

가 된다.

다. 인덕터의 종류

【그림 10-25】 인덕터(코일)의 회로 기호

(1) 고주파 초크 코일

고주파에 대하여 저항 작용을 하고 고주파를 감쇄시키는 필터용 코일이다.

(2) 고주파 동조용 코일

어느 특정 주파수에 동조하여 신호를 추출하기 위해 사용한다.

(3) 중간 주파수 동조 코일

중간 주파수로 쓰여지는 455[kHz]나 10.7[MHz]에 동조한 콘덴서가 병렬 접속되어 있다.

(4) 바 안테나 코일

동조 코일로 코어를 크게 하여 라디오의 수신 감도를 향상시킨다.

(5) 전원용 초크 코일

저주파에 대하여 특히 큰 저항을 갖도록 하여 전원 노이즈 방지용의 필터로 사용된다.

(6) 전원 트랜스

전원에 사용되는 변압기로 출력전압과 전류 용량에 따라 다양한 종류가 있다.

(7) 오디오용 트랜스

트랜지스터 앰프의 출력 임피던스와 스피커의 임피던스 정합에 사용되고 있다.

라. 인덕터의 값 읽기

필터, 초크 코일의 경우 인덕턴스(L)값이 제품 표면에 컬러코드로 표기되어 있다. 읽는 방법은 컬러코드 저항기와 비슷하고, 단위는[μH]이다.

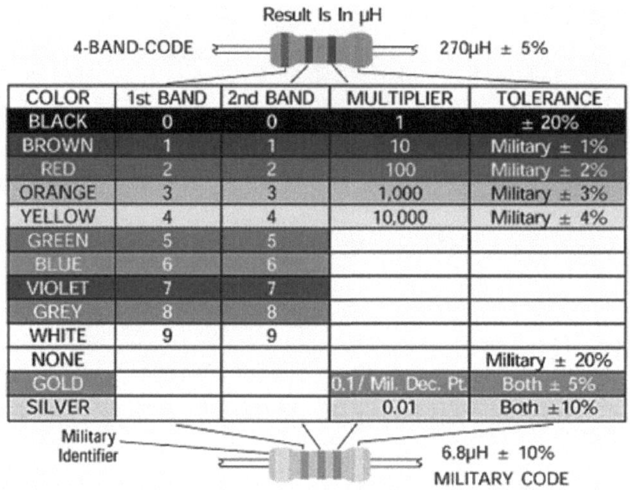

COLOR	1st BAND	2nd BAND	MULTIPLIER	TOLERANCE
BLACK	0	0	1	± 20%
BROWN	1	1	10	Military ± 1%
RED	2	2	100	Military ± 2%
ORANGE	3	3	1,000	Military ± 3%
YELLOW	4	4	10,000	Military ± 4%
GREEN	5	5		
BLUE	6	6		
VIOLET	7	7		
GREY	8	8		
WHITE	9	9		
NONE				Military ± 20%
GOLD			0.1 / Mil. Dec. Pt.	Both ± 5%
SILVER			0.01	Both ±10%

【그림 10-26】 인덕터(코일)의 컬러코드 표기

그림 10-27 인덕터(코일)의 컬러코드에서 첫 번째 색띠는 제1 숫자, 두 번째 색띠는 제2 숫자, 세 번째 색띠는 승수, 네 번째 색띠는 오차(%)를 나타낸다.

3. 교류 회로에서 커패시터와 인덕터

학습 목표	1. 교류 회로에서 커패시터와 인덕터의 동작을 이해하고 설명할 수 있다. 2. 교류 회로에서 위상의 개념을 이해하고 설명할 수 있다.

가. 교류 회로에서 커패시터

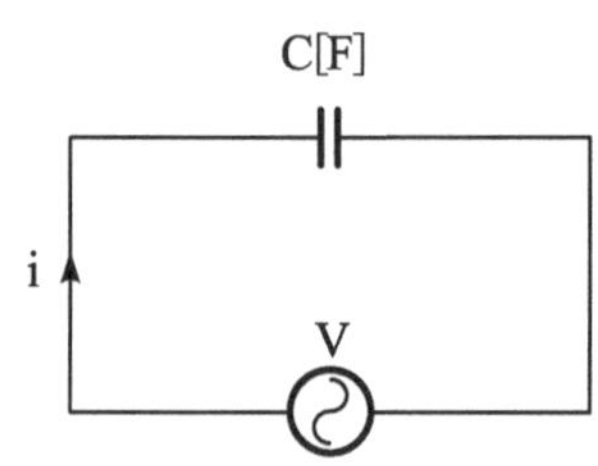

【그림 10-27】 커패시터로 구성된 회로

커패시터 C[F]만으로 구성된 회로에

$$v = V_m \sin wt[V] \quad \text{(식 10-15)}$$

의 정현파 교류전압을 가하였을 때 커패시터에 흐르는 전류는

$q = C \times v = C \times V_m \sin wt[C]$이고, $i = \frac{dq}{dt}$ 이므로 (식 10-16)

$$i = \frac{dq}{dt} = \frac{dCv}{dt} = \frac{dC}{dt} V_m \sin wt = \frac{dCV_m \sin wt}{dt}$$

$$= wCV_m \cos wt = wCV_m \sin(wt + \frac{\pi}{2})$$

$= I_m \sin(wt + \frac{\pi}{2})[A]$가 된다. (식 10-17)

그러므로 커패시터만으로 구성된 회로에서는 전류는 전압보다 $\frac{\pi}{2}[rad]$ 위상이 앞선다.(빠르다)

나. 교류 회로에서 인덕터

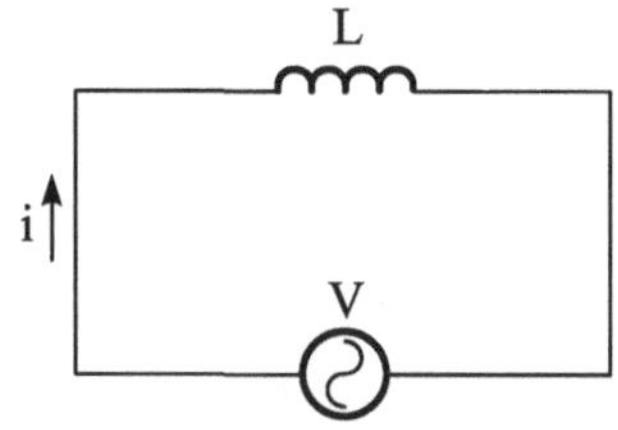

【그림 10-28】 인덕터로 구성된 회로

인덕턴스 L[H]인 인덕터(코일)만으로 구성된 회로에

$$i = I_m \sin wt [A] \quad \text{(식 10-18)}$$

의 정현파 교류전류가 흘렀을 때 인덕터에 발생하는 전압은

$$v = L\frac{di}{dt} = L\frac{d}{dt}(I_m \sin wt) = LI_m \frac{d \sin wt}{dt}$$

$$= wLI_m \cos wt = wLI_m \sin(wt + \frac{\pi}{2})$$

$= V_m \sin(wt + \frac{\pi}{2})[A]$가 된다. (식 10-19)

그러므로 인덕터만으로 구성된 회로에서는 전압은 전류보다 $\frac{\pi}{2}[rad]$ 위상이 앞선다.(빠르다)

알아보기 정현파 교류의 표시법

(1) 정지벡터법 (Phasor): 정현파 교류의 벡터표시법

① 크기 : 실효값 ② 방향 : 위상각

$i_1 = \sqrt{2} I_1 \sin(\omega t - \theta_1)$

$i_2 = \sqrt{2} I_2 \sin(\omega t + \theta_2)$

(2) 극형식법 : 실효값 크기와 위상각으로 표시하는 방법

$\dot{I_1} = I_1 \angle -\theta_1$

$\dot{I_2} = I_2 \angle +\theta_2$

(3) 지수함수법 : 실효값 크기와 위상각을 지수함수로 표시하는 방법

$\dot{I_1} = I_1 e^{-j\theta_1}$

$\dot{I_2} = I_2 e^{+j\theta_2}$

(4) 삼각함수법 : 실효값 크기와 위상각을 sin 함수와 cos 함수를 이

용하여 표시하는 방법.

$\dot{I_1} = I_1(\cos\theta_1 - j\sin\theta_1)$

$\dot{I_2} = I_2(\cos\theta_2 + j\sin\theta_2)$

(5) 복소수법 : 실효값 크기와 위상각을 복소수를 이용하여 표시하는 방법

$\dot{I_1} = a(I_1\cos\theta_1) - jb(I_1\sin\theta_1)$

$\dot{I_2} = a(I_2\cos\theta_2) + jb(I_2\sin\theta_2)$

예제 10-5 $i = 10\sqrt{2}\,sin\left(\omega t + \frac{\pi}{6}\right)$[A]로 표시된 정현파 교류전류를 벡터표시법, 극형식법, 삼각함수법, 복소수법으로 표시하여라.

풀 이

① 주파수 : $f = 60$[Hz]

② 최댓값 : $I_m = 10\sqrt{2}$[A]

③ 평균값 : $I_{av} = \frac{2}{\pi} \times 10\sqrt{2} = 22$[A]

④ 실효값 : $I = \frac{10\sqrt{2}}{\sqrt{2}} = 10$[A]

⑤ 벡터표시법, 극형식법, 삼각함수법, 복소수법으로 표시하면 다음과 같다.

$$\dot{I} = 10\angle\frac{\pi}{6} = 10e^{j\frac{\pi}{6}}$$

$$= 10\left(\cos\frac{\pi}{6} + j\sin\frac{\pi}{6}\right) = 8.66 + j5$$

4. 시뮬레이션

가. 교류회로에서 인덕터

【시뮬레이션 목표】

1. 인덕터 회로를 구성할 수 있다.
2. 교류회로에서 인덕터의 동작을 설명할 수 있다.
3. 단락 회로 에러를 방지하기 위한 저항의 역할을 설명할 수 있다.

【회로도】

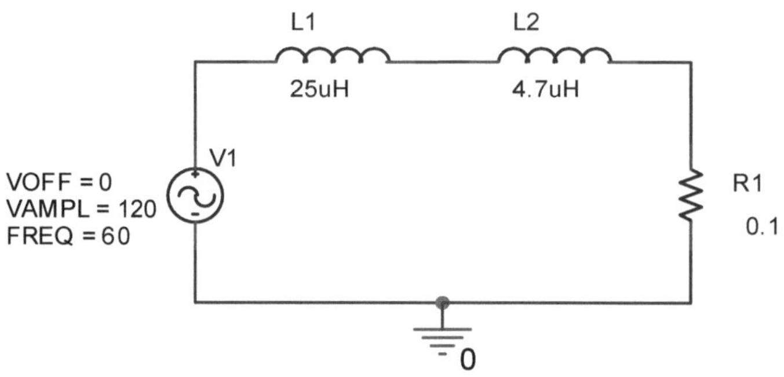

【시뮬레이션 순서】

1. 회로도를 완성한다.
2. 시뮬레이션 실행 시간은 3[ms]로 설정한다.

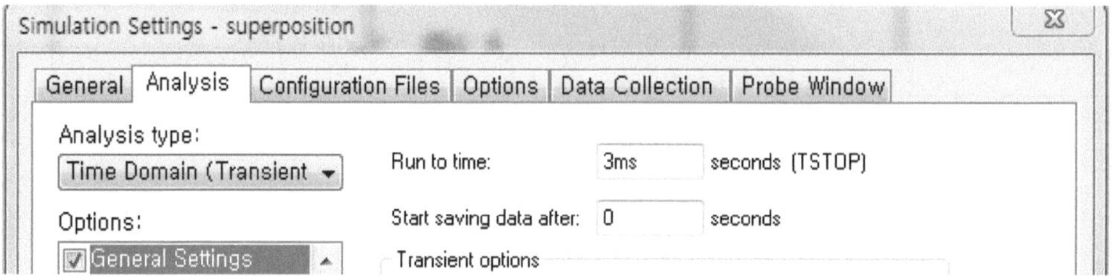

3. 프로그램을 실행하여 결과를 확인한다.

【시뮬레이션 결과】

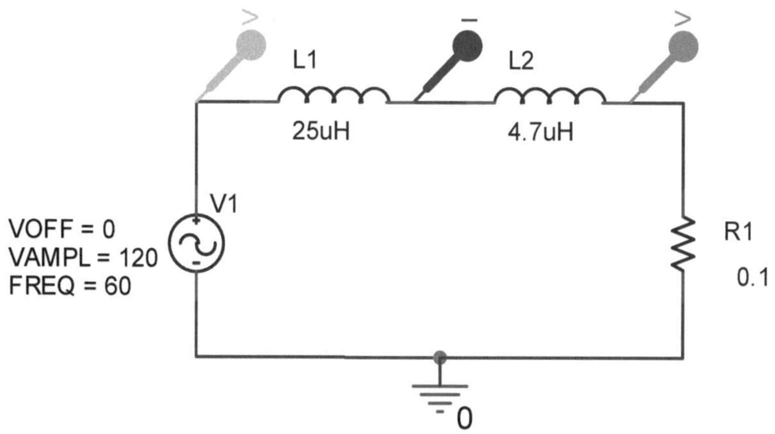

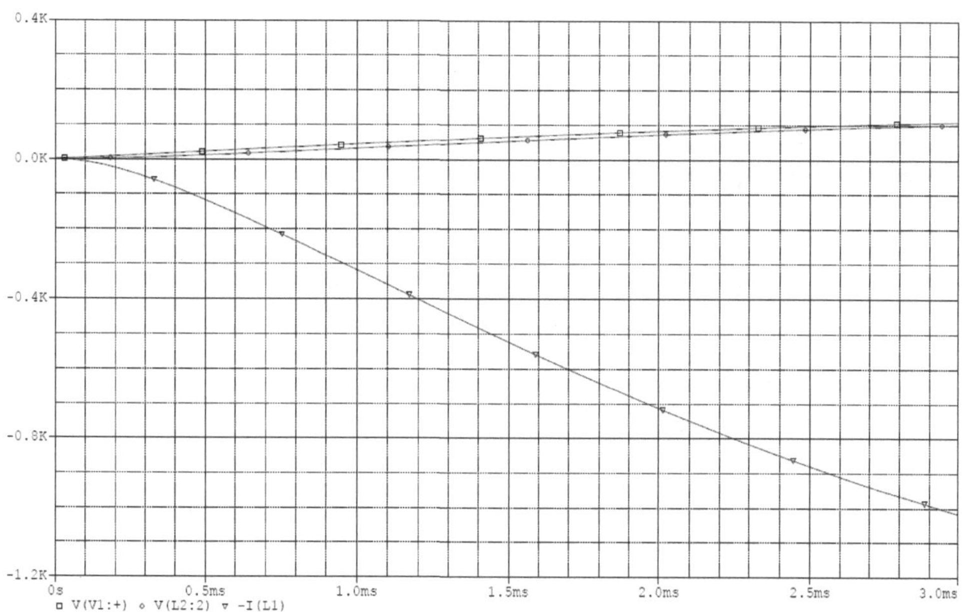

나. 교류회로에서 커패시터

【시뮬레이션 목표】

1. 커패시터 회로를 구성할 수 있다.

2. 교류회로에서 커패시터의 동작을 설명할 수 있다.

3. 단락 회로 에러를 방지하기 위한 저항의 역할을 설명할 수 있다.

【회로도】

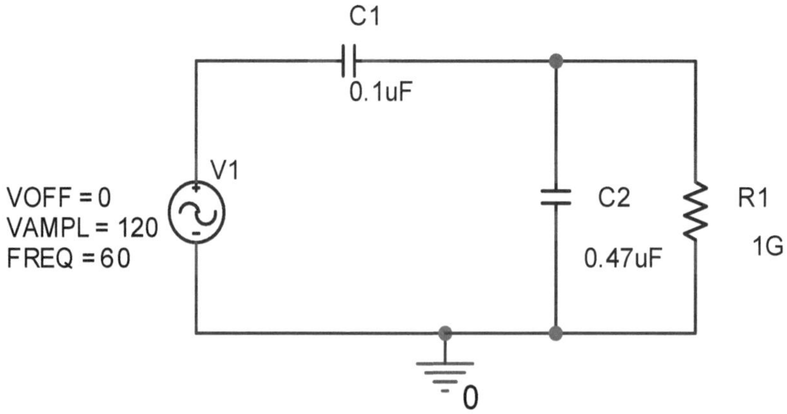

【시뮬레이션 순서】

1. 회로도를 완성한다.

2. 시뮬레이션 실행 시간은 3[ms]로 설정한다.

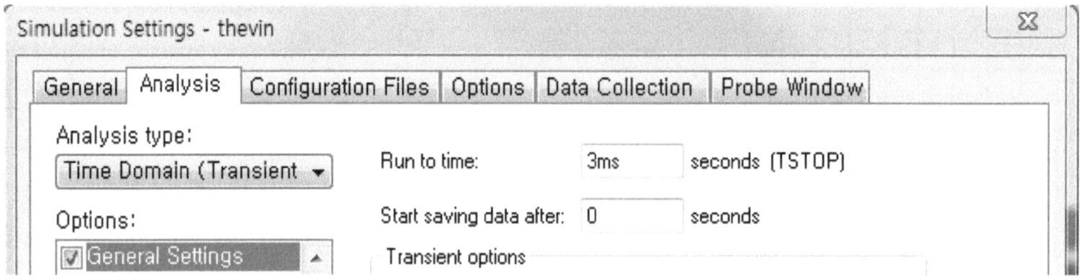

3. 프로그램을 실행하여 결과를 확인한다.

【시뮬레이션 결과】

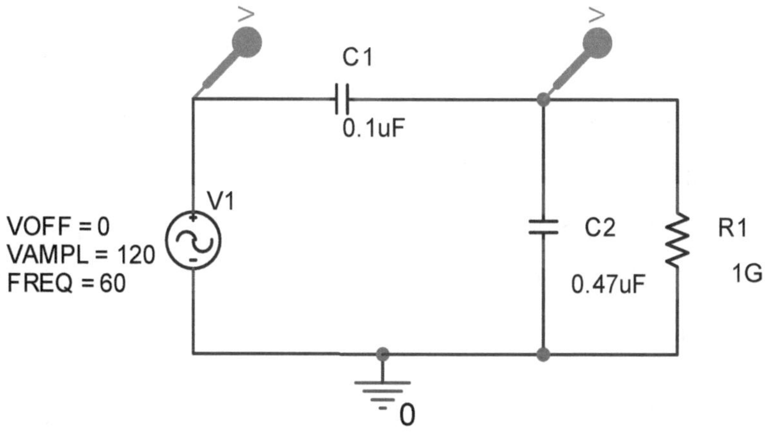
C1
0.1uF
V1
VOFF = 0
VAMPL = 120
FREQ = 60
C2
0.47uF
R1
1G
0

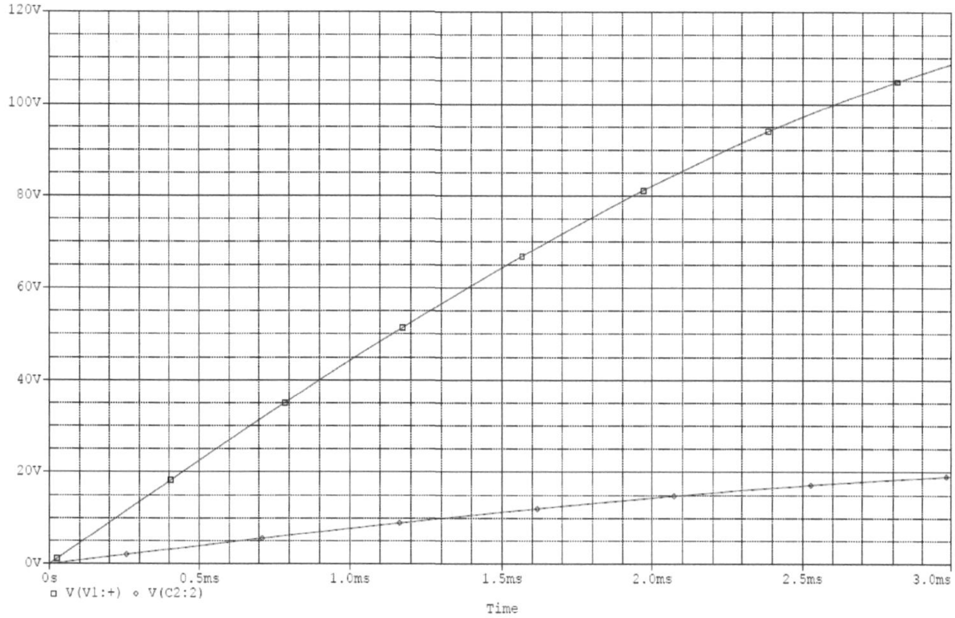
120V
100V
80V
60V
40V
20V
0V
0s
0.5ms
1.0ms
1.5ms
2.0ms
2.5ms
3.0ms
□ V(V1:+) ◇ V(C2:2)
Time

1. 정현파 교류의 표시에서 순시값은 전류, 전압 파형에서 어떤 임의의 순간에서의 전류, 전압의 크기이다.
2. 정현파 교류의 표시에서 평균값은 한 주기 동안의 면적을 주기로 나누어 구한 산술적인 평균값이다.
3. 정현파 교류의 표시에서 실효값은 같은 저항에서 일정한 시간 동안 직류와 교류를 흘렸을 때 각 저항에서 발생하는 열량이 같아지는 순간 교류를 직류로 환산한 값이다.
4. 정현파의 경우 한 주기까지의 면적이 0이므로 반주기 평균을 이용한다.
5. 저항만의 회로의 특성은 전압과 전류의 위상차가 0[rad]이고, 임피던스의 허수부가 존재하지 않는다.
6. 인덕터만의 회로의 특성은 전류가 전압보다 위상이 $\frac{\pi}{2}$[rad] 만큼 뒤진다.(지상, 유도성)
7. 콘덴서만의 회로의 특성은 전류가 전압보다 위상이 $\frac{\pi}{2}$[rad] 앞선다.(진상, 용량성)

【완성형】

1. 정현파 교류의 표시에서 (　　)은 전류, 전압 파형에서 어떤 임의의 순간에서의 전류, 전압의 크기이다.
2. 정현파 교류의 표시에서 (　　)은 같은 저항에서 일정한 시간동안 직류와 교류를 흘렸을 때 각 저항에서 발생하는 열량이 같아지는 순간 교류를 직류로 환산한 값이다.
3. 정현파의 경우 한 주기까지의 면적이 0이므로 (　　　) 평균을 이용한다.
4. 저항만의 회로의 특성은 전압과 전류의 위상차가 (　　　)[rad]이고, 임피던스의 허수부가 존재하지 않는다.
5. 인덕터만의 회로의 특성은 전류가 전압보다 위상이 (　　　)[rad] 만큼 뒤진다.
6. 콘덴서만의 회로의 특성은 전류가 전압보다 위상이 (　　　)[rad] 앞선다.

【서술형】

1. 정현파 교류의 표시에서 실효값이 다음과 표시되는 것을 증명하여라.

$$I=\sqrt{\frac{1}{T}\int_0^T i^2(t)dt}=\frac{I_m}{\sqrt{2}}=0.707\,I_m$$

여기서 I 는 실효값, I_m는 최댓값이다.

2. $i=5\sqrt{2}\,sin\left(\omega t+\frac{\pi}{6}\right)$[A]로 표시된 정현파 교류전류를 벡터표시법, 극형식법, 삼각함수법, 복소수법으로 표시하여라.

제11장

RL 회로 해석

RL 회로는 저항과 인덕터가 연결된 회로로 우리 주변에서 많이 볼 수 있다. 모터 내부에 감겨 있는 코일도 저항성분과 인덕턴스 성분이 직렬 연결된 RL 회로이며, 특정한 주파수 대역의 신호를 제거하거나 통과시키는 필터 회로에도 RL회로가 많이 사용되고 있다. RL 회로에 입력으로 정현파 교류전압을 가하면 가해진 전압과 회로에 흐르는 전류의 위상차가 발생하게 되고 L성분에 의한 임피던스 성분의 크기에 따라 회로에 흐르는 전류의 크기도 제한된다. 이 단원에서는 RL 회로의 정현파 응답과 전력에 대하여 학습한다.

1. RL 회로의 정현파 응답
2. RL 회로의 전력
3. 시뮬레이션
4. 실험 및 실습

주요 용어

저항, 인덕턴스, RL 회로, 리액턴스, 임피던스, 위상각, 정현파, 전력, 유효전력 무효전력, 피상전력, 역률

1. RL 회로의 정현파 응답

학습 목표	1. 일정 주파수의 정현파 입력에 대한 RL 회로의 응답을 관찰하여 RL 회로의 특성을 설명할 수 있다. 2. 임피던스와 위상각을 설명할 수 있다. 3. 정현파 입력의 주파수를 변화시킴에 따라 RL 회로의 응답의 변화를 관찰하여 회로의 특성을 설명할 수 있다.

RL 회로에 정현파 교류전원을 가하면 회로에 흐르는 전류 및 R, L의 소자 양단에 걸리는 전압은 어떠한 형태를 가지게 될까? 여기서는 회로에 흐르는 전류와 각 소자에 걸리는 전압과의 관계를 알아보기로 한다.

그림 11-1은 RL 직렬회로에 정현파 교류전압원을 연결한 회로이다.

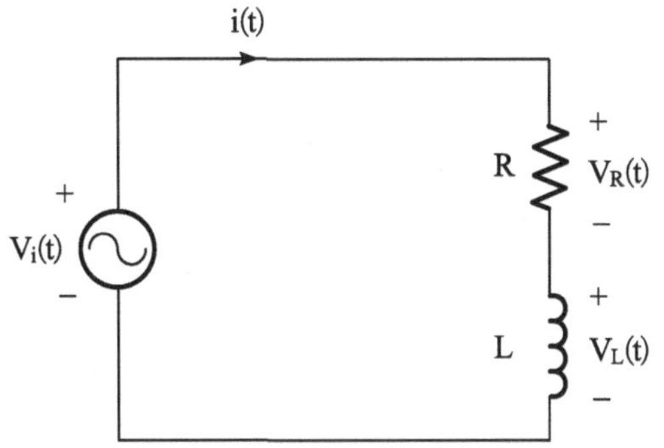

【그림 11-1】 RL 직렬회로에 정현파 교류전원을 연결한 회로

저항 R과 인덕터 L을 직렬로 연결하고 정현파를 가하게 되는 경우 키르히호프 법칙에 따라 다음과 같이 관계식이 주어진다.

$$V_i(t) = V_R(t) + V_L(t) = Ri(t) + L\frac{di(t)}{dt} \tag{11-1}$$

($V_i(t)$: 입력교류전압, $V_R(t)$: R 양단에 걸린 전압, $V_L(t)$: L 양단에 걸린 전압)

수학적인 접근에 앞서 상기 회로에서 각 소자에 걸리는 전압 파형과 전류 파형을 알아보기로 하자. 그림 11-1의 회로에서 $V_i(t)$, $i(t)$, $V_R(t)$, $V_L(t)$의 파형을 나타낸 것이 그림 11-2이다.

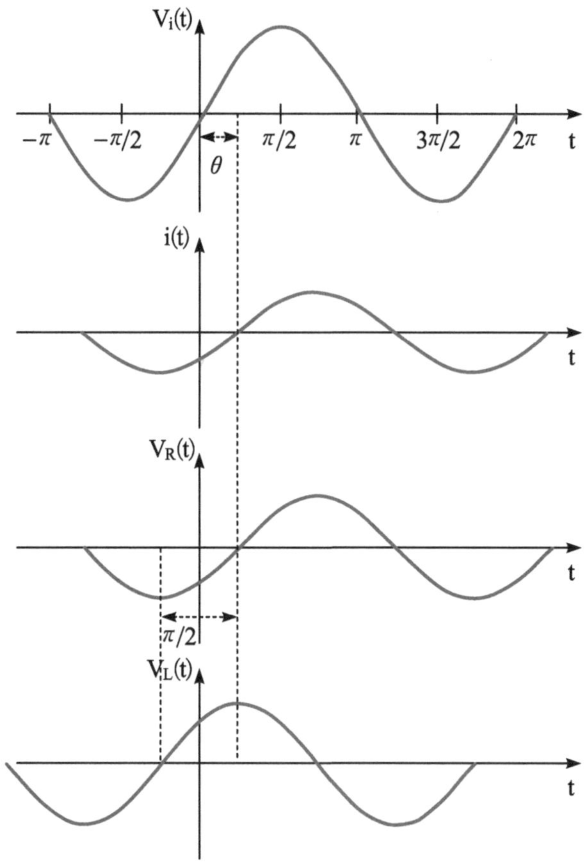

【그림 11-2】 RL 직렬회로에서 각 소자에 걸리는 전압과 전류의 파형

그림 11-2에서 나온 파형들은 식 11-1을 만족하는지 확인해 보자. 우선 키르히호프 법칙인 $V_i(t) = V_R(t) + V_L(t)$ 식이 만족되는지 확인하자. 이 식의 의미는 그림에서 $V_R(t)$과 $V_L(t)$을 더한 파형이 $V_i(t)$가 되는가를 확인하면 된다. 그런데 위상차가 있는 사인파의 합은 또 다른 사인파의 형태가 되므로 그림에서 $V_R(t)$과 $V_L(t)$의 파형의 합은 $V_i(t)$가 되는 것을 확인할 수 있다. (다음 쪽의 알아보기 참조) 다음으로 L의

양단에 걸리는 전압식은 식 11-2인데, 그림 11-2에서 나온 파형들이 이를 만족하는지 알아보자.

$$V_L = L\frac{di(t)}{dt} \tag{11–2}$$

위 식으로부터 L의 양단에 걸리는 전압은 흐르는 전류(사인파형)를 미분한 형태이므로 $V_L(t)$의 파형은 전류 파형에 비하여 90도 위상이 앞서게 된다. 정현파 교류전압이 sin 파형이면 이것을 미분한 것이 cos 파형이 되기 때문이다. 미분은 각 시간에서 파형의 기울기를 나타내는 것으로 그림 11-2에서 전류 $i(t)$의 기울기가 0이 되는 시점에서 $V_L(t)$의 파형의 값은 0이 되고 전류파형의 기울기가 가장 가파른 곳에서 $V_L(t)$의 파형의 값은 최대, 최솟값을 가지는 것을 그림 11-2에서 확인할 수 있다.

마지막으로 저항 양단에 걸린 전압은 다음 식과 같이 주어지는데, 그림 11-2에서 나온 파형들이 이를 만족하는지 알아보자.

$$V_R(t) = Ri(t) \tag{11–3}$$

위 식으로부터 전류파형에 저항값 R 상수를 단순히 곱한 것이 $V_R(t)$이므로 저항 양단에 걸린 전압 $V_R(t)$은 전류와 동일한 위상을 가지는 것을 알 수 있다.

그림 11-1과 같은 RL 직렬회로에 정현파를 인가하였을 때 그림 11-2와 같은 각 부 파형이 관찰되어 다음과 같은 결론을 얻을 수 있다.

첫째, 저항 성분만 있는 회로에서 교류전압을 가한 경우에는 전원전압 및 저항에 흐르는 전류 그리고 저항 양단에 걸리는 전압의 위상차가 없이 일치하였으나, RL 직렬회로에 정현파를 인가하였을 때 회로에 흐르는 전류는 전원전압보다 위상차가 발생하며 지연되어 흐르게 된다. 이는 저항만 연결된 회로에 L소자가 직렬로 추가 연결되어 발생하는 현상으로 L소자의 값이 커지면 지연되는 위상차도 커지게 된다.

둘째, 저항 양단에 걸리는 전압파형은 전류파형과 동일한 위상을 가지게 된다.

셋째, L양단에 걸리는 전압은 전류파형보다 90도 위상이 앞서게 된다.

넷째, 교류회로에서는 $V_i(t) = V_R(t) + V_L(t)$ 식이 만족되지만 그냥 산술적으로 이루어지는 것이 아니라 위상차가 다른 사인파의 합으로 벡터 형태로 생각하여야 한다.

알아보기 사인파의 합성과 벡터의 합의 대응관계

■ 2개의 사인파의 합은 또 다른 형태의 사인파가 된다.

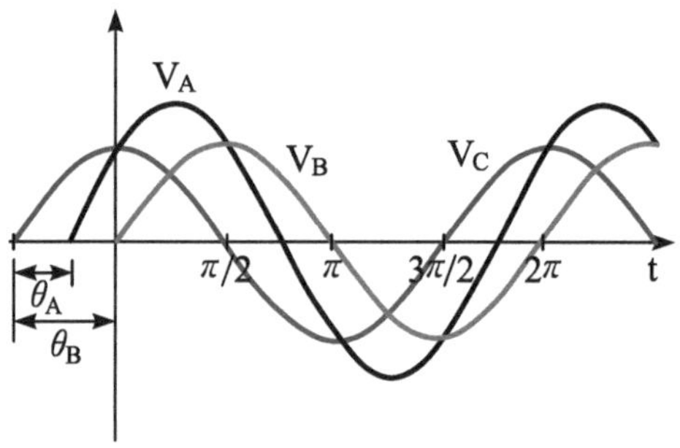

【그림 11-3】 위상차가 있는 2개의 사인파의 합

상기 그림에서 90도의 위상차가 있는 사인파 V_B와 V_C의 합은 V_A의 사인파가 된다. 즉 이를 수식으로 표현하면 다음과 같다.

$V_A = V_B + V_C$

■ 두 개의 다른 크기와 위상을 가지는 사인파의 합에 의한 사인파의 크기와 위상은 서로 다른 2개의 크기와 위상차를 가지는 벡터의 합에 의한 합성벡터로 대응하여 표시할 수 있다.

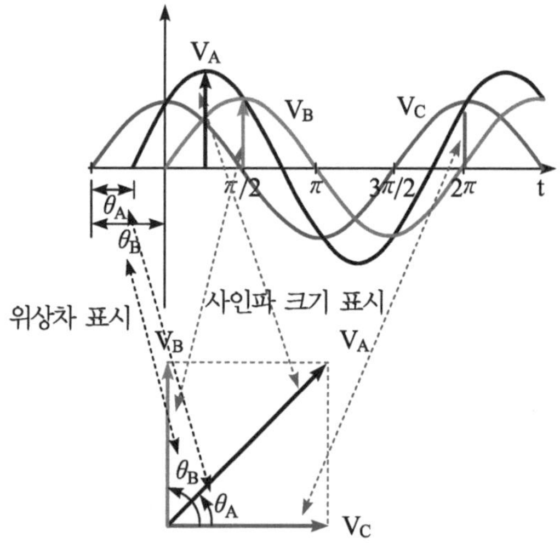

【그림 11-4】 위상차가 있는 2개의 사인파의 합의 벡터 표현

알아보기 사인파의 합성과 벡터의 합의 대응관계

먼저 그림 11-4에서 모두 사인파이므로 함수의 파형은 다 동일하다고 간주하여 고려하지 않고, 각각의 사인파의 크기와 위상차만 다르므로 크기와 위상차만 고려하여 이를 벡터에 대응시킨다.

이렇게 사인파 그림을 벡터로 대응시키면 V_C는 그림 11-4에서와 같이 수평으로 그리고 벡터의 크기는 V_C 사인파의 최댓값으로 표시한다. V_B는 V_C와 θ_B(그림에서 90도) 위상이 차이가 나므로 θ_B만큼 벡터의 방향(그림에서 90도)이 다르게 그리고 마찬가지로 벡터의 크기는 V_B 사인파의 최댓값으로 표시한다. 마찬가지 방식으로 V_A는 V_C와 θ_A(그림에서 45도) 위상이 차이가 나므로 θ_A만큼 벡터의 방향(그림에서 45도)이 다르게 그리고 마찬가지로 벡터의 크기는 V_A 사인파의 최댓값으로 표시한다.

이렇게 그림을 대응시켜 그리고 나면 벡터 V_B와 벡터 V_C의 합이 벡터 V_A와 같다는 벡터의 합의 법칙과 동일하게 대응된다. 상기 그림은 이해를 돕기 위해 특별한 경우로 표현하였지만, 어떠한 크기와 위상차가 있는 사인파의 합성도 상기 방식에 따라서 벡터에 대응시키면 항상 벡터의 합의 법칙과 항상 대응된다.

따라서 사인파로 표현되는 교류전압 및 교류전류를 모두 벡터에 대응시켜 생각하면 쉽게 교류전압 및 전류의 크기와 위상차의 관계를 알 수 있게 되므로 벡터로 교류전압 및 전류의 위상차를 그림으로 표현한다. 복소수도 벡터와 마찬가지로 사인파의 합성을 간단한 수식으로 쉽게 처리할 수 있는 대응 관계를 가지고 있어서 교류회로의 해석에 널리 사용되고 있으나 여기서는 설명을 생략한다. 교류회로의 페이서 해석 부분을 참고하라.

한편, 그림 11-1의 회로에서 저항 R값이 증가하게 되면 회로에 흐르는 전류가 감소할 것이다. 교류회로에서 L도 마찬가지로 L값이 커지면 회로에 흐르는 전류를 감소시키는 역할을 하게 된다. 이때 L값에 의하여 교류회로에서 전류를 제한하는 저항과 같은 역할을 하는 것을 유도성 리액턴스(inductive reactance)라 부르며 다음과 같은 식으로 주어진다.

$$X_L = \omega L = 2\pi f L \qquad (11\text{–}4)$$

(ω : 교류의 각주파수, f : 교류의 주파수)

유도성 리액턴스는 교류전원의 주파수가 높아지면 값이 커지는 것을 식 11-4로부터 알 수 있다. 이는 교류전원의 주파수가 높아지면 단위시간 당 교류전류 파형의 변화가 빨라지게 되므로 미분한 값 즉 파형의 기울기가 증가하게 되어 유도성 리액턴스 값이 증가하는 결과를 가져오게 된다. 교류 전원 주파수가 높아지게 되면 유도성 리액턴스는 비례하여 커지므로 회로에 흐르는 전류는 줄어들게 된다.

한편, 교류전원이 가해지는 RL 직렬회로에서 전류 i가 흐를 때 V_R과 V_L이 90도 위상차를 가지므로, 저항과 유도성 리액턴스도 90도 위상차를 가지는 것으로 취급한다. 저항 성분과 유도성 리액턴스 성분을 합친 것을 임피던스(impeadance)라 하며 다음과 같이 주어진다.

$$Z = \sqrt{R^2 + X_L^2} = \sqrt{R^2 + (\omega L)^2} = \sqrt{R^2 + (2\pi f L)^2} \qquad (11\text{–}5)$$

(ω : 교류의 각주파수, f : 교류의 주파수)

다음 그림은 RL 직렬회로에 정현파 교류전압을 가한 경우의 각 파형을 벡터로 표시한 것이다.

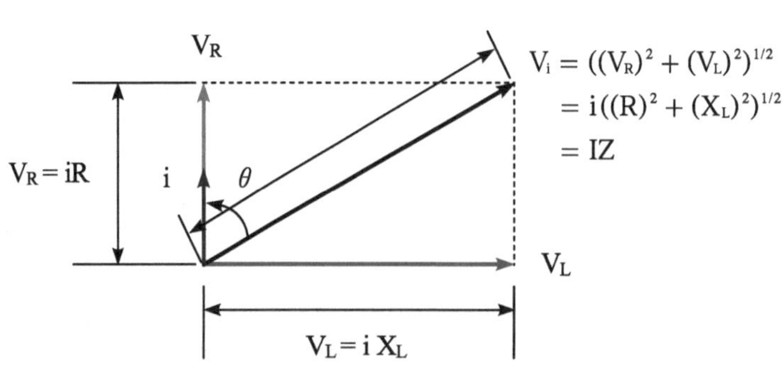

【그림 11–5】 RL 회로에서 V_i, V_R, V_L, i의 벡터 표현

그림 11-5에서 V_R과 V_L은 위상차가 90도(π/2)가 나는 것으로 표시되어 있다. 이는 실제 사인파의 교류전압 파형에서 위상 차이가 90도(π/2)가 나는 것을 표현한 것이다. 그림에서 저항 양단에 걸린 전압 V_R과 L 양단에 걸린 전압 V_L의 벡터 합은 전원전압 V_i가 된다. 따라서 직류회로에서와 달리 교류회로에서는 $V_i = V_R + V_L$ 식은 위상차를 고려한 벡터 합의 식으로 보아야 한다. 한편, 저항 양단에 걸린 전압은 $V_R = iR$이고, L 양단에 걸린 전압은 $V_L = iX_L$이므로 이 두 전압의 벡터합인 V_i전압의 크기는 그림 11-5로부터 다음과 같이 구할 수 있다.

$$V_i = \sqrt{V_R^2 + V_L^2} = \sqrt{(iR)^2 + (iX_L)^2} = i\sqrt{R^2 + X_L^2} = iZ \tag{11-6}$$

따라서 $Z = \sqrt{R^2 + X_L^2}$의 임피던스 식을 구할 수 있다.

또한, 그림에서 위상차 Θ에 대하여 다음의 관계식으로 주어진다.

$$\tan(\theta) = \frac{V_L}{V_R} = \frac{iX_L}{iR} = \frac{X_L}{R} \tag{11-7}$$

따라서 위상차 Θ는 다음 식에서 구할 수 있다.

$$\theta = \tan^{-1}\left(\frac{X_L}{R}\right) \tag{11-8}$$

발전소에서 전력을 전달하기 위하여 공급되는 교류 전원은 일정한 주파수를 가지며 이를 공칭주파수라 한다. 우리나라의 경우 공칭주파수는 60[Hz]이다. 이렇게 일정한 주파수를 공급받는 경우에는 위의 주어진 식에서 f의 값에 60을 대입하여 유도성 리액턴스 값을 구하면 된다. 즉 임피던스는 $X_L = 2\pi fL = 2\pi \times 60L \cong 377L$로 계산된다. 그러나 RL회로에 주파수가 다른 여러 가지 신호가 공급되는 응용분야에서는 유도성 리액턴스 X_L값이 주파수에 따라 달라진다. 예를 들어 600[Hz]의 교류 신호를 RL회로에 가할 경우 L의 값은 같지만 유도성 리액턴스 값은 $X_L = 2\pi fL = 2\pi \times 600L \cong 3768L$로 10배로 커지게 된다. 따라서 동일한 크기의 전압을 가한 경우 RL 회로에 흐르는 전류는 1/10로 감소하게 된다.

RL 회로는 우리 주변에서 많이 볼 수 있다. 정현파가 입력되지 않는 경우도 많이 볼 수 있으며 이러한 경우에도 식 11-9의 L의 특성식에 의해 설명할 수 있다.

$$V_L = L\frac{di}{dt} \tag{11-9}$$

이 식에 의하면 전류를 미분한 값에 L을 곱한 값이 V_L이므로 다음 그림과 같이 L에 흐르는 전류와 V_L의 파형이 나타나게 된다.

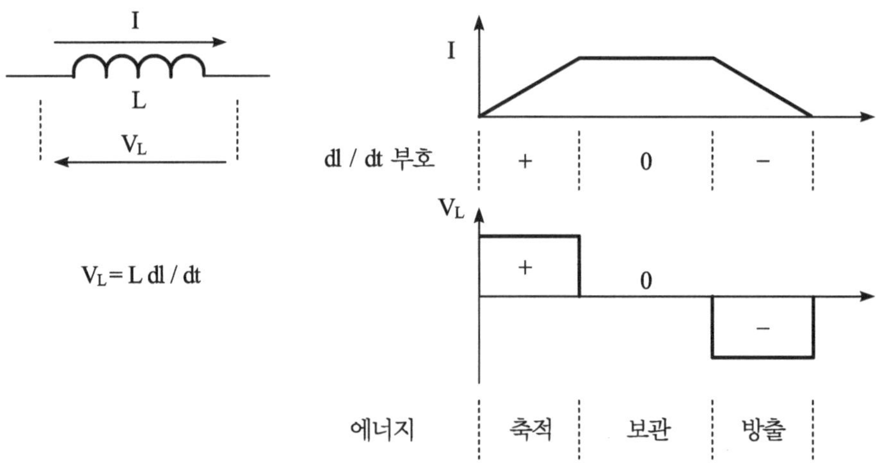

【그림 11-6】 L에 흐르는 전류 전압의 관계

이 L의 특성식인 식 11-9를 분석해 보면 L 양단에 걸리는 전압의 크기는 인덕턴스의 크기 L과 L에 흐르는 전류 i의 미분한 값을 곱한 값이다. 여기서 전류 i의 미분한 값은 전류의 기울기와 같다고 보면 된다. 그림 11-6은 L의 특성을 나타낸 그림이다. L 소자 양단에 발생하는 전압은 L소자에 흐르는 전류의 기울기에 비례한다. 따라서 그림에서 L소자에 흐르는 전류의 방향이 동일하더라도 전류의 흐름이 증가할 때는 di/dt 값이 + 이므로 L에 유기되는 전압이 + 값을 가지며, 전류의 흐름이 감소할 때는 di/dt 값이 - 이므로 L에 유기되는 전압이 - 값을 가지게 된다. 또한, L에 변화하지 않는 직류전류가 흐른다면 이때는 di/dt 값이 0 이므로 L에 유기되는 전압이 0 값을 가지게 된다.

예제 11-1 RL 직렬회로에 가해지는 교류전원의 주파수가 100[Hz]일 때 R값이 100[Ω] L값이 10[mH]일 때 회로의 임피던스를 구하라.

풀 이 임피던스 Z는 다음식으로 주어지므로

$$Z= \sqrt{R^2+X_L^2} = \sqrt{R^2+(\omega L)^2} = \sqrt{R^2+(2\pi fL)^2}$$

$$= \sqrt{10^2+(2\times3.14\times100\times10\times10^{-3})^2}$$

$$= \sqrt{100+(6.28)^2} = \sqrt{100+39.4384} = \sqrt{139.4384}$$

$$\cong 11.81[\Omega]$$

예제 11-2 100[V]의 교류전압을 가한 RL 직렬회로에서 저항 양단의 전압이 80[V]로 측정되었다. 이때 L 양단에 걸린 전압은 얼마이겠는가? 또 이때 회로에 흐르는 전류는 전원전압에 비해 지연되는 지연각은 얼마인가?

풀 이 RL 직렬회로에서 전원전압 V_i , R 양단에 걸린 전압 V_R, L 양단에 걸린 전압 V_L 사이의 관계식은 다음과 같으므로

$$V_i = \sqrt{V_R^2+V_L^2}$$

위의 식에서 V_L은 다음과 같이 계산할 수 있다.

$$V_L = \sqrt{V_i^2-V_R^2} = \sqrt{100^2-80^2} = \sqrt{3600}$$

$$= 60[V]$$

$$\tan(\theta) = \frac{V_L}{V_R} = \frac{60}{80} = 0.75 \text{ 이므로}$$

지연각은 $\theta = \tan^{-1}(0.75) \cong 36.87^\circ$

2. RL 회로의 전력

학습 목표	1. RL 회로에서의 피상 전력을 설명할 수 있다. 2. 유효 전력과 무효 전력을 설명할 수 있다. 3. 역률을 설명할 수 있다.

전기회로에서 전력이란 전압과 전류의 곱을 의미하며, 다음 식과 같이 정의한다.

$$P = VI[\mathrm{VA}] \tag{11-10}$$

저항에서의 소비전력은 다음 식으로 주어지며, 소비되는 형태는 저항에서는 열을 발생하는 것으로 소비되며 이 때 소비전력은 다음 식으로 표시되며 단위는 와트[W]로 표시한다.

$$P = VI = I^2 R = \frac{V^2}{R}[\mathrm{W}] \tag{11-11}$$

L 소자는 전력소비 관점에서 보면 저항과 달리 에너지를 소비하지 않고 보관하는 특성이 있다. 이러한 특성은 C와 유사하다. 우리는 주변에서 C의 에너지 충전역할에 대하여 자주 접하기 때문에 익숙하지만 L 소자의 에너지 축적은 그리 자주 접할 수 있지 않아 생소할지 모른다. 다음은 R, L, C 소자에 대하여 특성을 간략하게 정리한 것이다.

【표 1-1】 전기의 사용 분야

소자 명칭	소자 기호	특성식	전력 및 에너지 식	전력소비
저항	R	$V = I\,R$	$P = VI = I^2 R = \frac{V^2}{R}$	열을 발생하며 전력을 소비함
콘덴서	C	$V = \frac{1}{C}\int I\,dt$	$E = \frac{1}{2}CV^2$	에너지로 보관 전력소비 안함
인덕터	L	$V = L\frac{dI}{dt}$	$E = \frac{1}{2}L\,I^2$	에너지로 보관 전력소비 안함

여기서는 정현파 교류가 RL 회로에 인가된 경우에 한하여 교류전력에 대하여 알아보기로 한다. 다음의 11-7의 (a), (b)회로는 정현파 교류가 입력되는 RL 직렬회로이다. 회로에 흐르는 정현파 전류가 입력 전원전압과 위상 차이가 있으므로 전원전압이 + 인

경우에도 회로에 흐르는 전류는 + 인 구간(그림(a))도 - 인 구간(그림(b))도 발생하게 된다. 따라서 전력은 $P = V_i I$ 이므로 전력이 + 인 경우도 - 인 경우도 발생하게 된다. 전력이 + 값을 가진다는 것은 전원 측에서 부하 측으로 전력을 전달하는 것을 의미하며, 전력이 - 값을 가진다는 것은 거꾸로 부하 측에서 전원 측으로 전력을 전달하는 것이다. 그러면 부하 측 어디에 전기를 보관하였다 전달을 하는 것일까? L 소자는 전원으로부터 전력을 공급받아 L 소자 내에 자기 에너지 형태로 보관을 하였다가 다시 방출하여 전원 측으로 되돌려 준다. 즉 L 소자 내에서 전력을 소비하지 않는다.

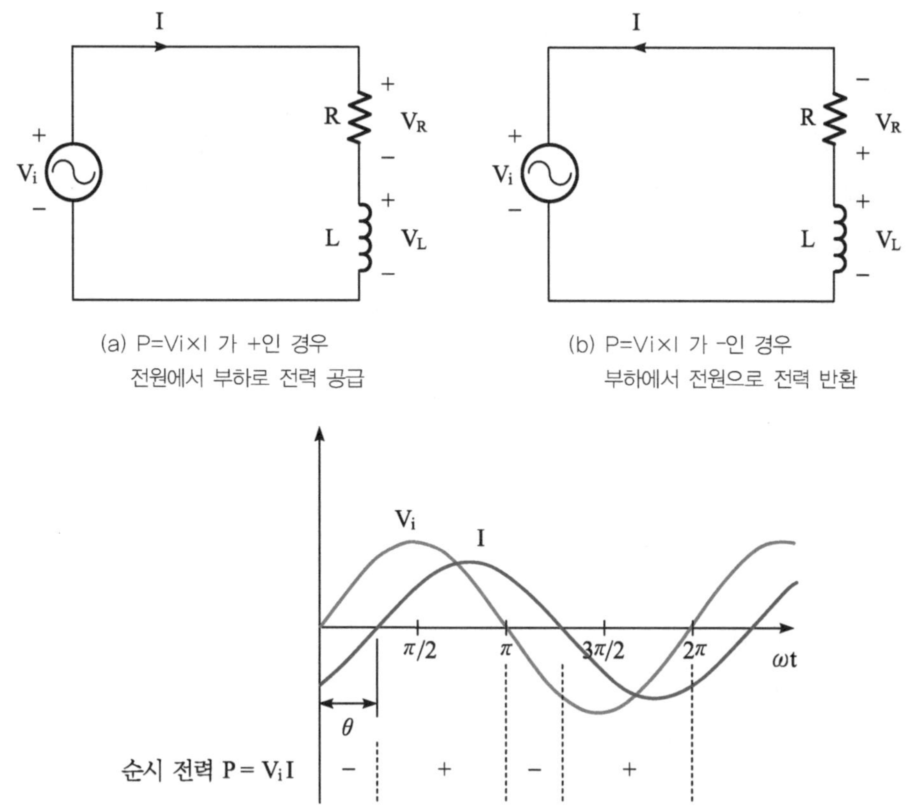

(a) P=Vi×I 가 +인 경우
전원에서 부하로 전력 공급

(b) P=Vi×I 가 -인 경우
부하에서 전원으로 전력 반환

(c) RL 회로에서 전원전압과 전류의 파형에 따른 순시전력

【그림 11-7】 RL 회로에서 순시전력

그림 11-7의 (c)에서 $P = V_i I$이 +값을 가지는 구간과 - 값을 가지는 구간을 표시하였다. 교류전압이 인가된 RL 직렬회로에서는 전원 측에서 RL 회로 측으로 전력을

공급하는 구간과 L에서 보관하였던 전력을 전원 측으로 다시 반환하는 구간이 주기적으로 반복하여 발생한다.

일반적으로 L 성분이 없이 R 성분만 있는 회로에서는 교류 전원전압과 회로에 흐르는 전류가 위상차이가 없으므로 다음과 같이 전원전압의 실효값과 전류의 실효값의 곱으로 전력을 표시한다.

$$P = VI\,[W] \tag{11-12}$$

(V : 교류전압의 실효값, I : 교류전류의 실효값)

저항만 있는 회로에서는 공급된 모든 전력이 전부 소비되므로 단위를 와트[W]로 사용한다.

그러나 RL 직렬회로에서는 교류 전원전압과 회로에 흐르는 전류가 위상차이가 있기 때문에 상기와 같은 식을 사용하면 실제 RL 회로에서의 소비전력은 아니다. 따라서 RL 직렬회로에서는 전원전압의 실효값과 전류의 실효값의 곱을 피상전력이라 부르며 다음과 같이 식으로 표현하고 단위는 [VA]로 표시한다.

$$P = VI\,[VA] \tag{11-13}$$

RL 직렬회로에서는 + 구간의 전력에서 - 구간의 전력을 뺀 값이 실제 전원 측에서 RL 회로에 공급된 유효한 전력이므로 이를 유효전력이라 하고 다음의 식으로 표시한다.

$$P = VI\cos\theta\,[W] \tag{11-14}$$

이는 RL 직렬회로에서 저항 R에서 소비되는 전력과 동일하다.

유효전력에 대응되는 개념으로 무효전력이 있다. 무효전력은 전원 측에서 RL회로 측으로 전력이 공급되었다가 소비되지 않고 다시 전원 측으로 반환되는 전력을 의미하는 것으로 다음의 식으로 주어지며 단위는 var로 표시한다.

$$P = VI\sin\theta\,[var] \tag{11-15}$$

실제 전원 측에서 회로에 공급한 피상전력 성분 중에 회로에서 유효하게 소비되는 유효전력의 비율을 다음과 같이 표현하며 이를 역률이라 부른다.

$$역률 = \frac{유효전력}{피상전력} = \frac{VIcos\theta}{VI} = \cos\theta \quad (-90^\circ \le \theta \le 90^\circ) \tag{11-16}$$

위의 식에서 역률은 0~1의 값을 가지며, 1의 값을 가질 때 전원에서 공급한 전력이 회로에서 모두 유효하게 소비된다고 볼 수 있다. 역률이 0.9라는 의미는 100 만큼의 전력이 전원 측에서 공급되었는데, 회로 측에서 90 만 유효하게 소비되고 나머지 10의 전력은 다시 전원으로 되돌려 보낸다는 의미이다.

발전소 측에서 전력을 공급하였는데, 다시 발전소 측으로 되돌아오는 무효전력 성분이 많아지면 동일한 전력을 공급하기 위하여 설비 용량의 증가 등 전기 공급자의 경제적 투자가 커져 경제성이 떨어지게 된다. 따라서 이를 제한하기 위하여 어느 수준 이상의 역률을 유지하도록 전기 사용자에게 요구하고 있다.

예제 11-3	RL 직렬회로에 교류전원 전압이 100[V], 전류가 10[A]가 흐르고 있다. 저항에서 소비되는 전력이 900[W]라면 역률은 얼마인가?
풀 이	$역률 = \frac{유효전력}{피상전력} = \frac{저항에서\ 소비되는\ 전력}{V\,I} = \frac{900}{100 \times 10} = 0.9$이다.

예제 11-4	RL 직렬회로에 교류전원 전압이 100[V], 전류가 10[A]가 흐르고 있다. 전원전압에 비하여 전류가 30도 위상차를 가지고 지연되어 흐르고 있다면 역률은 얼마인가?
풀 이	$역률 = \frac{유효전력}{피상전력} = \frac{VI\cos\theta}{V\,I} = \cos\theta = \cos(30^\circ) = \frac{\sqrt{3}}{2} \cong 0.87$이다.

3. 시뮬레이션

가. RL 회로의 정현파 응답

【시뮬레이션 목표】

1. 일정 주파수의 정현파 입력에 대한 RL 회로의 응답을 관찰하여 RL 회로의 특성을 설명할 수 있다.
2. 임피던스와 위상각을 설명할 수 있다.
3. 정현파 입력의 주파수를 변화시킴에 따라 RL 회로의 응답의 변화를 관찰하여 회로의 특성을 설명할 수 있다.

【회로도】

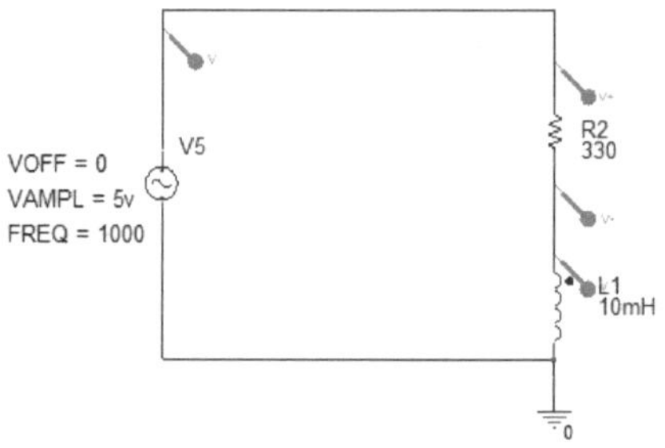

【시뮬레이션 조건】

【시뮬레이션 순서】

1. 연산증폭기를 이용한 RL 직렬회로의 회로도를 완성한다.

2. 전원 V5를 Vsin을 선택하고 다음과 같이 값을 설정한다.
   VOFF=0, VAMPL=5V, FREQ=1000
3. 시뮬레이션 profile에서 Run to time은 5[ms], Start saving data after은 2[ms], Maximum step size는 0.01[ms]로 설정한다.
4. 프로그램을 실행하여 결과를 확인한다.
5. 입력전압, 저항 양단에 걸린 전압, L양단에 걸린 전압파형을 관찰한다.
6. 전원 V5에서 FREQ=10000 로 값을 변경한다.
7. 시뮬레이션 profile에서 Run to time은 0.5[ms], Start saving data after는 0.2[ms], Maximum step size는 0.001[ms]로 변경한다.
8. 입력전압, 저항 양단에 걸린 전압, L양단에 걸린 전압파형을 관찰한다.
9. 전원 V5에서 FREQ=100kHz 로 값을 변경한다.
10. 시뮬레이션 profile에서 Run to time은 0.05[ms], Start saving data after는 0.02[ms], Maximum step size는 0.0001[ms]로 변경한다.
11. 입력전압, 저항양단에 걸린 전압, L양단에 걸린 전압파형을 관찰한다.

【시뮬레이션 결과】

1. 입력 교류 전원 주파수 = 1kHz 인 경우

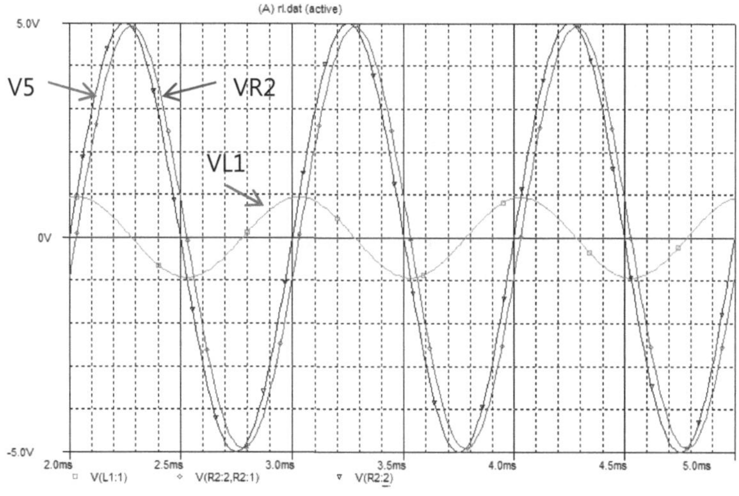

시뮬레이션 결과는 입력 주파수가 1kHz일 때 입력전원 V5, 저항양단전압 VR2, L양단전압 VL1을 나타낸다. 입력전원 V5에 대해 저항양단전압 VR2는 위상이 지연되어 있음을 볼 수 있다. 위상의 지연은 다음과 같이 구한 이론값와 거의 일치함을 알 수 있다.

$$\theta = \tan^{-1}(\frac{X_L}{R}) = \tan^{-1}(\frac{2\pi f L}{R}) = \tan^{-1}(\frac{2\pi \times 1000 \times 10 \times 10^{-3}}{330})$$
$$\cong 10.8^{\circ}$$

L양단전압 VL1은 저항양단전압 VR2보다 90도 위상이 앞선 것을 알 수 있다. 이는 앞에서 학습한 이론과 일치한다.

2. 입력 교류 전원 주파수 = 10kHz 인 경우

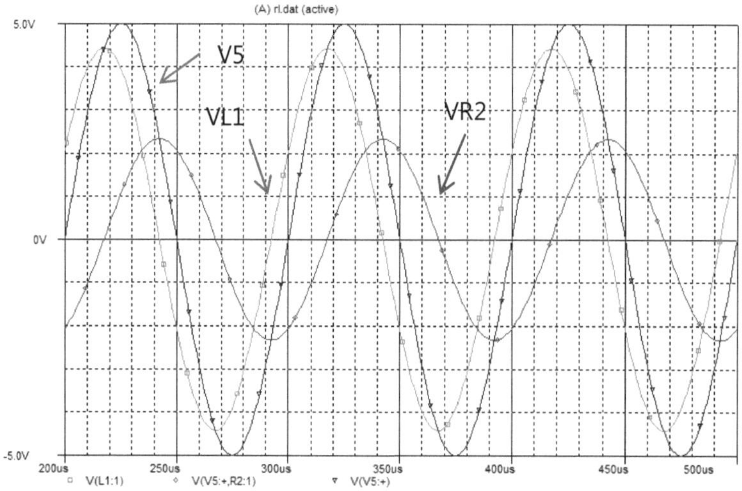

3. 입력 교류 전원 주파수 = 100kHz 인 경우

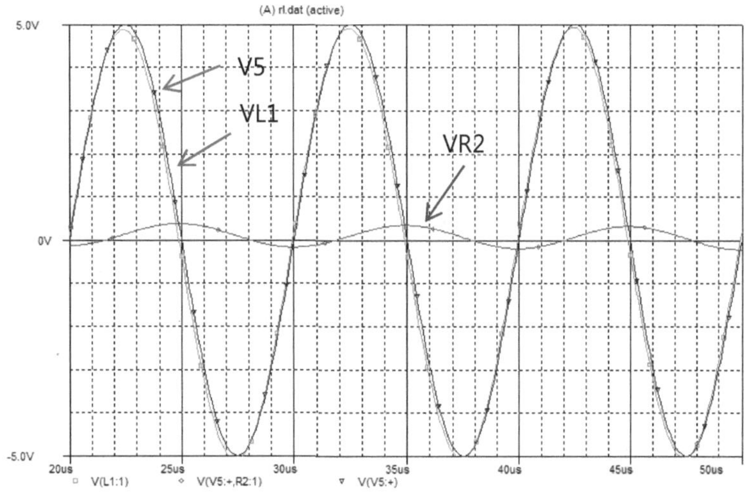

입력주파수를 10kHz, 100kHz로 증가시킴에 따른 시뮬레이션 결과는 입력전원 V5에 대해 저항양단전압 VR2의 위상이 지연되는 각도는 점차 증가하는 것을 알 수 있다. 이는 다음의 식으로부터 주파수 f가 증가하면 X_L 값이 증가하기 때문이다.

$$\theta = \tan^{-1}(\frac{X_L}{R}) = \tan^{-1}(\frac{2\pi f L}{R})$$

L양단전압 VL1은 저항양단전압 VR2보다 90도 위상이 앞선 것은 주파수 변화에 따라 변하지 않고 항상 일정하다.

4. 실험 및 실습

【실험】 XI-1 RL 회로의 정현파 응답 실험

【실험 목표】

1. RL 회로에서 저항과 인덕터 양단에 걸린 전압파형의 위상차를 측정할 수 있고 설명할 수 있다.
2. 교류전원 주파수를 변화시켰을 때 회로에 흐르는 전류값의 크기와 전원전압에 대

한 전류의 위상차의 변화를 측정하고 설명할 수 있다.

【사용 재료】

부품	규격	수량	비고
리드선	브레드보드용	1[m] 정도	
저항	330[Ω] (1/4[W])	각 1개	
인덕터	1[mh]	2개	

【계측기 및 장비】

계측기 및 장비	용도	수량	비고
오실로스코프	전압 및 전류 파형 측정	1대	
멀티 미터	전압 및 전류 크기 측정	1대	
신호 발생기	입력 전압 신호 발생	1대	
전원 공급 장치	실험 회로 전원 공급	1대	
브레드보드	실험회로 구성용	1장	

【회로도】

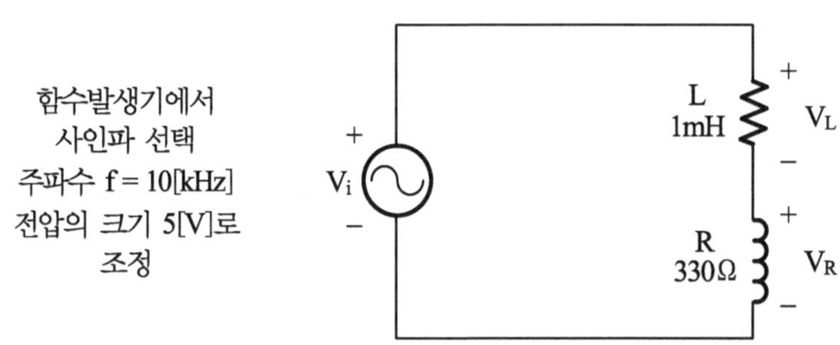

【그림 11-8】 RL 직렬회로 실험 회로도

【실험 순서】

1. 그림 11-8과 같이 RL 직렬회로를 구성한다.
2. 함수발생기 출력신호를 오실로스코프로 측정하여 함수발생기 출력신호를 사인파를 선택하고, 전압 크기는 5V, 주파수는 10KHz로 조정한다.
3. 오실로스코프로 전원전압 V_i를 채널 1으로 저항 양단에 걸린 전압 VR을 채널 2로 측정할 수 있도록 결선한다. 이때 오실로스코프에서 커플링을 AC 커플링으로 설정한다.
4. 오실로스코프에 나타난 파형을 카메라를 사용하여 촬영을 하고, 다음 예와 같이 전원전압의 전압 크기와 저항 양단의 전압 크기를 측정하고, 두 파형의 시간차와 사인파의 1주기를 측정하여 아래의 표에 기록하라.

【측정 예】

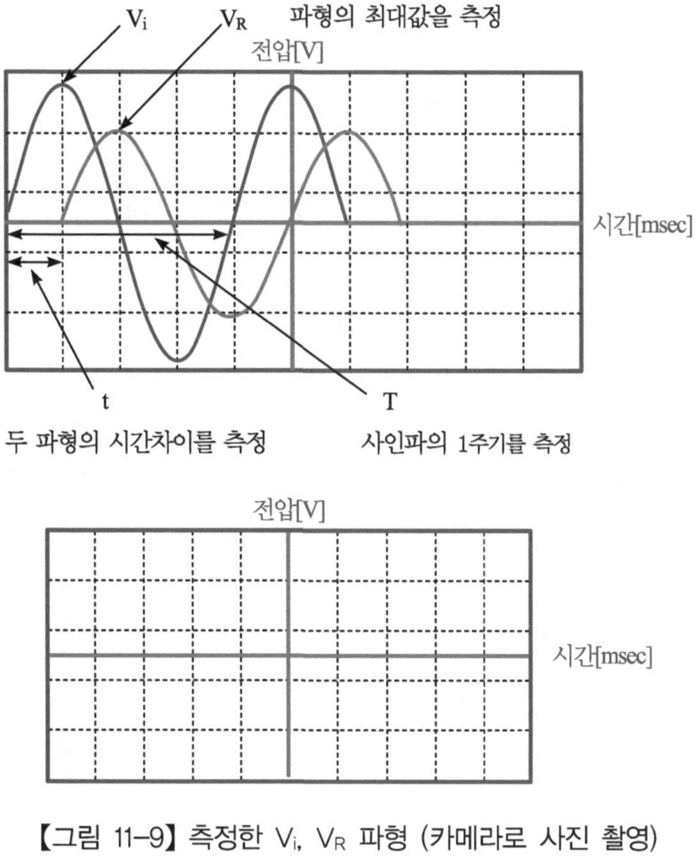

【그림 11-9】 측정한 V_i, V_R 파형 (카메라로 사진 촬영)

【표 11-1】 실험 결과

L	V_i [V]	V_R [V]	t [ms]	T[ms]	위상차 $\theta_R = \frac{t}{T} \times 360$ [도]
1mH					
2mH					

5. 실험 회로에서 L(1mH)를 직렬로 추가하여 전체 L값이 2mH가 되도록 회로를 변경하여 4번 과정을 반복하여 표에 기입하라.

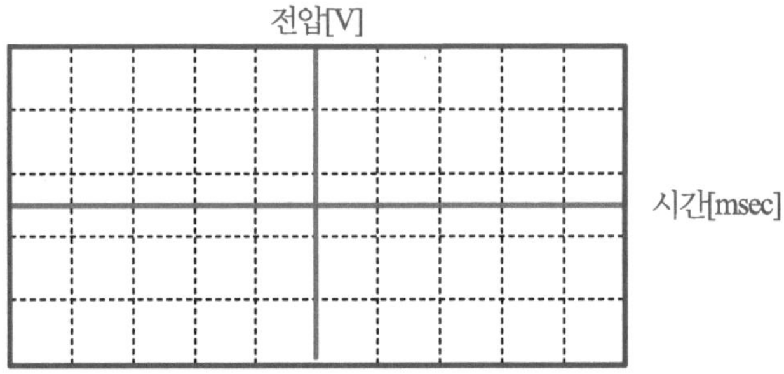

【그림 11-10】 측정한 V_i, V_R 파형 (카메라로 사진 촬영)

6. 실험회로를 다음과 같이 다시 결선하라. 실제 R, L의 순서는 바뀌지만 회로 상에 흐르는 전류 및 전압의 특성은 동일한 회로이다.
(오실로스코프로 동시에 2개의 파형(V_i, V_L)을 측정하기 위함)

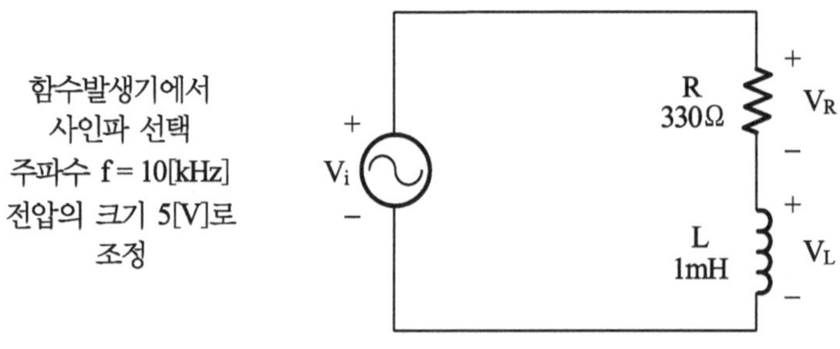

【그림 11-11】 RL 직렬회로 실험 회로도

7. 오실로스코프로 전원전압 V_i를 채널 1으로 L 양단에 걸린 전압 V_L을 채널 2로 측정할 수 있도록 결선한다. 이때 오실로스코프에서 커플링을 AC 커플링으로 설정한다.

8. 오실로스코프에 나타난 파형을 카메라를 사용하여 촬영을 하고, 전원 전압의 전압 크기와 L 양단의 전압 크기를 측정하고, 두 파형의 시간차와 사인파의 1주기를 측정하여 아래의 표에 기록하라.

   ※ V_L 전압파형이 V_i 전압파형보다 앞선 것을 확인할 수 있다.

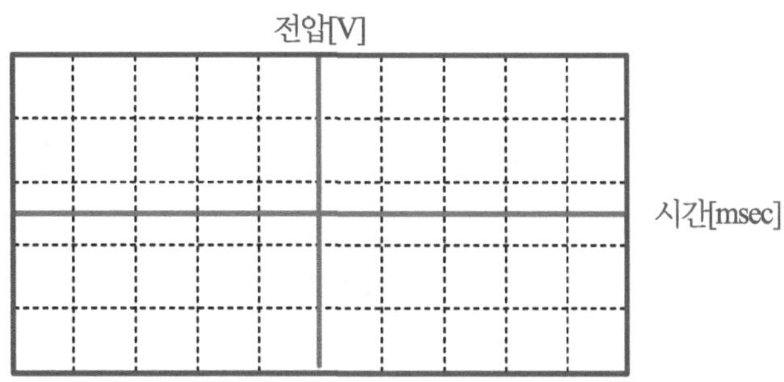

【그림 11-12】 측정한 V_i, V_L 파형(카메라로 사진 촬영)

【표 11-2】 실험 결과

L	V_i [V]	V_R [V]	t [ms]	T[ms]	위상차 $\theta_R = \frac{t}{T} \times 360$ [도]
1mH					
2mH					

9. 실험 회로에서 L(1mH)를 직렬로 추가하여 전체 L값이 2mH가 되도록 회로를 변경하여 8번 과정을 반복하여 표에 기입하라.

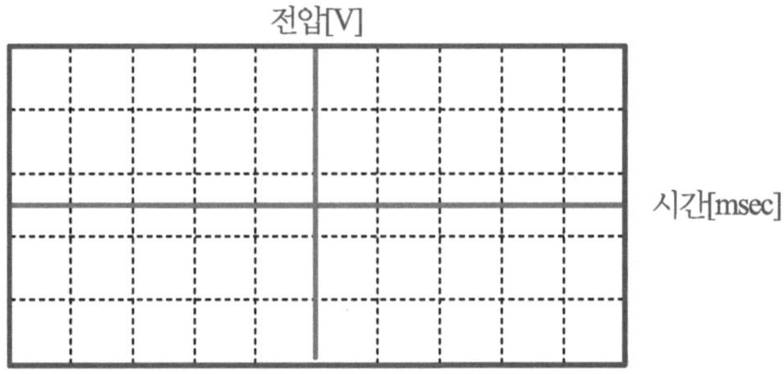

【그림 11-13】 측정한 V_i, V_L 파형 (카메라로 사진 촬영)

10. 상기 과정(실험순서 1~9)에서 실험한 결과를 종합하여 다음의 표에 정리하라.

【표 11-3】 실험 결과

L	V_i [V]	V_R [V]	V_L [V]	$\sqrt{(V_R)^2+(V_L)^2}$	θ_R	θ_L	$\theta_R+\theta_L$
1mH							
2mH							

※ 확인사항

- V_i 값과 $\sqrt{(V_R)^2+(V_L)^2}$ 계산값이 같은가?
- $\theta_R+\theta_L$ 값이 90도인가?

11. 상기 과정에서 실험한 결과를 종합하여 다음의 용지에 V_i, V_R, V_L 파형을 위상차와 크기를 정확하게 그린다.

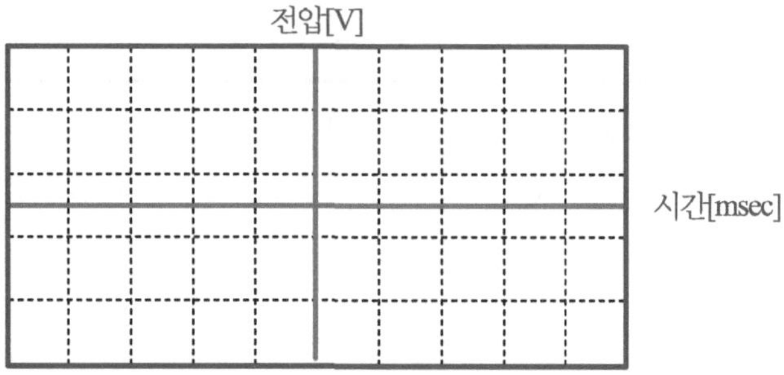

【그림 11-14】 RL 직렬회로 실험에서 관찰한 V_i, V_R, V_L 파형

※ 확인사항

- V_R, V_L 파형의 위상차가 90도인가?
- 전류 i는 어느 파형과 같은 위상 (동상)을 가지는가?

12. 실험회로를 다음과 같이 다시 결선하라.

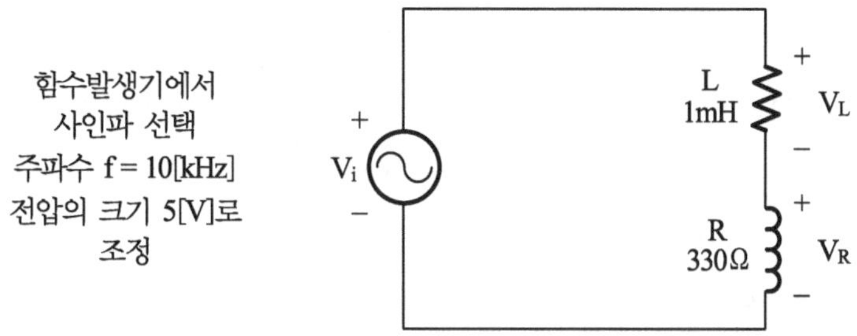

【그림 11-15】 RL 직렬회로 실험 회로도

13. 오실로스코프로 전원전압 Vi를 채널 1으로 저항 양단에 걸린 전압 V_R을 채널 2로 측정할 수 있도록 결선한다. 이때 오실로스코프에서 커플링을 AC 커플링으로 설정한다.
14. 함수발생기에서 출력되는 사인파의 주파수를 다음의 표와 같이 증가시키면서 V_R 전압 파형의 크기와 V_i와 V_R사이의 위상차를 측정하라.

【표 11-4】 실험 결과

주파수 [Hz]	V_i [V]	V_R [V]	위상차 $\theta_R = \frac{t}{T} \times 360$ [도]
10 KHz			
20 KHz			
50 KHz			
100 KHz			
500 KHz			

※ 확인사항

- 주파수가 증가하면 V_R 전압이 감소하는가? 그 이유를 설명하라.
- 주파수가 증가하면 θ_R의 값은 어떻게 되는가? 그 이유를 설명하라.

【평가】

1. RL 회로의 정현파 입력 시 저항양단에 걸리는 전압 파형 V_R은 입력전압 파형 V_i보다 위상차를 두고 지연되어 측정되었다. L의 값이 커지면 위상차는 어떻게 변화하게 되는지, 이유는 무엇인지 설명하라.
2. RL 회로에서 정현파 입력전압 V_i는 저항양단에 걸리는 전압 V_R과 L양단에 걸리는 전압 V_L과 어떠한 관계가 있는지 벡터를 이용하여 설명하라.
3. 주파수가 증가하면 V_R 전압파형과 V_L 전압파형의 크기가 어떻게 변화하게 되는지, 이유는 무엇인지 설명하라.

1. 교류신호가 인가되는 RL 회로에서 V_R 파형과 V_L 파형을 더한 파형은 V_i 파형이 된다. (위상차가 있는 사인파의 합은 또 다른 사인파의 형태가 된다.
2. 저항 성분만 있는 회로에서 교류전압을 가한 경우에는 전원전압 및 저항에 흐르는 전류 그리고 저항 양단에 걸리는 전압의 위상차가 없이 일치한다.
3. RL 직렬회로에 정현파를 인가하였을 때 회로에 흐르는 전류는 전원전압보다 위상차가 발생하며 지연되어 흐르게 된다.
4. RL 직렬회로에서 L소자의 값이 커지면 지연되는 위상차도 커지게 된다.
5. 두 개의 다른 크기와 위상을 가지는 사인파의 합에 의한 사인파의 크기와 위상은 서로 다른 2개의 크기와 위상차를 가지는 벡터의 합에 의한 합성 벡터로 대응하여 표시할 수 있다.
6. L값에 의하여 교류회로에서 전류를 제한하는 저항과 같은 역할을 하는 것을 유도성 리액턴스(inductive reactance)라 부르며 다음과 같은 식으로 주어진다.

$$X_L = \omega L = 2\pi f L$$

(ω : 교류의 각 주파수, f : 교류의 주파수)

7. 유도성 리액턴스는 교류전원의 주파수가 높아지면 비례하여 커진다.
8. 교류전원이 가해지는 RL 직렬회로에서 전류 i가 흐를 때 V_R과 V_L이 90도 위상차를 가진다.
9. 저항 성분과 유도성 리액턴스 성분을 합친 것을 임피던스(impeadance)라 하며 다음과 같이 주어진다.

$$Z = \sqrt{R^2 + X_L^2} = \sqrt{R^2 + (\omega L)^2} = \sqrt{R^2 + (2\pi f L)^2}$$

(ω : 교류의 각 주파수, f : 교류의 주파수)

10. V_i전압의 크기는 V_R과 V_L전압의 크기와 다음 관계를 가진다.

$$V_i = \sqrt{V_R^2 + V_L^2} = \sqrt{(iR)^2 + (iX_L)^2} = i\sqrt{R^2 + X_L^2} = iZ$$

11. RL 직렬회로에서 입력전압 V_i와 회로에 흐르는 전류 i의 위상차 θ는 다음의 관계식으로 주어진다.

$$\tan(\theta) = \frac{V_L}{V_R} = \frac{iX_L}{iR} = \frac{X_L}{R}, \quad \theta = \tan^{-1}(\frac{X_L}{R})$$

12. L 소자는 전력소비 관점에서 보면 저항과 달리 에너지를 소비하지 않고 보관하는 특성이 있다.

13. RL 직렬회로에서 L 소자는 전원으로부터 전력을 공급받아 L 소자 내에 자기 에너지 형태로 보관을 하였다가 다시 방출하여 전원 측으로 되돌려 준다.

14. RL 직렬회로에서는 전원전압의 실효값과 전류의 실효값의 곱을 피상 전력이라 부르며 다음과 같이 식으로 표현하고 단위는 [VA]로 표시한다.

$$P = VI[VA]$$

15. RL 직렬회로에서는 + 구간의 전력에서 - 구간의 전력을 뺀 값이 실제 전원 측에서 RL 회로에 공급된 유효한 전력이므로 이를 유효전력이라 하고 다음의 식으로 표시한다.

$$P = VI\cos\theta\,[W]$$

16. 무효전력은 전원 측에서 RL회로 측으로 전력이 공급되었다가 소비되지 않고 다시 전원 측으로 반환되는 전력을 의미하는 것으로 다음의 식으로 주어지며 단위는 var로 표시한다.

$$P = VI\sin\theta\,[var]$$

17. 전원 측에서 회로에 공급한 피상전력 성분 중에 회로에서 유효하게 소비되는 유효전력의 비율을 다음과 같이 표현하며 이를 역률이라 부른다.

$$\text{역률} = \frac{\text{유효전력}}{\text{피상전력}} = \frac{VI\cos\theta}{VI} = \cos\theta \quad (-90^\circ \le \theta \le 90^\circ)$$

【완성형】

1. 유도성 리액턴스는 교류전원의 주파수가 높아지면 비례하여 리액턴스 값이 (　　　).
2. 교류전원이 가해지는 RL 직렬회로에서 V_R과 V_L전압 파형은 (　　　)도의 위상차를 가진다.
3. 교류전원이 가해진 RL 회로에서 역률이 높을수록 피상전력에 대한 무효 전력의 비율이 (　　　).
4. RL 직렬회로에서 L 소자는 전원으로부터 전력을 공급받아 L 소자 내에 (　　　) 형태로 보관을 하였다가 다시 방출하여 전원 측으로 되돌려 준다.
5. RL 직렬회로에서 회로에 흐르는 전류는 (　　　) 소자의 양단에 걸린 전압과 위상차이가 없이 동상이다.
6. 무효전력은 전원 측에서 RL회로 측으로 전력이 공급되었다가 소비되지 않고 다시 전원 측으로 반환되는 전력을 의미하는 것으로 단위는 (　　　)로 표시한다.
7. RL 직렬회로에서는 전원전압의 실효값과 전류의 실효값의 곱을 피상 전력이라 부르며 단위는 (　　　)로 표시한다.
8. 교류전원이 가해지는 RL 직렬회로에서 L값이 증가하면, 전원전압과 회로에 흐르는 전류의 위상차는 (　　　).

【서술형】

1. RL 직렬회로에 가해지는 교류전원의 주파수가 1[kHz]일 때 R값이 330[Ω] L값이 10[mH]일 때 회로의 임피던스를 구하라.
2. 200[V]의 교류전압을 가한 RL 직렬회로에서 저항 양단의 전압이 160[V]로 측정되었다. 이 때 L 양단에 걸린 전압은 얼마이겠는가? 또 이 때 회로에 흐르는 전류는 전원전압에 비해 지연되는 지연각은 얼마인가?
3. RL 직렬회로에 교류전원 전압이 100[V], 전류가 10[A]가 흐르고 있다. 교류전압 파형과 전류의 파형의 위상차가 30도로 측정되었다. 이때 역률은 얼마인가?

제12장

RC 회로 해석

RC 회로는 저항과 콘덴서가 연결된 회로이다. RC 회로는 두 개의 소자가 직렬 또는 병렬로 연결된 형태로 전기회로에 많이 사용되고 있다. 전압 파형의 모양을 평활화 시키는 평활회로 및 전기적 잡음을 제거하는 필터회로에 널리 사용되고 있다. RC 회로에 입력으로 정현파 교류전압을 가하면 가해진 전압과 회로에 흐르는 전류의 위상차가 발생하게 되고 C성분에 의한 임피던스 성분의 크기에 따라 회로에 흐르는 전류의 크기도 변하게 된다. 이 단원에서는 RC 회로의 정현파 응답과 전력에 대하여 학습한다.

1. RC 회로의 정현파 응답
2. RC 회로의 전력
3. 시뮬레이션
4. 실험 및 실습

주요 용어

저항, 커패시턴스, RC 회로, 리액턴스, 임피던스, 위상각, 정현파, 전력, 유효전력, 무효전력, 피상전력, 역률

1. RC 회로의 정현파 응답

학습 목표	1. 일정 주파수의 정현파 입력에 대한 RC 회로의 응답을 관찰하여 RC 회로의 특성을 설명할 수 있다. 2. 임피던스와 위상각을 설명할 수 있다. 3. 정현파 입력의 주파수를 변화시킴에 따라 RC 회로의 응답의 변화를 관찰하여 회로의 특성을 설명할 수 있다.

RC 회로에 정현파 교류 전원을 가하면 회로에 흐르는 전류 및 R, C의 소자 양단에 걸리는 전압은 어떠한 형태를 가지게 될까? 여기서는 회로에 흐르는 전류와 각 소자에 걸리는 전압과의 관계를 알아보기로 한다.

그림 12-1은 RC 직렬회로에 정현파 교류전압원을 연결한 회로이다.

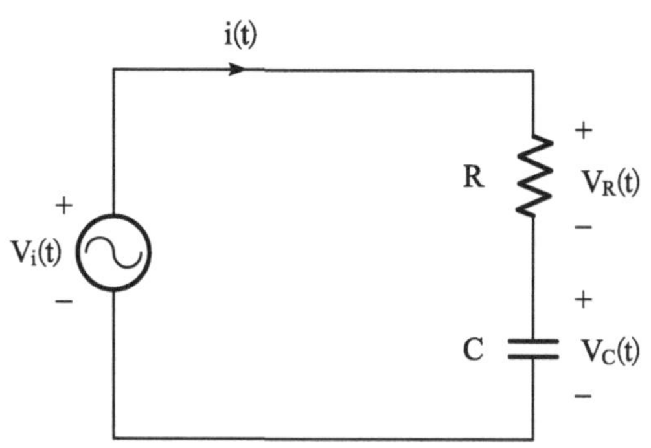

【그림 12-1】 RC 직렬회로에 정현파 교류전원을 연결한 회로

저항 R과 커패시터 C를 직렬로 연결하고 정현파를 가하게 되는 경우 키르히호프 법칙에 따라 다음과 같이 관계식이 주어진다.

$$V_i(t) = V_R(t) + V_C(t) = Ri(t) + \frac{1}{C}\int i(t)\,dt \tag{12-1}$$

($V_i(t)$: 입력교류전압, $V_R(t)$: R 양단에 걸린 전압, $V_C(t)$: C양단에 걸린 전압)

수학적인 접근에 앞서 상기 회로에서 각 소자에 걸리는 전압 파형과 전류 파형을 알아보기로 하자. 그림 12-1의 회로에서 $V_i(t)$, $i(t)$, $V_R(t)$, $V_C(t)$의 파형을 나타낸 것이 그림 12-2이다.

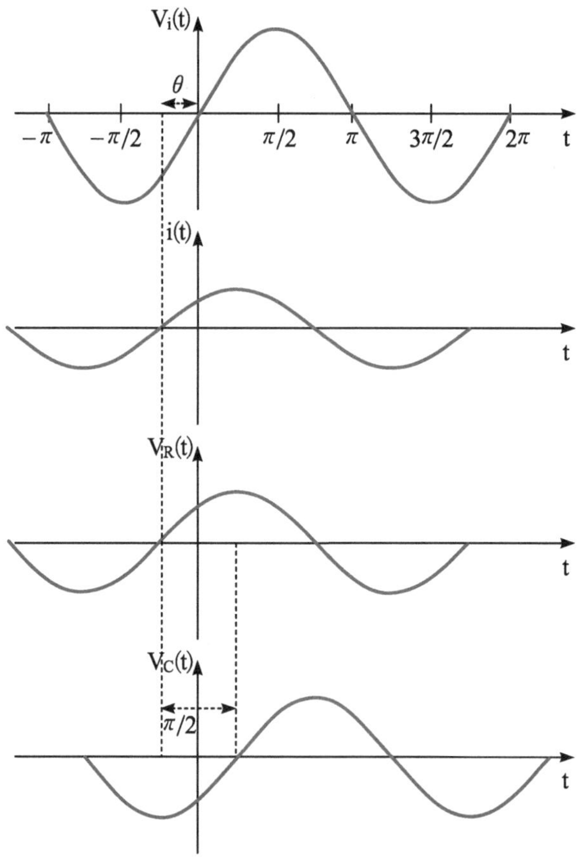

【그림 12-2】 RC 직렬회로에서 각 소자에 걸리는 전압과 전류의 파형

그림 12-2에서 나온 파형들은 식 12-1을 만족하는지 확인해 보자. 우선 키르히호프 법칙인 $V_i(t) = V_R(t) + V_C(t)$식이 만족되는지는 그림에서 $V_R(t)$와 $V_C(t)$를 더한 파형이 $V_i(t)$가 되는가이다. 그런데 위상차가 있는 사인파의 합은 또 다른 사인파의 형태가 되므로 그림에서 $V_R(t)$와 $V_C(t)$의 파형의 합은 $V_i(t)$가 되는 것을 확인할 수 있다. (11장의 알아보기 참조)

다음으로 C의 양단에 걸리는 전압 식은 식 12-2인데, 그림 12-2에서 나온 파형들이 이를 만족하는지 알아보자.

$$V_C(t) = \frac{1}{C}\int i(t)\,dt \tag{11-2}$$

위 식으로부터 C의 양단에 걸리는 전압은 흐르는 전류(사인파형)를 적분한 형태이므로 $V_C(t)$의 파형은 전류 파형에 비하여 90도 위상이 뒤지게 된다. 정현파 교류전압이 sin 파형이면 이것을 적분한 것이 -cos 파형이 되기 때문이다. 적분은 각 시간에서 파형과 시간 축 사이의 면적을 나타내는 것으로 그림 12-2에서 전류 $i(t)$가 0가 되는 시점에서 극성이 바뀌어 면적의 +값과 - 값이 증가 감소하게 되므로 $V_C(t)$의 파형의 값은 이 때 최대 최소가 됨을 그림 12-2에서 확인할 수 있다.

마지막으로 저항 양단에 걸린 전압은 다음 식과 같이 주어지는데, 그림 12-2에서 나온 파형들이 이를 만족하는 지 알아보자.

$$V_R(t) = R\,i(t) \tag{11-3}$$

위 식으로부터 전류파형에 저항 값 R 상수를 단순히 곱한 것이 $V_R(t)$이므로 저항 양단에 걸린 전압 $V_R(t)$는 전류와 동일한 위상을 가지는 것을 알 수 있다.

그림 12-1과 같은 RC 직렬회로에 정현파를 인가하였을 때 그림 12-2와 같은 각 부 파형이 관찰되어 다음과 같은 결론을 얻을 수 있다.

첫째, 저항 성분만 있는 회로에서 교류전압을 가한 경우에는 전원전압 및 저항에 흐르는 전류 그리고 저항 양단에 걸리는 전압의 위상차가 없이 일치하였으나, RC 직렬회로에 정현파를 인가하였을 때 회로에 흐르는 전류는 전원전압보다 위상차가 앞서게 발생하며 흐르게 된다. 이는 저항만 연결된 회로에 C소자가 직렬로 추가 연결되어 발생하는 현상으로 C소자의 값이 커지면 앞서게 되는 위상차도 커지게 된다.

둘째, 저항 양단에 걸리는 전압파형은 전류파형과 동일한 위상을 가지게 된다.

셋째, C양단에 걸리는 전압은 전류파형보다 90도 위상이 뒤지게 된다.

넷째, 교류회로에서는 $V_i(t) = V_R(t) + V_C(t)$ 식이 만족되지만 그냥 산술적으로 이루어지는 것이 아니라 위상차가 다른 사인파의 합으로 벡터 형태로 생각하여야 한다.

한편 그림 12-1의 회로에서 저항 R값이 증가하게 되면 회로에 흐르는 전류가 감소할 것이다. 교류회로에서 저항과 달리 C는 C값이 작아지면 회로에 흐르는 전류를 감소시키는 역할을 하게 된다. 이 때 C값에 의하여 교류회로에서 전류를 제한하는 저항과 같은 역할을 하는 것을 용량성 리액턴스(capacitive reactance)라 부르며 다음과 같은 식으로 주어진다.

$$X_C = \frac{1}{\omega C} = \frac{1}{2\pi f C} \tag{12-4}$$

(ω : 교류의 각주파수, f : 교류의 주파수)

용량성 리액턴스는 교류전원의 주파수가 높아지면 값이 작아지는 것을 식 12-4로부터 알 수 있다. 이는 교류전원의 주파수가 높아지면 단위시간 당 교류전류 파형의 변화가 빨라지게 되므로 적분한 값 즉 파형의 면적이 감소하게 되어 용량성 리액턴스 값이 감소하는 결과를 가져오게 된다. 교류 전원 주파수가 높아지게 되면 용량성 리액턴스는 비례하여 작아지므로 회로에 흐르는 전류는 증가하게 된다.

한편, 교류전원이 가해지는 RC 직렬회로에서 전류 $i(t)$가 흐를 때 $V_R(t)$과 $V_C(t)$이 90도 위상차를 가지므로, 저항과 용량성 리액턴스도 90도 위상차를 가지는 것으로 취급하며, 저항성분과 용량성 리액턴스 성분을 합친 것을 임피던스(impeadance)라 하며 다음과 같이 주어진다.

$$Z = \sqrt{R^2 + X_C^2} = \sqrt{R^2 + (\frac{1}{\omega C})^2} = \sqrt{R^2 + (\frac{1}{2\pi f C})^2} \tag{12-5}$$

(ω : 교류의 각주파수, f : 교류의 주파수)

다음 그림은 RC 직렬회로에 정현파 교류전압을 가한 경우의 각 파형을 벡터로 표시한 것이다.

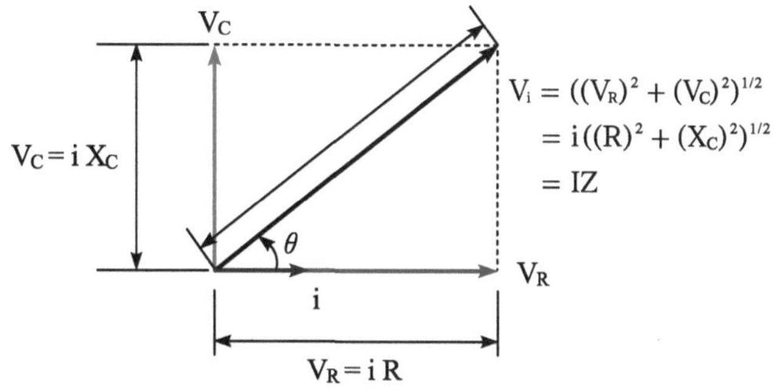

【그림 12-5】 RC 회로에서 V_i, V_R, V_C, i의 벡터 표현

그림 12-5에서 V_R에 비하여 V_C는 위상차가 90도(π/2)가 뒤져 있는 것으로 표시되어 있다. 이는 실제 사인파의 교류전압 파형에서 위상차이가 90도(π/2)가 뒤져 있는 것을 표현한 것이다. 그림에서 저항 양단에 걸린 전압 V_R과 C 양단에 걸린 전압 V_C의 벡터 합은 전원전압 V_i가 된다. 따라서 직류회로에서와 달리 교류회로에서는 $V_i = V_R + V_C$ 식은 위상차를 고려한 벡터 합의 식으로 보아야 한다. 한편 저항 양단에 걸린 전압은 $V_R = iR$이고, C 양단에 걸린 전압은 $V_C = iX_C$이므로 이 두 전압의 벡터합인 V_i전압의 크기는 그림 12-5로부터 다음과 같이 구할 수 있다.

$$V_i = \sqrt{V_R^2 + V_C^2} = \sqrt{(iR)^2 + (iX_C)^2} = i\sqrt{R^2 + X_C^2} = iZ \tag{12–6}$$

따라서 $Z = \sqrt{R^2 + X_C^2}$ 의 임피던스 식을 구할 수 있다.

또한 그림에서 위상차 Θ에 대하여 다음의 관계식으로 주어진다.

$$\tan(\theta) = \frac{V_C}{V_R} = \frac{iX_C}{iR} = \frac{X_C}{R} \tag{12–7}$$

따라서 위상차 Θ는 다음 식에서 구할 수 있다.

$$\theta = \tan^{-1}\left(\frac{X_C}{R}\right) \tag{12–8}$$

주파수가 일정한 교류전원이 공급될 때는 임피던스가 일정하지만, RC회로에 주파수가 다른 여러 가지 신호가 공급되는 응용분야에서는 용량성 리액턴스 X_C값이 주파수에 따라 달라진다. 12-5에서 알 수 있듯이 용량성 리액턴스는 주파수에 반비례하므로, 앞 장에서 학습한 L 성분에 의한 유도성 리액턴스와는 다르게 주파수 f가 증가하게 되면 오히려 용량성 리액턴스는 작아지게 된다. 따라서 콘덴서는 높은 주파수의 교류신호에 대하여는 임피던스 값이 아주 작아져서 높은 주파수의 교류신호는 잘 통과시키는 특성이 있다. 주파수 변화에 따른 임피던스의 변화하는 특성을 필터에서 사용하고 있다. RC 회로는 특히 전압 파형을 평활화시키는 특성을 가지고 있어서 저역통과 필터로 많이 사용되고 있다. 그림 12-6(a)는 RC 직렬회로와 동일한 형태로 구성된 저역통과 필터 회로이다.

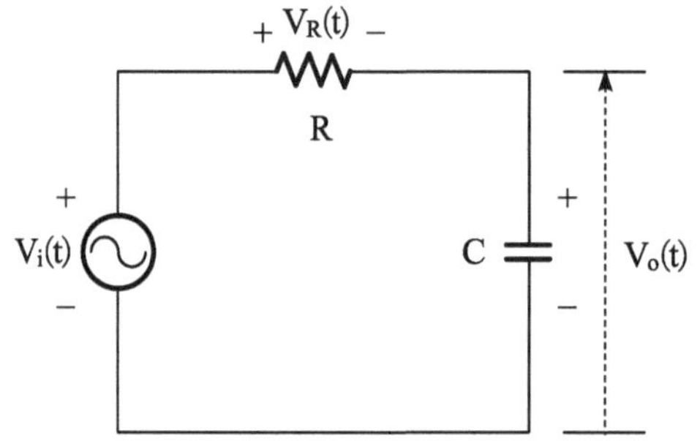

(a) 저역통과 필터 회로

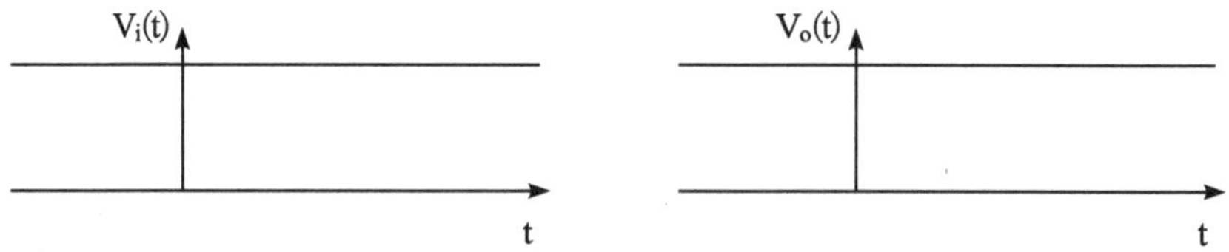

(b) 직류 신호가 가해진 경우

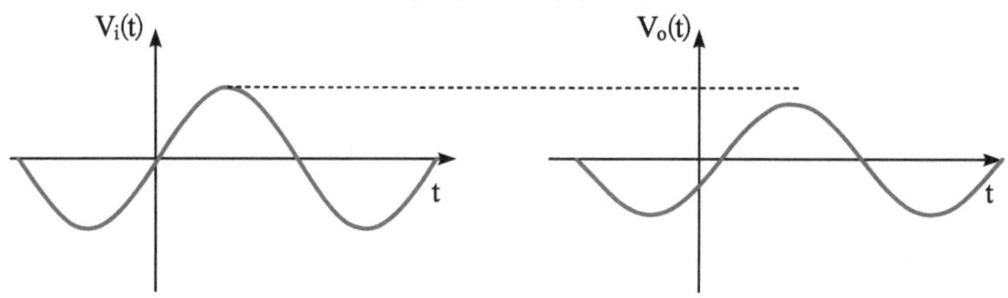

(c) 낮은 주파수의 교류 신호가 가해진 경우

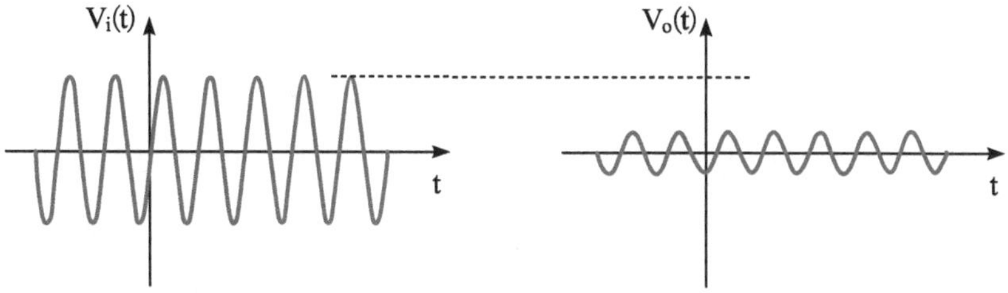

(d) 높은 주파수의 교류 신호가 가해진 경우

【그림 12-6】 저역통과 필터로 사용되는 RC 회로

그림에서 입력전압 $V_i(t)$에 주파수가 다른 다양한 정현파 교류 신호를 가할 때 회로에서 콘덴서 양단의 전압을 출력전압 $V_o(t)$로 측정하여 보면 그림 12-6 (b), (c), (d)와 같은 파형이 나타나게 된다. 직류전압이 가해진 경우는 그림 12-6 (b)와 같이 입력신호의 크기와 동일한 크기의 출력전압이 관찰된다. 주파수가 낮은 교류신호에 대하여는 12-6 (c)와 같이 동일한 주파수이지만 출력전압의 크기가 조금 감소한 것으로 나타난다. 주파수가 높은 교류신호에 대하여는 12-6 (c)와 같이 동일한 주파수이지만 출력전압의 크기가 많이 감소한 것으로 나타난다. 따라서 그림에서 표기는 안 되었지만 아주 높은 주파수의 경우에는 출력전압의 크기가 거의 0에 가까운 경우도 발생하게 된다. 이런 현상은 다음과 같이 수식을 통해서 설명할 수 있다.

12-6으로부터 입력전압은 다음과 같다.

$$V_i = \sqrt{V_R^2 + V_C^2} = \sqrt{(iR)^2 + (iX_C)^2} = i\sqrt{R^2 + X_C^2} = iZ \tag{12-9}$$

출력전압은 $V_o = iX_C$ 이므로 입력전압의 크기 대 출력전압의 크기의 비는 다음 식과 같이 주어진다.

$$\frac{V_o}{V_i} = \frac{iX_C}{iZ} = \frac{iX_C}{i\sqrt{R^2 + X_C^2}} = \frac{\frac{1}{2\pi fC}}{\sqrt{R^2 + (\frac{1}{2\pi fC})^2}} = \frac{1}{\sqrt{(2\pi fCR)^2 + 1}} \tag{12-10}$$

식 12-10에서 교류 입력신호의 주파수 f가 증가할수록 입력전압 대 출력전압의 비는 작아진다. 즉 입력전압의 크기가 고정되어 있다면 주파수 f가 증가할수록 출력전압

V_o의 크기는 감소하게 된다. 이러한 현상은 주파수 f가 증가할수록 저항 값 R은 변화가 없지만 콘덴서의 임피던스가 감소하기 때문에 나타나는 현상이다. 한편 직류전압이 가해지면 주파수 f=0 이므로 위의 식으로부터 V_o의 크기는 V_i의 크기와 동일하게 된다. 주파수 변화에 따른 출력전압의 변화를 구체적인 예를 들어 확인해 보자. 저항 R의 값이 1KΩ, 콘덴서 C의 값이 1uF인 RC 회로에 주파수가 60Hz인 10V의 교류신호가 입력된다고 하면 이 때 출력신호의 크기는 식12-10으로부터 다음과 같이 구할 수 있다.

$$V_o = \frac{1}{\sqrt{(2\pi fCR)^2+1}} V_i \tag{12-11}$$

$$= \frac{1}{\sqrt{(2\pi \times 60 \times 1 \times 10^{-6} \times 1 \times 10^3)^2+1}} 10[V]$$

$$= \frac{1}{\sqrt{(12\pi \times 10^{-2})^2+1}} 10[V] \cong \frac{1}{1.07} 10[V] = 9.35[V]$$

만약 동일한 RC값을 가진 회로에 주파수가 600Hz인 10V의 교류신호를 입력한다고 하면 이 때 출력신호의 전압크기는 다음과 같다.

$$V_o = \frac{1}{\sqrt{(2\pi fCR)^2+1}} V_i \tag{12-12}$$

$$= \frac{1}{\sqrt{(2\pi \times 600 \times 1 \times 10^{-6} \times 1 \times 10^3)^2+1}} 10[V]$$

$$= \frac{1}{\sqrt{(12\pi \times 10^{-1})^2+1}} 10[V] \cong \frac{1}{3.9} 10[V] = 2.57[V]$$

12-11과 12-12로부터 동일한 RC회로에 동일한 크기의 교류전압을 가하는 데, 단지 주파수만 10배 증가시켰더니 출력전압의 크기가 9.35V에서 2.57V로 감소한 것을 알 수 있다. 이렇게 높은 주파수 성분은 회로를 통과할 때 크게 감소시키고, 낮은 주파수 성분은 거의 그대로 통과시키는 회로를 저역통과 필터라 부른다. 저역통과 필터에서 R과 C의 값을 조정하면 차단시키는 주파수 영역을 조정할 수 있다. 따라서 필터의 설계에서는 차단하고자 하는 주파수 대역을 알면 이에 따라 R과 C값을 정하게 된다. RC 회로에

서는 주파수의 변화에 따라 용량형 임피던스 값이 변화하므로 R과 C에 걸리는 전압의 크기뿐만 아니라 회로에 흐르는 전류의 위상차도 변화하게된다. 다음의 위상차의 식으로부터 주파수가 증가하면 X_C 값이 감소하게 되어 위상차의 값도 작아지게 된다.

$$\theta = \tan^{-1}(\frac{X_C}{R}) \tag{12-13}$$

예제12-1	RC 직렬회로에 가해지는 교류전원의 주파수가 100[Hz]일 때 R값이 100[Ω], C값이 10[uF]일 때 회로의 임피던스를 구하라.
풀 이	임피던스 Z는 다음식으로 주어지므로 $Z = \sqrt{R^2 + X_C^2} = \sqrt{R^2 + (\frac{1}{\omega C})^2} = \sqrt{R^2 + (\frac{1}{2\pi f C})^2}$ $= \sqrt{10^2 + (\frac{1}{2 \times 3.14 \times 100 \times 10 \times 10^{-6}})^2}$ $= \sqrt{100 + (159.24)^2} \cong 159.55[\Omega]$

예제12-2	100[V]의 교류전압을 가한 RC 직렬회로에서 저항 양단의 전압이 60[V]로 측정되었다. 이 때 C 양단에 걸린 전압은 얼마이겠는가? 또 이 때 회로에 흐르는 전류는 전원전압에 비해 위상이 앞서는 위상각은 얼마인가?
풀 이	RC 직렬회로에서 전원전압 V_i , R 양단에 걸린 전압 V_R, L 양단에 걸린 전압 V_C 사이의 관계식은 다음과 같으므로 $V_i = \sqrt{V_R^2 + V_C^2}$ 위의 식에서 V_C은 다음과 같이 계산할 수 있다. $V_C = \sqrt{V_i^2 - V_R^2} = \sqrt{100^2 - 60^2} = \sqrt{6400}$ $= 80[V]$ $\tan(\theta) = \frac{V_C}{V_R} = \frac{80}{60} = 1.25$ 이므로 앞선 위상각은 $\theta = \tan^{-1}(1.25) \cong 51.34°$

예제 12-3 다음과 같은 RC 필터 회로에 입력신호 10V의 100Hz와 10KHz의 정현파를 각각 입력하였다. 각 경우에 콘덴서 양단에 걸리는 전압의 크기는 얼마인가? 단 저항 R은 1KΩ, C는 1uF이다.

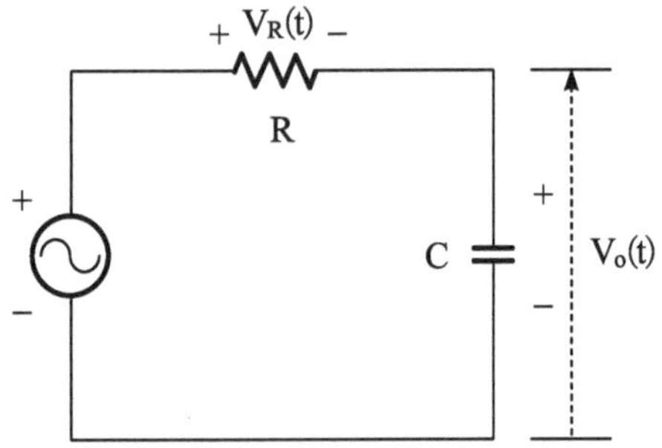

풀 이 (1) 주파수가 100Hz인 경우

출력전압의 크기는 다음식과 같이 구할 수 있다.

$$V_o = \frac{1}{\sqrt{(2\pi f CR)^2 + 1}} V_i$$

$$= \frac{1}{\sqrt{(2\pi \times 1 \times 10^2 \times 1 \times 10^{-6} \times 1 \times 10^3)^2 + 1}} 10[V]$$

$$= \frac{1}{\sqrt{(2\pi \times 10^{-1})^2 + 1}} 10[V] \cong \frac{1}{1.18} 10[V] = 8.47[V]$$

(2) 주파수가 10KHz인 경우

출력전압의 크기는 다음식과 같이 구할 수 있다.

$$V_o = \frac{1}{\sqrt{(2\pi f CR)^2 + 1}} V_i$$

$$= \frac{1}{\sqrt{(2\pi \times 10 \times 10^3 \times 1 \times 10^{-6} \times 1 \times 10^3)^2 + 1}} 10[V]$$

$$= \frac{1}{\sqrt{(2\pi \times 10)^2 + 1}} 10[V] \cong \frac{1}{62.81} 10[V] = 0.16[V]$$

2. RC 회로의 전력

학습 목표	1. RC 회로에서의 피상전력을 설명할 수 있다. 2. 유효전력과 무효전력을 설명할 수 있다. 3. 역률을 설명할 수 있다.

콘덴서는 에너지를 충전하여 보관하고 자체적으로 소비하지 않는다. 충전의 개념은 우리가 휴대폰을 사용할 때 충전하는 것과 동일하다. 앞장에서 저항에서의 전력소비 및 인덕터와 콘덴서의 에너지 보관에 대한 내용을 참고하기 바란다.

여기서는 정현파 교류가 RC 회로에 인가된 경우에 한하여 교류전력에 대하여 알아보기로 한다. 다음의 12-7의 (a), (b)회로는 정현파 교류가 입력되는 RC 직렬회로이다. 회로에 흐르는 정현파 전류가 입력 전원전압과 위상차이가 있으므로 전원전압이 + 인 경우에도 회로에 흐르는 전류는 + 인 구간(그림(a))도 - 인 구간(그림(b))도 발생하게 된다. 따라서 전력은 $P = V_i I$ 이므로 전력이 + 인 경우도 -인 경우도 발생하게 된다. 전력이 + 값을 가진다는 것은 전원 측에서 부하 측으로 전력을 전달하는 것을 의미하며, 전력이 - 값을 가진다는 것은 거꾸로 부하 측에서 전원 측으로 전력을 전달하는 것이다. 그러면 부하 측 어디에 전기를 보관하였다 전달을 하는 것일까? C 소자는 전원으로부터 전력을 공급받아 C 소자 내에 충전하였다가 다시 방출하여 전원 측으로 되돌려 준다. 즉 C 소자 내에서 전력을 소비하지 않는다. 이는 L 소자와 유사하나 입력전원의 전압과 전류의 위상관계가 RL회로일 때는 전류가 입력전압보다 뒤지는 위상 차이를 가지고 흐르게 되나, RC회로일 때는 전류가 입력전압보다 앞서는 위상 차이를 가지고 흐르게 되는 점만 다를 뿐이다.

그림 12-7의 (c)에서 $P = V_i I$이 +값을 가지는 구간과 - 값을 가지는 구간을 표시하였다. 교류전압이 인가된 RC 직렬회로에서는 전원 측에서 RC 회로 측으로 전력을 공급하는 구간과 C에서 보관하였던 전력을 전원 측으로 다시 반환하는 구간이 주기적으로 반복하여 발생한다.

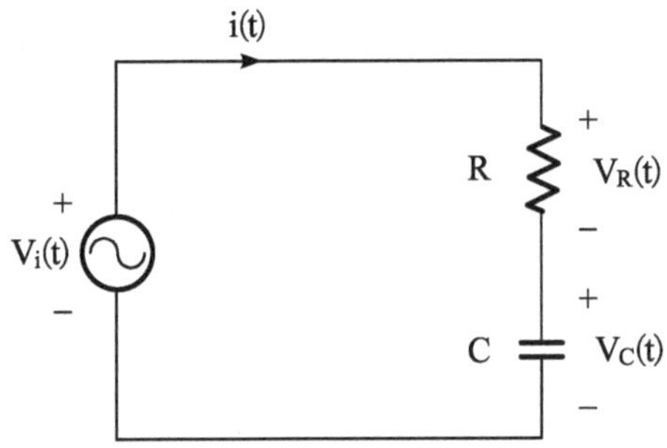

(a) P=Vi×I 가 +인 경우
전원에서 부하로 전력공급

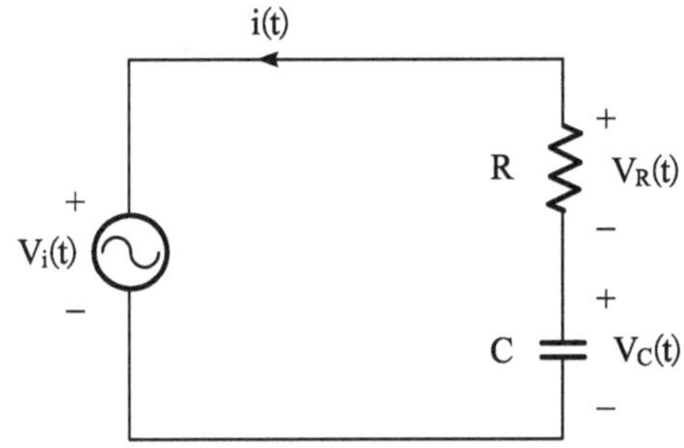

(b) P=Vi×I 가 -인 경우
부하에서 전원으로 전력반환

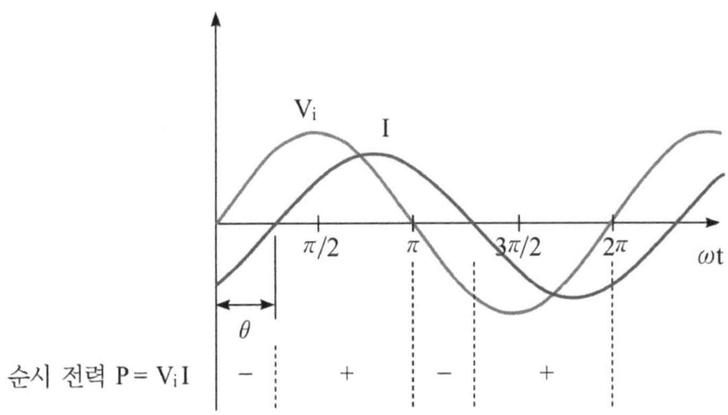

(c) RC 회로에서 전원전압과 전류의 파형에 따른 순시전력

【그림 12-7】 RC 회로에서 순시전력

일반적으로 C 성분이 없이 R 성분만 있는 회로에서는 교류 전원전압과 회로에 흐르는 전류가 위상차이가 없으므로 다음과 같이 전원전압의 실효값과 전류의 실효값의 곱으로 전력을 표시한다.

$$P = VI\,[W] \qquad (12\text{–}14)$$

(V : 교류전압의 실효값, I : 교류전류의 실효값)

저항만 있는 회로에서는 공급된 모든 전력이 전부 소비되므로 단위를 와트[W]로 사용한다.

그러나 RC 직렬회로에서는 교류 전원전압과 회로에 흐르는 전류가 위상차이가 있기 때문에 상기와 같은 식을 사용하면 실제 RC 회로에서의 소비전력은 아니다. 따라서 RC 직렬회로에서는 전원전압의 실효값과 전류의 실효값의 곱을 피상전력이라 부르며 다음과 같이 식으로 표현하고 단위는 [VA]로 표시한다.

$$P = VI\,[VA] \qquad (12\text{–}15)$$

RC 직렬회로에서는 + 구간의 전력에서 - 구간의 전력을 뺀 값이 실제 전원 측에서 RC 회로에 공급된 유효한 전력이므로 이를 유효전력이라 하고 다음의 식으로 표시한다.

$$P = VI\cos\theta\,[W] \qquad (12\text{–}16)$$

이는 RC 직렬회로에서 저항 R에서 소비되는 전력과 동일하다.

유효전력에 대응되는 개념으로 무효전력이 있다. 무효전력은 전원 측에서 RC회로 측으로 전력이 공급되었다가 소비되지 않고 다시 전원 측으로 반환되는 전력을 의미하는 것으로 다음의 식으로 주어지며 단위는 var로 표시한다.

$$P = VI\sin\theta\,[var] \qquad (12\text{–}17)$$

실제 전원 측에서 회로에 공급한 피상전력 성분 중에 회로에서 유효하게 소비되는 유효전력의 비율을 다음과 같이 표현하며 이를 역률이라 부른다.

$$\text{역률} = \frac{\text{유효전력}}{\text{피상전력}} = \frac{VIcos\theta}{VI} = \cos\theta \quad (-90^{\circ} \le \theta \le 90^{\circ}) \qquad (12\text{–}16)$$

이상과 같이 RC회로에서의 전력도 모든 개념이 RL 회로에서와 같으나 위상차이가 RL회로에서는 지연되는 값으로, RC회로에서는 앞서는 값으로 나타나는 것만 차이가 난다. 따라서 본 교재에서는 다루지 않으나, RLC 직렬회로의 경우 특정 주파수에서 L과 C성분에 의한 지연되는 위상차와 앞서는 위상차가 동일하게 되는 순간이 발생하여 입력전압과 전류의 위상차가 0이 되는 경우가 발생하기도 한다.

3. 시뮬레이션

가. 전원 주파수가 일정한 RC 회로

【시뮬레이션 목표】

1. 일정 주파수의 정현파 입력에 대한 RC 회로의 응답을 관찰하여 RC 회로의 특성을 설명할 수 있다.
2. 정현파 입력의 주파수를 변화시킴에 따라 RC 회로의 응답의 변화를 관찰하여 회로의 특성을 설명할 수 있다.

【회로도】

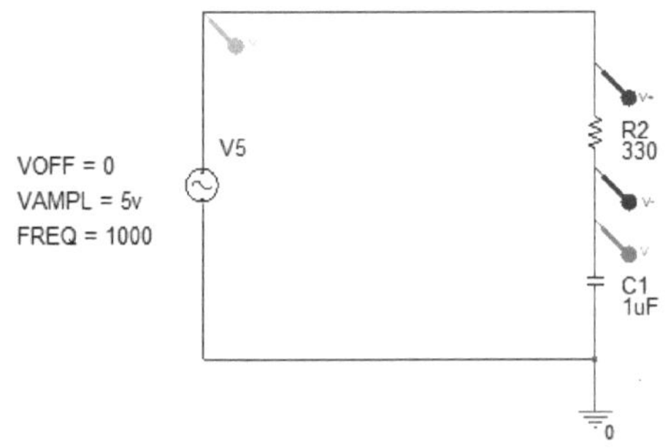

【시뮬레이션 조건】

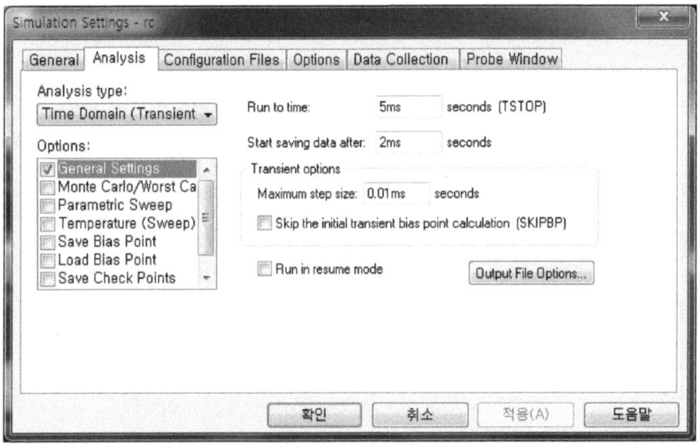

【시뮬레이션 순서】

1. 연산증폭기를 이용한 RC 직렬회로의 회로도를 완성한다.
2. 전원 V5를 Vsin을 선택하고 다음과 같이 값을 설정한다.
   VOFF=0, VAMPL=5V, FREQ=1000
3. 시뮬레이션 profile에서 Run to time은 5[ms], Start saving data after은 2[ms], Maximum step size는 0.01[ms]로 설정한다.
4. 프로그램을 실행하여 결과를 확인한다.
5. 입력전압, 저항 양단에 걸린 전압, C양단에 걸린 전압파형을 관찰한다.
6. 전원 V5에서 FREQ=10000 로 값을 변경한다.
7. 시뮬레이션 profile에서 Run to time은 0.5[ms], Start saving data after는 0.2[ms], Maximum step size는 0.001[ms]로 변경한다.
8. 입력전압, 저항 양단에 걸린 전압, C양단에 걸린 전압파형을 관찰한다.

【시뮬레이션 결과】

1. 입력 교류 전원 주파수 = 1kHz인 경우

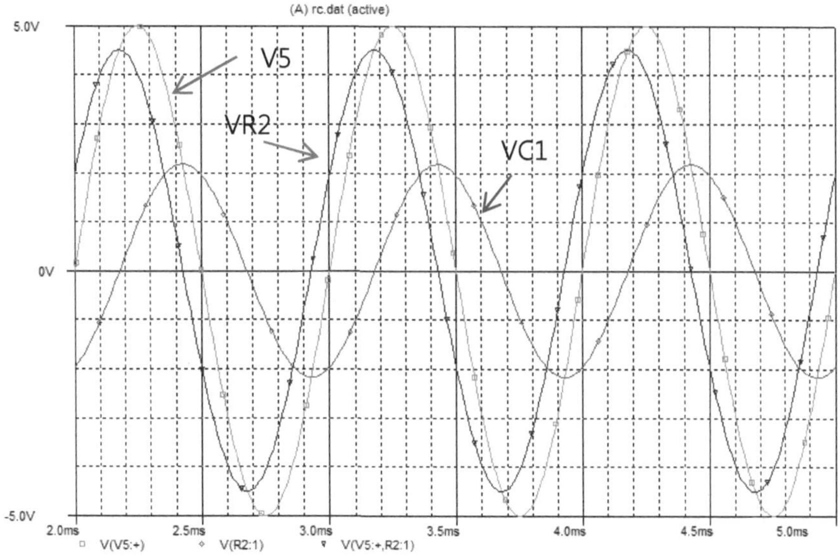

시뮬레이션 결과는 입력주파수가 1kHz일 때 입력전원 V5, 저항양단전압 VR2, C양단전압 VC1을 나타낸다. 입력전원 V5에 대해 저항양단전압 VR2는 위상이 앞서 있음을 볼 수 있다. 위상의 앞섬은 다음과 같이 구한 이론값와 거의 일치함을 알 수 있다.

$$\theta = \tan^{-1}(\frac{X_C}{R}) = \tan^{-1}(\frac{\frac{1}{2\pi f C}}{R}) = \tan^{-1}(\frac{1}{2\pi f CR})$$

$$= \tan^{-1}(\frac{1}{2\pi \times 1000 \times 1 \times 10^{-6} \times 330})$$

$$\cong 25.76^{\circ}$$

C양단전압 VC1은 저항양단전압 VR2보다 90도 위상이 뒤진 것을 알 수 있다. 이는 앞에서 학습한 이론과 일치한다.

2. 입력 교류 전원 주파수 = 10kHz 인 경우

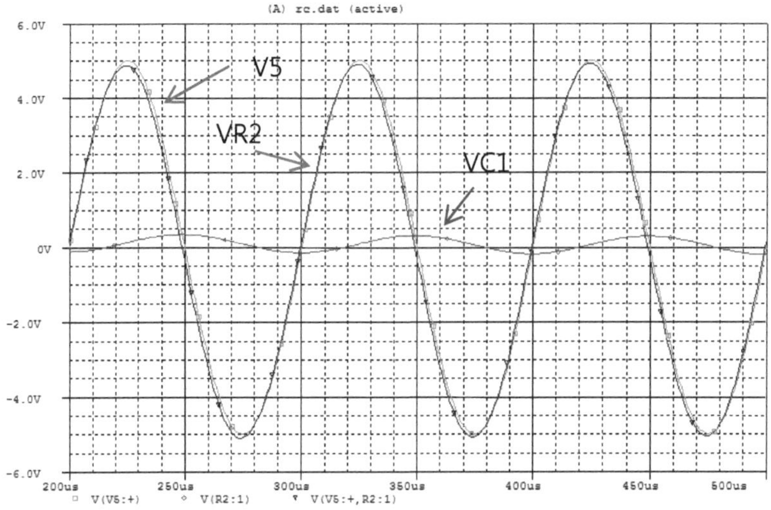

주파수를 10kHz로 올렸을 때의 시뮬레이션 결과는 입력주파수가 1kHz일 때보다 입력전원 V5에 대해 저항양단전압 VR2의 위상이 앞서는 값이 더 욱 증가한 것으로 나타난다. 이러한 위상의 앞섬이 증가하는 현상은 다음 식에서 주파수 f가 증가하면 X_C 값이 감소하기 때문이다.

$$\theta = \tan^{-1}(\frac{X_C}{R}) = \tan^{-1}(\frac{\frac{1}{2\pi f C}}{R}) = \tan^{-1}(\frac{1}{2\pi f CR})$$

4. 실험 및 실습

【실험 12-1】 RC 회로의 정현파 응답 실험

【실험 목표】

1. RC 회로에서 저항과 콘덴서 양단에 걸린 전압파형의 위상차를 측정할 수 있고 설명할 수 있다.
2. 교류전원 주파수를 변화시켰을 때 회로에 흐르는 전류값의 크기와 전원전압에 대한 전류의 위상차의 변화를 측정하고 설명할 수 있다.

【사용재료】

부품	규격	수량	비고
리드선	브레드보드용	1[m] 정도	
저항	1[kΩ] (1/4[W])	각 1개	색저항
콘덴서	0.1[μF], 0.01[μF]	각 1개	

【계측기 및 장비】

계측기 및 장비	용도	수량	비고
오실로스코프	전압 및 전류 파형 측정	1대	
멀티 미터	전압 및 전류 크기 측정	1대	
신호 발생기	입력 전압 신호 발생	1대	
전원 공급 장치	실험 회로 전원 공급	1대	
브레드보드	실험회로 구성용	1장	

【회로도】

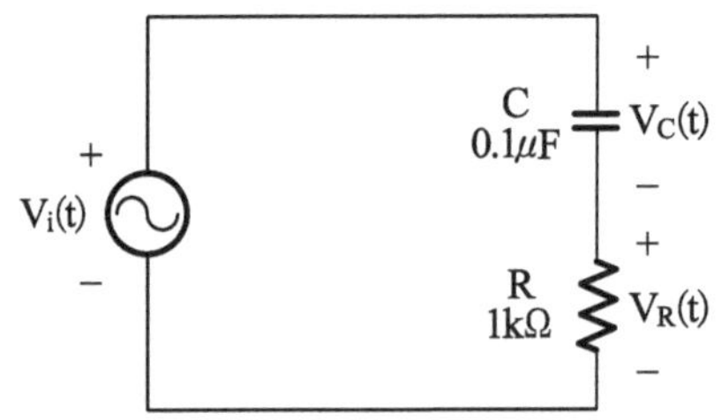

【그림 12-8】 RC 직렬회로 실험 회로도

【실험 순서】

1. 그림 12-8과 같이 RC 직렬 회로를 구성한다.
2. 함수발생기 출력신호를 오실로스코프로 측정하여 함수발생기 출력신호를 사인파를 선택하고, 전압 크기는 5V, 주파수는 1KHz로 조정한다.
3. 오실로스코프로 전원전압 Vi를 채널 1으로 저항 양단에 걸린 전압 VR을 채널 2로 측정할 수 있도록 결선한다. 이 때 오실로스코프에서 커플링을 AC 커플링으로 설정한다.
4. 오실로스코프에 나타난 파형을 카메라를 사용하여 촬영을 하고, 다음 예와 같이 전원전압의 전압 크기와 저항 양단의 전압 크기를 측정하고, 두 파형의 시간차와 사인파의 1주기를 측정하여 아래의 표에 기록하라.

【측정 예】

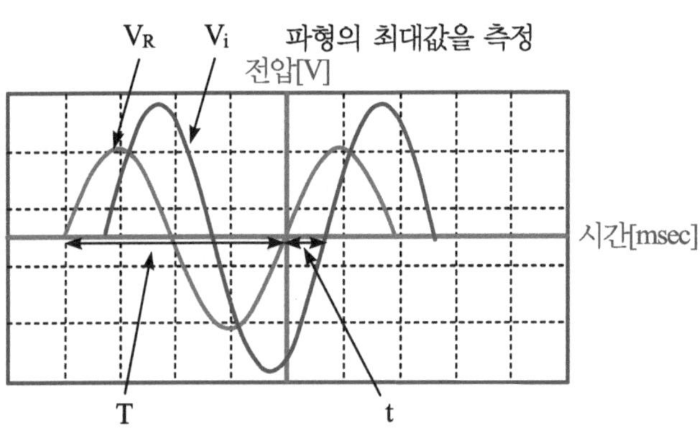

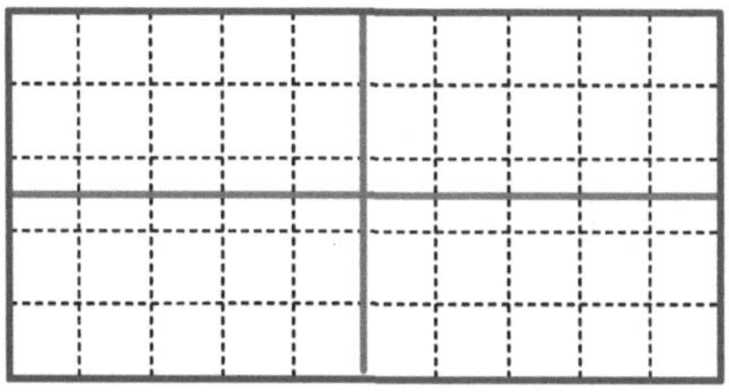

【그림 12-9】 측정한 V_i, V_R 파형(카메라로 사진 촬영)

【표 12-1】 실험 결과

L	V_i[V]	V_R[V]	t[ms]	T[ms]	위상차 $\theta_R = \frac{t}{T} \times 360$ [도]
0.1uF					
0.01uF					

5. 실험 회로에서 C를 0.1uF에서 0.01uF로 교체하고 4번 과정을 반복하여 표에 12-1에 기입하라.

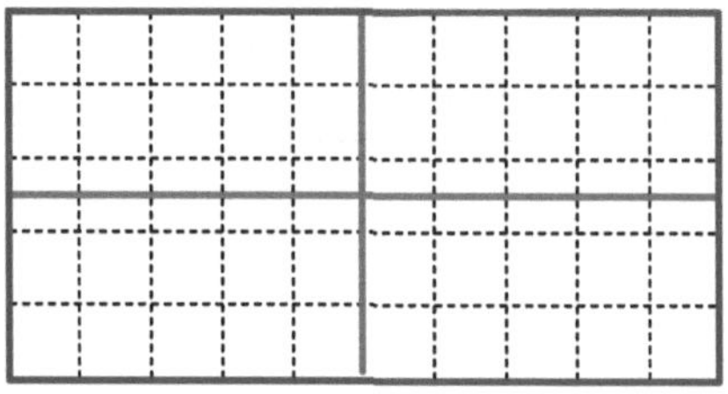

【그림 12-10】 측정한 V_i, V_R 파형(카메라로 사진 촬영)

6. 실험회로를 다음과 같이 다시 결선하라. 실제 R, C의 순서는 바뀌지만 회로 상에 흐르는 전류 및 전압의 특성은 동일한 회로이다.
(오실로스코프로 동시에 2개의 파형(V_i, V_C)을 측정하기 위함)

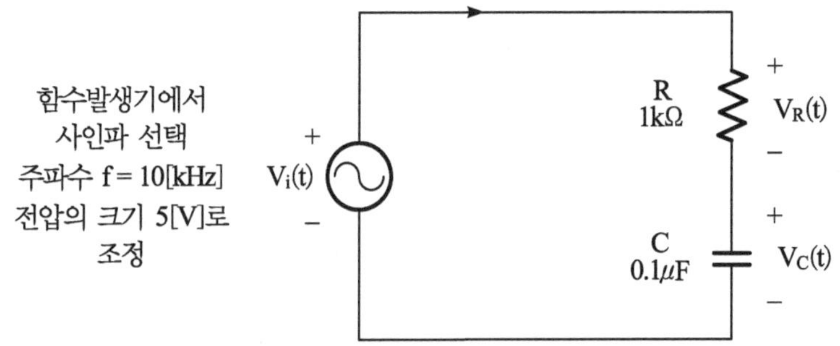

【그림 12-11】 RC 직렬회로 실험 회로도

7. 오실로스코프로 전원전압 V_i를 채널 1으로 콘덴서 양단에 걸린 전압 V_C를 채널 2로 측정할 수 있도록 결선한다. 이 때 오실로스코프에서 커플링을 AC 커플링으로 설정한다.
8. 오실로스코프에 나타난 파형을 카메라를 사용하여 촬영을 하고, 전원 전압의 전압 크기와 콘덴서 양단의 전압 크기를 측정하고, 두 파형의 시간차와 사인파의 1주기를 측정하여 아래의 표에 기록하라.

※ V_C 전압파형이 V_i 전압파형보다 뒤진 것을 확인할 수 있다.

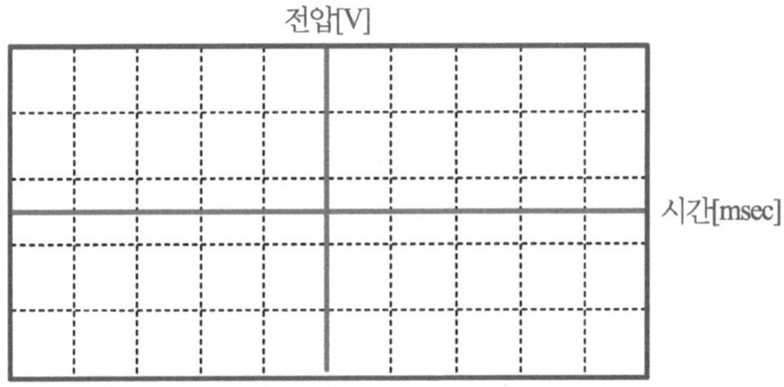

【그림 12-12】 측정한 V_i, V_C 파형(카메라로 사진 촬영)

【표 12-2】 실험 결과

L	V_i[V]	V_R[V]	t[ms]	T[ms]	위상차 $\theta_R = \frac{t}{T} \times 360$ [도]
0.1uF					
0.01uF					

9. 실험 회로에서 C를 0.1uF에서 0.01uF로 교체하고 8번 과정을 반복하여 표에 기입하라.

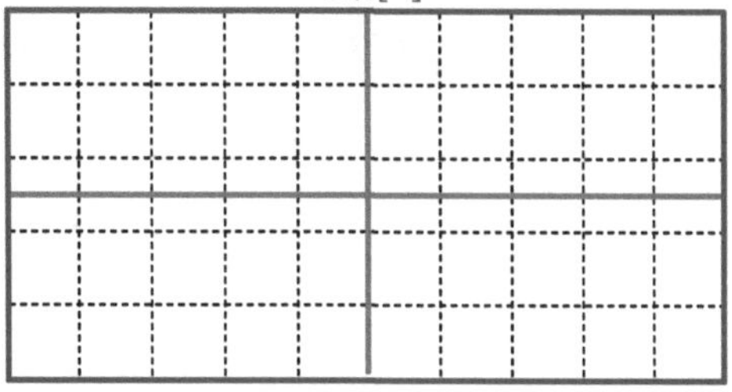

【그림 12-13】 측정한 V_i, V_C 파형(카메라로 사진 촬영)

10. 상기 과정(실험순서 1~9)에서 실험한 결과를 종합하여 다음의 표에 정리하라.

【표 12-3】 실험 결과

L	V_i [V]	V_R [V]	V_C [V]	$\sqrt{(V_R)^2+(V_C)^2}$	θ_R	θ_L	$\theta_R+\theta_C$
0.1uF							
0.01uF							

※ 확인사항

- Vi 값과 $\sqrt{(V_R)^2+(V_C)^2}$ 계산값이 같은가?
- $\theta_R+\theta_C$ 값이 90도인가?

11. 상기 과정에서 실험한 결과를 종합하여 다음의 용지에 V_i, V_R, V_C 파형을 위상 차와 크기를 정확하게 그린다.

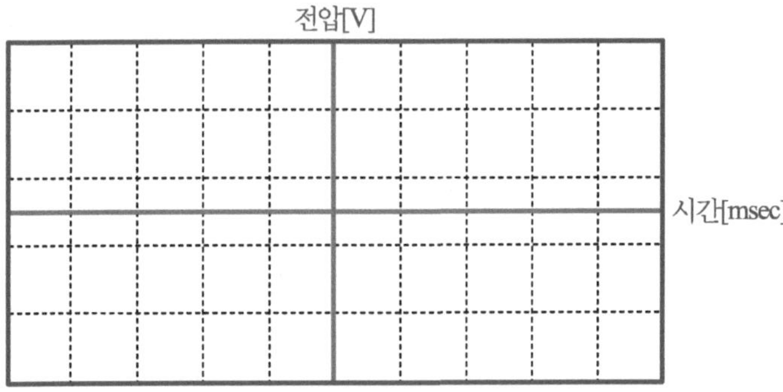

【그림 12-14】 RC 직렬회로 실험에서 관찰한 V_i, V_R, V_C 파형

※ 확인사항

- V_R, V_C 파형의 위상차가 90도인가?
- 전류 i는 어느 파형과 같은 위상 (동상)을 가지는가?

12. 실험회로를 다음과 같이 다시 결선하라.

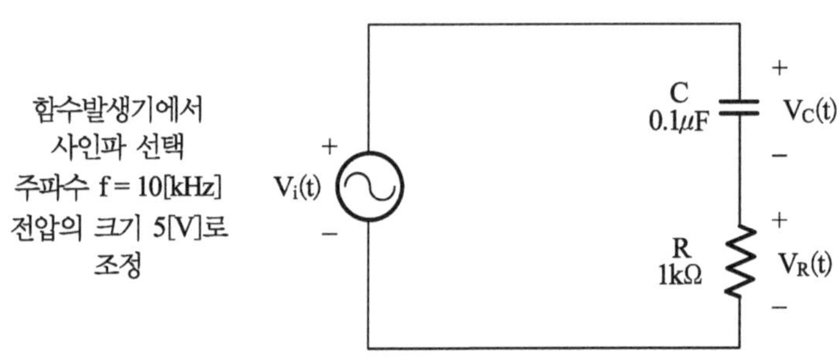

【그림 12-15】 RC 직렬회로 실험 회로도

13. 오실로스코프로 전원전압 Vi를 채널 1으로 저항 양단에 걸린 전압 V_R을 채널 2로 측정할 수 있도록 결선한다. 이 때 오실로스코프에서 커플링을 AC 커플링으로 설정한다.

14. 함수발생기에서 출력되는 사인파의 주파수를 다음의 표와 같이 증가시키면서 V_R 전압 파형의 크기와 V_i와 V_R사이의 위상차를 측정하라.

【표 12-4】 실험 결과

주파수 [Hz]	V_i[V]	V_R[V]	위상차 $\theta_R = \frac{t}{T} \times 360$ [도]
1 KHz			
2 KHz			
5 KHz			
10 KHz			
50 KHz			

※ 확인사항

- 주파수가 증가하면 V_R 전압이 증가하는가? 그 이유를 설명하라.
- 주파수가 증가하면 θ_R의 값은 어떻게 되는가? 그 이유를 설명하라.

【평가】

1. RC 회로의 정현파 입력 시 저항양단에 걸리는 전압 파형 V_R은 입력전압 파형 Vi보다 앞선 것으로 위상차가 측정되었다. C의 값이 커지면 위상차는 어떻게 변화하게 되는 지, 이유는 무엇인지 설명하라.
2. RC 회로에서 정현파 입력전압 V_i는 저항양단에 걸리는 전압 V_R과 C 양단에 걸리는 전압 V_C와 어떠한 관계가 있는지 벡터를 이용하여 설명하라.
3. 주파수가 증가하면 V_R 전압파형과 V_C 전압파형의 크기가 어떻게 변화하게 되는지, 이유는 무엇인지 설명하라.

1. 교류신호가 인가되는 RC 회로에서 V_R 파형과 V_C 파형을 더한 파형은 V_i 파형이 된다. (위상차가 있는 사인파의 합은 또 다른 사인파의 형태가 된다.
2. RC 직렬회로에 정현파를 인가하였을 때 회로에 흐르는 전류는 전원전 압보다 위상차가 앞서서 흐르게 된다.
3. RC 직렬회로에서 C소자의 값이 커지면 앞서는 위상차도 커지게 된다.
4. C값에 의하여 교류회로에서 전류를 제한하는 저항과 같은 역할을 하는 것을 용량성 리액턴스(capacitive reactance)라 부르며 다음과 같은 식으로 주어진다.

   $$X_L = \omega C = \frac{1}{2\pi f C}$$

   (ω : 교류의 각주파수, f : 교류의 주파수)
5. 용량성 리액턴스는 교류전원의 주파수가 높아지면 반비례하여 작아지게 된다.
6. 교류전원이 가해지는 RC 직렬회로에서 전류 i가 흐를 때 V_R과 V_C는 90도 위상차를 가진다.
7. 저항성분과 용량성 리액턴스 성분을 합친 것을 임피던스(impeadance)라 하며 다음과 같이 주어진다.

   $$Z = \sqrt{R^2 + X_C^2} = \sqrt{R^2 + (\frac{1}{\omega C})^2} = \sqrt{R^2 + (\frac{1}{2\pi f C})^2}$$
8. V_i전압의 크기는 V_R과 V_C전압의 크기와 다음 관계를 가진다.

   $$V_i = \sqrt{V_R^2 + V_C^2} = \sqrt{(iR)^2 + (iX_C)^2} = i\sqrt{R^2 + X_C^2} = iZ$$
9. RC 직렬회로에서 입력전압 V_i와 회로에 흐르는 전류 i의 위상차 θ는 다음의 관계식으로 주어진다.

   $$\tan(\theta) = \frac{V_C}{V_R} = \frac{iX_C}{iR} = \frac{X_C}{R} \;,\; \theta = \tan^{-1}(\frac{X_C}{R})$$
10. 다음의 위상차의 식으로부터 주파수가 증가하면 X_C 값이 감소하게 되어 위상차의 값도 작아지게 된다.

    $$\theta = \tan^{-1}(\frac{X_C}{R})$$

11. RC 직렬회로는 저역통과 필터로 사용되며, 다음과 같이 입력 대 출력 전압의 관계가 주어진다.

$$\frac{V_o}{V_i}=\frac{iX_C}{iZ}=\frac{iX_C}{i\sqrt{R^2+X_C^2}}=\frac{\frac{1}{2\pi fC}}{\sqrt{R^2+(\frac{1}{2\pi fC})^2}}=\frac{1}{\sqrt{(2\pi fCR)^2+1}}$$

12. RC 회로로 구성된 저역통과 필터는 교류 입력신호의 주파수 f가 증가할수록 입력전압 대 출력전압의 비는 작아진다.

13. RC 회로로 구성된 저역통과 필터에 직류신호가 입력되는 경우 주파수 f는 0 이므로 입력전압 대 출력전압의 비는 1이 된다. 즉 입력신호가 그대로 출력으로 나오게 된다.

14. C 소자는 전력소비 관점에서 보면 저항과 달리 에너지를 소비하지 않고 보관하는 특성이 있다.

15. RC 직렬회로에서 C 소자는 전원으로부터 전력을 공급받아 C 소자 내에 전기 에너지 형태로 충전하였다가 다시 방출하여 전원 측으로 되돌려 준다.

16. RC 직렬회로에서는 전원전압의 실효값과 전류의 실효값의 곱을 피상 전력이라 부르며 다음과 같이 식으로 표현하고 단위는 [VA]로 표시한다.

$$P=VI\,[VA]$$

17. RC 직렬회로에서는 + 구간의 전력에서 - 구간의 전력을 뺀 값이 실제 전원 측에서 RC 회로에 공급된 유효한 전력이므로 이를 유효전력이라 하고 다음의 식으로 표시한다.

$$P=VI\cos\theta\,[W]$$

18. 무효전력은 전원 측에서 RC회로 측으로 전력이 공급되었다가 소비되지 않고 다시 전원 측으로 반환되는 전력을 의미하는 것으로 다음의 식으로 주어지며 단위는 var로 표시한다.

$$P=VI\sin\theta\,[var]$$

19. 전원 측에서 회로에 공급한 피상전력 성분 중에 회로에서 유효하게 소비되는 유효전력의 비율을 다음과 같이 표현하며 이를 역률이라 부른다.

$$\text{역률}=\frac{\text{유효전력}}{\text{피상전력}}=\frac{VIcos\theta}{VI}=\cos\theta \quad (-90^\circ \le \theta \le 90^\circ)$$

【완성형】

1. 용량성 리액턴스는 교류전원의 주파수가 높아지면 비례하여 리액턴스 값이 (　　　).
2. 교류전원이 가해지는 RC 직렬회로에서 V_R과 V_C전압 파형은 (　　　)도의 위상차를 가진다.
3. 교류전원이 가해진 RC 회로에서 역률이 높을수록 피상전력에 대한 무효 전력의 비율이 (　　　　).
4. RC 직렬회로에서 C 소자는 전원으로부터 전력을 공급받아 C 소자 내에 (　　　　) 형태로 충전되었다가 다시 방출하여 전원 측으로 되돌려 준다.
5. RC 직렬회로에서 회로에 흐르는 전류는 (　　　) 소자의 양단에 걸린 전압과 위상차이가 없이 동상이다.
6. 무효전력은 전원 측에서 RC회로 측으로 전력이 공급되었다가 소비되지 않고 다시 전원 측으로 반환되는 전력을 의미하는 것으로 단위는 (　　　　)로 표시한다.
7. RC 직렬회로에서는 전원전압의 실효값과 전류의 실효값의 곱을 피상 전력이라 부르며 단위는 (　　　　)로 표시한다.
8. 교류전원이 가해지는 RC 직렬회로에서 C값이 증가하면, 전원전압과 회로에 흐르는 전류의 위상차는 (　　　　).

【서술형】

1. RC 직렬회로에 가해지는 교류전원의 주파수가 1[kHz]일 때 R값이 500[Ω], C값이 0.1[uF]일 때 회로의 임피던스를 구하라.
2. 200[V]의 교류전압을 가한 RC 직렬회로에서 저항 양단의 전압이 120[V]로 측정되었다. 이 때 C 양단에 걸린 전압은 얼마이겠는가? 또 이때 회로에 흐르는 전류는 전원전압에 비해 위상이 앞서는 위상각은 얼마인가?
3. 다음과 같은 RC 필터 회로에 입력신호 20V의 100Hz와 10KHz의 정현파를 각각 입력하였다. 각 경우에 콘덴서 양단에 걸리는 전압의 크기는 얼마인가? 단 저항 R은 330[Ω], C는 1[uF]이다.

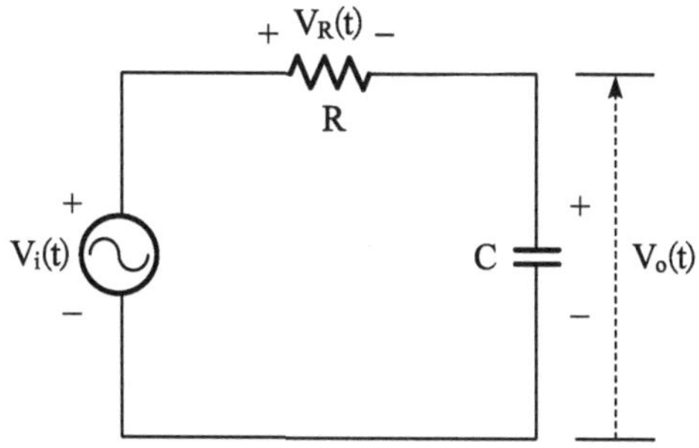

4. RC 직렬회로에 100[V]의 교류전원을 가하였을 때 회로에 흐르는 전류를 측정하여 보니 10[A]가 흐르는 것으로 측정되었고, 저항에서 소비되는 전력이 900[W]로 측정되었다. 이때 역률은 얼마인가?

【1장 인용 및 참고문헌】

1. 송길영. (2011). 알기 쉬운 전기의 세계. 동일출판사.
2. 김경화 외 6인 역. (2009). 회로이론. 생능출판사.

【2장 인용 및 참고문헌】

1. 왕문성. (2000). 초보자를 위한 기초 회로이론. 생능출판사.
2. 신윤기. (2001). 전기전자공학의 길라잡이. 인터비젼.
3. 김학성. (2012). 전기전자회로. 광문각.
4. 정동규외 3인. 기초전기전자회로실험(2010). 인터비젼
5. Dolf. Svoboda. (2000) Intoduction to Electric Circuits. John Wiley & Sons.

【3장 인용 및 참고 문헌】

1. Behzad Razavi. (2008). Fundamentals of Microelectronics. John Wiley & Sons.
2. 왕문성. (2000). 초보자를 위한 기초 회로이론. 생능출판사
3. Muhamad h. Rashid. (1993). Spice for power electronics and electric power. Prentice-Hall. Inc.
4. Charles K. Alexander. (2002). Fundamentals of Electric Circuits. McGRAW-HILL
5. 신원향 편저. (1991). 전기전자회로 보는 법. 골든벨

【4장 인용 및 참고 문헌】

1. James W. Nilsson. Susan A. Riedel.(2011). Electric circuits. PEARSON.
2. 김종오. 신평호. 한인승. (2012). 알기쉬운 회로이론. 복두출판사.
3. 왕문성. (2012). 기초 회로이론. 복두출판사.
4. 이태우. (2012). 스마트그리드의 이해와 실무. 한국전력기술인협회.
5. 최평. 조용범. 목형수. 백동철. (2012). PSPICE 기초와 활용 - VER 16.3. 복두출판사.
6. 김창석 외 9인. (2012). 전기 전자 통신 공학도를 위한 기초회로실험. 문운당.
7. 이능헌. 이덕출. 신영화. 최동진. (2000). 기초회로실험. 웅보출판사.
8. 이병기 역. (1990). 기초회로실험. 희중당.

【5장 인용 및 참고 문헌】

1. 왕문성. (2000). 초보자를 위한 기초 회로이론. 생능출판사.
2. 신윤기. (2001). 전기전자공학의 길라잡이. 인터비젼.
3. 김학성. (2012). 전기전자회로. 광문각.
4. 정동규외 3인. 기초전기전자회로실험(2010). 인터비젼
5. Dolf. Svoboda. (2000) Intoduction to Electric Circuits. John Wiley & Sons.

【6장 인용 및 참고 문헌】

1. Behzad Razavi. (2008). Fundamentals of Microelectronics. John Wiley & Sons.
2. 왕문성. (2000). 초보자를 위한 기초 회로이론. 생능출판사.
3. Muhamad h. Rashid. (1993). Spice for power electronics and electric power. Prentice-Hall. Inc.
4. Sedra/Smith. (2004). Microelectronic Circuits - Fifth Edition. Oxford University Press. Inc.
5. Charles K. Alexander. (2002). Fundamentals of Electric Circuits. McGRAW-HILL.

【7장 인용 및 참고 문헌】

1. James W. Nilsson, Susan A. Riedel,(2011), Electric circuits, PEARSON.
2. 김종오, 신평호, 한인승, (2012), 알기쉬운 회로이론, 복두출판사.
3. 왕문성, (2012), 기초 회로이론, 복두출판사.
4. 최평, 조용범, 목형수, 백동철, (2012), PSPICE 기초와 활용 – VER 16.3, 복두출판사.
5. 김창석 외 9인, (2012), 전기 전자 통신 공학도를 위한 기초회로실험, 문운당.
6. 이능헌, 이덕출, 신영화, 최동진, (2000), 기초회로실험, 웅보출판사.
7. 이병기 역, (1990), 기초회로실험, 희중당.

【8장 인용 및 참고 문헌】

1. 왕문성, (2000), 초보자를 위한 기초 회로이론, 생능출판사.
2. 김학성, (2012), 전기전자회로, 광문각.
3. 정동규외 3인, 기초전기전자회로실험(2010), 인터비젼.
4. Dolf, Svoboda, (2000) Intoduction to Electric Circuits, John Wiley & Sons.

【9장 인용 및 참고 문헌】

1. Behzad Razavi, (2008), Fundamentals of Microelectronics, John Wiley & Sons.
2. 신원향 편저, (1991). 전기전자회로 보는법, 골든벨.

【10장 인용 및 참고 문헌】

1. James W. Nilsson, Susan A. Riedel,(2011), Electric circuits, PEARSON.
2. 김종오, 신평호, 한인승, (2012), 알기쉬운 회로이론, 복두출판사.
3. 왕문성, (2012), 기초 회로이론, 복두출판사.
4. 최평, 조용범, 목형수, 백동철, (2012), PSPICE 기초와 활용 – VER 16.3, 복두출판사.
5. 김창석 외 9인, (2012), 전기 전자 통신 공학도를 위한 기초회로실험, 문운당.
6. 이능헌, 이덕출, 신영화, 최동진, (2000), 기초회로실험, 웅보출판사.
7. 이병기 역, (1990), 기초회로실험, 희중당.

【11장 인용 및 참고 문헌】

1. 송길영, (2011), 알기 쉬운 전기의 세계, 동일출판사.
2. 왕문성, (2008), 초보자를 위한 기초 회로이론, 복두출판사.
3. 박대철, (2006), 기초전기전자회로 실험, 사이텍미디어.
4. 김경화 외 6인 역, (2009), 회로이론, 생능출판사.

【12장 인용 및 참고 문헌】

1. 송길영, (2011), 알기 쉬운 전기의 세계, 동일출판사.
2. 왕문성, (2008), 초보자를 위한 기초 회로이론, 복두출판사.
3. 박대철, (2006), 기초전기전자회로 실험, 사이텍미디어.
4. 김경화 외 6인 역, (2009), 회로이론, 생능출판사.

쉽게 배우는
전기회로 및 실험

2015년 3월 5일 1판 1쇄 발 행
2016년 2월 26일 1판 2쇄 발 행

지은이 : 김학성 · 송호범 · 조재승 · 이태우

펴낸이 : 박 정 태

펴낸곳 : **광 문 각**

10881
파주시 파주출판문화도시 광인사길 161
광문각 B/D 4F
등 록 : 1991. 5. 31 제12-484호
전화(代) : 031) 955-8787
팩 스 : 031) 955-3730
E-mail : kwangmk7@hanmail.net
홈페이지 : www.kwangmoonkag.co.kr

• ISBN : 978-89-7093-771-7 93560

값 25,000원

KSPA 한국과학기술출판협회회원